大数据创新人才
培养系列

U0722509

数据
采集与预处理
第 2 版

林子雨◎编著

DATA COLLECTION AND
PREPROCESSING
(2ND)

人民邮电出版社
北　京

图书在版编目（CIP）数据

数据采集与预处理 / 林子雨编著. -- 2 版. -- 北京：
人民邮电出版社，2025. --（大数据创新人才培养系列）.
ISBN 978-7-115-65728-2

Ⅰ. TP274

中国国家版本馆 CIP 数据核字第 2024ST5180 号

内 容 提 要

本书详细阐述了大数据领域数据采集与预处理的相关理论和技术。全书共 8 章，内容包括大数据实验环境搭建、网络数据采集、分布式消息系统 Kafka、日志采集系统 Flume、数据仓库中的数据集成、ETL 工具 Kettle、使用 Pandas 进行数据清洗等。本书包含丰富的实践操作和应用案例，以帮助读者更好地学习和掌握数据采集与预处理的关键技术。

本书可以作为高等院校大数据专业的大数据课程教材，也可供相关技术人员参考。

- ◆ 编　著　林子雨
    责任编辑　孙　澍
    责任印制　陈　犇
- ◆ 人民邮电出版社出版发行　　北京市丰台区成寿寺路 11 号
    邮编　100164　　电子邮件　315@ptpress.com.cn
    网址　https://www.ptpress.com.cn
    北京市艺辉印刷有限公司印刷
- ◆ 开本：787×1092　1/16
    印张：18.25　　　　　　　　　2025 年 2 月第 2 版
    字数：456 千字　　　　　　　 2025 年 8 月北京第 3 次印刷

定价：69.80 元

读者服务热线：(010)81055256　印装质量热线：(010)81055316
反盗版热线：(010)81055315

前　言

　　党的二十大报告明确指出："加快发展数字经济，促进数字经济和实体经济深度融合"。"十四五"时期是我国工业经济向数字经济迈进的关键期，对大数据产业发展提出了新的要求。我们必须加快推进大数据技术的研发与应用创新，同时进一步加快大数据人才培养。传授数据采集与预处理等大数据技术，是大数据人才培养的重要组成部分，期望本书能在这一方面有所贡献。

- 改版背景

　　本书第 1 版于 2022 年 2 月出版，目前已经被国内超过 300 所高校采用，用书教师在给予高度评价的同时，也反馈了很多宝贵的意见和建议，为本书的改版指明了方向。

　　在本书第 1 版的实际使用过程中，很多高校教师在上机实践环节遇到了一些问题。例如，本书第 1 版设计在 Windows 操作系统中开展上机实验，并且为了让一些大数据软件获得系统的权限，需要将其安装在 C 盘根目录下。很多高校机房使用了自动化的机房管理软件，不允许任课教师随意在机房计算机的 C 盘根目录下安装软件，即使安装了软件，在计算机重启后，所安装的软件也会被自动删除。这难免给本书的授课教师带来一些不便。

　　本书第 2 版采用 Linux 操作系统。"数据采集与预处理"课程在很多高校的大数据专业人才培养方案中，被安排在其他大数据课程（如大数据技术原理与应用、Spark 编程基础等）之后开设。因此，学生在学习"数据采集与预处理"课程时，已经通过其他大数据课程熟悉了 Linux 操作系统的使用方法。当然，本书第 2 版也考虑到了可能有学生没接触过 Linux 操作系统，在第 2 章对 Linux 操作系统的安装使用做了基础性介绍。总之，采用 Linux 操作系统作为本书的上机环境，可以更好地满足高校的实际教学需求。

　　另外，一些高校教师对于本书改版提出了一些具有较高参考价值的建议，比如，期望进一步丰富和完善网络爬虫、Kettle、Flume、数据清洗方面的内容，补充更多的操作案例。本书第 2 版全部采纳了这些改版建议。

- 本书内容

　　本书围绕大数据领域数据采集与预处理的相关理论和技术展开介绍，共 8 章，各章内容简介如下。

　　第 1 章概要性地介绍数据的基础知识、数据分析过程、数据采集与预处理的任务，以及数据采集、数据清洗、数据集成、数据转换、数据归约和数据脱敏等内容。

　　第 2 章介绍大数据实验环境搭建，包括 Linux、Python、JDK、Hadoop、MySQL、MongoDB、Redis 的安装和使用方法等内容。本章内容是后续章节开展上机实验操作的基础。

　　第 3 章介绍网络数据采集，包括网络爬虫的概念、网页爬取与解析方法、Scrapy 框架等内容。

　　第 4 章介绍分布式消息系统 Kafka 的原理、安装和使用方法，并且介绍了使用 Python 操作 Kafka 的方法、Kafka 和 MySQL 的组合使用方法，以及使用 Kafka 采集数据保存到 MongoDB 中的方法。

　　第 5 章介绍日志采集系统 Flume 的原理、安装和使用方法，以及 Flume 和 Kafka 的组合使用方法、采集日志文件到 HDFS 的方法、采集 MySQL 数据库中的数据到 HDFS 的方法等。

第6章介绍数据仓库中的数据集成，并且着重介绍了数据集成方式、数据分发方式、数据集成技术等内容。

第7章介绍 ETL 工具 Kettle 的安装和使用方法，并且通过实例演示了使用 Kettle 把文本文件导入 Excel 文件、把文本文件导入 MySQL 数据库、把 Excel 文件导入 MySQL 数据库、转化 MySQL 数据库中的数据、把本地文件加载到 HDFS 中，以及把 HDFS 文件加载到 MySQL 数据库中的具体方法。

第8章介绍了如何使用 Pandas 进行数据清洗，并且通过6个综合实例展示了 Pandas 的应用方法。

● 本书特色

（1）容易开展上机实验操作。本书采用 Linux 操作系统搭建实验环境，以 Python 作为编程语言，入门门槛低，学生很容易完成书上的各种上机实验操作。

（2）包含丰富的实例。"数据采集与预处理"是一门注重培养学生动手能力的课程，为此，本书提供了丰富的实例。

（3）提供丰富的教学配套资源。为了帮助高校一线教师更好地开展教学工作，本书配有丰富的教学资源，如讲义演示文稿、教学大纲、实验手册、教案、题库及在线自主学习平台等。

● 使用指南

本书共8章，授课教师可按模块化结构组织教学。下面的"学时建议表"给出了具体的学时建议，总计32学时。

学时建议表

章	学时
第1章　概述	2
第2章　大数据实验环境搭建	4
第3章　网络数据采集	8
第4章　分布式消息系统 Kafka	2
第5章　日志采集系统 Flume	2
第6章　数据仓库中的数据集成	2
第7章　ETL 工具 Kettle	4
第8章　使用 Pandas 进行数据清洗	8

此外，选用本书的授课教师可以通过人邮教育社区（www.ryjiaoyu.com）免费下载本书的教学配套资源。

本书由林子雨执笔。在撰写过程中，厦门大学计算机科学与技术系的硕士研究生周凤林、吉晓函、刘浩然、周宗涛、黄万嘉、曹基民等做了大量辅助性工作，在此，向这些学生表示衷心的感谢。同时，感谢夏小云老师在书稿统稿过程中的辛苦付出。

读者在学习大数据课程的过程中，可以访问厦门大学数据库实验室建设的国内高校首个大数据课程公共服务平台。该平台为教师和学生提供 PPT 课件、学习指南、备课指南、上机习题、技术资料、授课视频等全方位、一站式免费资源和服务，平台累计访问量超过 2500 万次。本书在该平台的访问地址为 http://dblab.xmu.edu.cn/post/data-collection2/。

编者在撰写本书的过程中参考了大量资料，对大数据技术及其典型软件进行了系统梳理，有选择性地吸纳了重要知识，在此向这些资料的作者表示感谢。限于编者水平，书中难免存在不足之处，望广大读者不吝赐教。

林子雨
2024 年 12 月
于厦门大学数据库实验室

目　录

第1章
概述

　　大数据本身是一座金矿、一种资源，沉睡的资源是很难创造价值的，它必须经过采集、清洗、处理、分析、可视化等加工处理过程，才能真正产生价值。数据采集和预处理是其中具有关键意义的第一个环节。通过数据采集，我们可以获取传感器数据、互联网数据、日志文件、企业业务系统数据等，用于后续的数据分析。采集得到的数据需要进行预处理，数据预处理包括数据清洗、数据集成、数据转换、数据归约和数据脱敏。数据清洗是发现并纠正数据文件中可识别错误的一个环节，该环节针对数据审查过程中发现的明显错误值、缺失值、异常值、可疑数据，选用适当的方法进行"清理"，使"脏"数据变为"干净"数据，这有利于后续的统计分析以得出可靠的结论。数据集成是把多个数据源中的数据整合到一个统一的数据集中。数据转换是把原始数据转换成符合目标算法要求的数据。数据归约用来得到数据集的归约表示，减少数据分析环节的数据量。数据脱敏的目的是实现对敏感数据的可靠保护。

　　本章首先介绍数据，包括数据的概念、类型、组织形式、价值及数据爆炸等内容；然后介绍数据分析过程，以及数据采集与预处理的任务；最后介绍数据采集、数据清洗、数据集成、数据转换、数据归约和数据脱敏。

1.1　数据

　　本节将介绍数据的概念、数据的类型、数据的组织形式、数据的价值和数据爆炸。

1.1.1　数据的概念

　　数据是对客观事物的性质、状态，以及相互关系等进行记载的物理符号或这些物理符号的组合，这些符号是可识别的、抽象的。数据和信息是两个不同的概念，信息是较为宏观的概念，它由数据排列组合而成，传达某种概念或方法，而数据则是构成信息的基本单位。

　　数据有很多种，如数字、文字、图像、声音等。随着人类社会信息化进程的加快，在我们的日常生产和生活中每天都在不断产生大量的数据。数据已经渗透到当今每一个行业和业务职能领域，成为重要的生产要素。从创新到所有决策，数据推动企业的发展，并使各级组织的运营更为高效。可以这样说，数据将成为企业核心竞争力的关键要素。数据资源已经和物质资源、人力资源一样，成为国家的重要战略资源，影响国家和社会的安全、稳定与发展。因此，数据也称为"未来的石油"（见图1-1）。

1.1.2 数据的类型

常见的数据类型包括文本、图片、音频、视频等。

（1）文本。文本数据是指不能参与算术运算的字符，也称为字符型数据。在计算机中，文本数据一般保存在文本文件中。文本文件是一种由若干行字符构成的计算机文件，常见的格式包括 ASCII、MIME 和 TXT。

图1-1　数据是"未来的石油"

（2）图片。图片数据是指由图形、图像等构成的平面媒介。在计算机中，图片数据一般用图片格式的文件来保存。图片文件的格式有很多种，大体可以分为点阵图和矢量图两大类，我们常用的 BMP、JPG 等格式的图片都是点阵图，而用 Flash 动画制作软件所生成的 SWF 和用 Photoshop 绘图软件所生成的 PSD 等格式的图片属于矢量图。

（3）音频。数字化的声音数据就是音频数据。在计算机中，音频数据一般用音频文件来保存。音频文件是指存储声音内容的文件，把音频文件用一定的音频程序播放，就可以还原声音。音频文件的格式有很多种，包括 CD、WAV、MP3、MID、WMA、RM 等。

（4）视频。视频数据是指连续的图像序列。在计算机中，视频数据一般用视频文件来保存。视频文件常见的格式包括 MPEG-4、AVI、DAT、RM、MOV、ASF、WMV、DivX 等。

1.1.3 数据的组织形式

计算机系统中的数据组织形式主要有两种，即文件和数据库。

（1）文件。计算机系统中的很多数据都是以文件形式存在的，如 Word 文件、文本文件、网页文件、图片文件等。一个文件的文件名包含主名和扩展名，扩展名用来表示文件的类型，如文本文档、图片、音频、视频等。在计算机中，文件是由文件系统负责管理的。

（2）数据库。计算机系统中另一种非常重要的数据组织形式就是数据库。如今，数据库已经成为计算机软件开发的基础和核心。数据库在人力资源管理、固定资产管理、制造业管理、电信管理、销售管理、银行管理、股市管理、教学管理、图书馆管理、政务管理等领域发挥着至关重要的作用。从 1968 年，国际商业机器公司（International Business Machines Corporation，IBM）公司推出第一个大型商用数据库管理系统（Information Management System，IMS）开始到现在，人类社会已经经历了层次数据库、网状数据库、关系数据库和非关系型数据库（Not Only SQL，NoSQL）等多个数据库发展阶段。关系数据库仍然是目前的主流数据库，大多数商业应用系统都构建在关系数据库基础之上。但是，随着 Web（World Wide Web，WWW，又称 Web，万维网）2.0 的兴起，非结构化数据迅速增加，目前人类社会产生的数据中有 90%是非结构化数据，而能够更好地支持非结构化数据管理的 NoSQL 数据库也应运而生。

1.1.4 数据的价值

数据的价值主要体现在可以为人们提供答案。数据大都是为了某个特定的目的而被收集的，数据对数据收集者而言，价值是显而易见的。但数据的新价值也在不断被人们发现。在过去，数据一旦实现了基本用途，往往就会被删除，这一方面是由于过去的存储技术较落后，人们需要删除旧的数据来存储新的数据；另一方面则是人们没有认识到数据的潜在价值。例如，在购物平台购买衣服，输入性别、颜色、布料、款式等关键字后，消费者很容易找到自己心仪的商品。购买行为结束后，这些数据就会被消费者删除。但是，购物平台会记录和整理这些数据，用于预测未来即将流行的商品特征。购物平台会把这些信息传递给各类生产商，帮助这些生产商在竞争中脱颖而出，这就是数据价值的再发现。

数据不会因为不断被使用而削减其价值，反而会因为不断重组而产生更大的价值。例如，将一个地区的物价和地价走势、高档轿车的销售数量、二手房转手的频率、出租车密度等各种不相关的数据整合到一起，可以更加精准地预测该地区的房价走势。这种方式已经被国外很多房地产网站所采用。而这些被整合过的数据，下一次还可以由于别的目的而被重新整合。也就是说，数据不会因为被使用一次或两次而造成价值的衰减，反而会在不同的领域产生更多的价值。基于以上数据的价值特性，各类收集来的数据都应当被尽可能长时间地保存下来，同时也应当在一定条件下与全社会分享，并产生新的价值。现在人们已经产生了一种认识：在大数据时代以前，备受关注的商品是石油；而当今和未来，备受关注的商品是数据。目前拥有大量数据的谷歌、亚马逊等公司，每季度的利润总和高达数十亿美元，并在继续快速增加，这些都是数据价值的体现。因此，要实现大数据时代思维方式的转变，就必须正确认识数据的价值。数据已经具备了资本的属性，可以用来创造经济价值。

1.1.5　数据爆炸

人类进入信息社会以后，数据以自然方式增长，其产生不以人的意志为转移。从 1986 年到 2010 年的 20 多年时间里，全球数据的数量增长了约 100 倍，今后的数据量增长速度将更快，我们正生活在一个"数据爆炸"的时代。现在世界上只有 25% 的设备是连网的，连网设备中大约 80% 是计算机和手机，而在不久的将来，随着移动通信 5G 时代的全面开启，将有更多的用户成为网民，汽车、家用电器、生产机器等各种设备也将连入互联网。随着 Web 2.0 和移动互联网的快速发展，人们已经可以随时随地、随心所欲地在博客、微博、微信、抖音等平台发布各种信息。在 1 min 内，新浪微博可以产生 2 万条微博，推特可以产生 10 万条推文，苹果应用商店可以产生下载 4.7 万次应用的记录，淘宝可以卖出 6 万件商品，百度可以产生 90 万次搜索查询。以后，随着物联网的推广和普及，各种传感器将遍布我们工作和生活的许多角落，这些设备每时每刻都将自动产生大量数据。综上所述，我们可以看出，人类社会正在经历第二次数据爆炸（如果把印刷在纸上的文字和图形也看作数据，那么人类历史上第一次数据爆炸发生在造纸术和印刷术发明的时期），各种数据产生速度之快、产生数量之大，已经远远超出人类可以控制的范围，"数据爆炸"成为大数据时代的鲜明特征。

在数据爆炸的今天，人们一方面对知识充满渴求，另一方面为数据的复杂特征而感到困惑。数据爆炸对科学研究提出了更高的要求，人们需要设计出更加灵活高效的数据存储、处理和分析工具来应对大数据时代的挑战，这必将带来云计算、数据仓库（Data Warehouse）、数据挖掘等技术和应用的提升或者根本性改变。在存储效率（存储技术）领域，需要实现低成本的大规模分布式存储；在网络效率（网络技术）方面，需要实现及时响应的用户体验；在数据中心方面，需要开发更加绿色节能的新一代数据中心，在有效满足大数据处理需求的同时，实现最大化资源利用率、最小化系统能耗的目标。

1.2　数据分析过程

海量的数据只有借助于数据分析才能体现其价值。一般数据分析包括数据采集与预处理、数据存储与管理、数据处理与分析、数据可视化等过程，如图 1-2 所示。

数据采集与预处理 → 数据存储与管理 → 数据处理与分析 → 数据可视化

图 1-2　数据分析过程

● 数据采集与预处理：采用各种技术手段对外部各种数据源产生的数据进行实时或非实时的采集、预处理并加以利用。

● 数据存储与管理：利用计算机硬件和软件技术对数据进行有效的存储和应用，其目的在于充分有效地发挥数据的作用。

● 数据处理与分析：用适当的分析方法（来自统计学、机器学习和数据挖掘等领域）对收集来的数据进行分析，提取有用信息并形成结论。

● 数据可视化：将数据以图形图像的形式来表示，并使用数据分析方法和开发工具发现其中的未知信息。

从数据分析过程可以看出，数据采集与预处理是数据分析的第一步，也是非常重要的一个环节，它是大数据产业的基石。大数据具有很高的商业价值，但是，如果没有数据，价值将无从谈起，就好比如果没有石油开采，就不会有汽油一样。

1.3　数据采集与预处理的任务

数据采集与预处理包括数据采集和数据预处理两大任务。

数据采集是指从传感器和智能设备、企业在线系统、企业离线系统、社交网络和互联网平台等获取数据。需要采集的数据包括射频识别数据、传感器数据、用户行为数据、社交网络交互数据、移动互联网数据等各种类型的结构化、半结构化及非结构化的海量数据。数据采集技术是大数据技术的重要组成部分，已经广泛应用于国民经济的各领域。随着大数据技术的发展和普及，数据采集技术会迎来更加广阔的发展前景。

数据预处理是一个广泛的领域，其总体目标是为后续的数据分析工作提供可靠和高质量的数据，减小数据集规模，提高数据抽象程度和数据分析效率。在实际处理过程中，需要根据应用问题的具体情况选择合适的数据分析方法。数据预处理的主要步骤包括数据清洗、数据集成、数据转换、数据归约和数据脱敏等（见图 1-3），具体介绍如下。

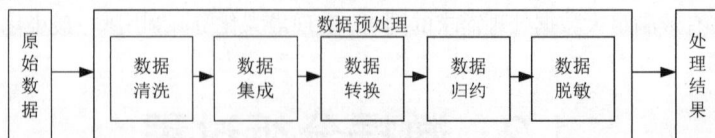

原始数据 → 数据预处理：数据清洗 → 数据集成 → 数据转换 → 数据归约 → 数据脱敏 → 处理结果

图 1-3　数据预处理的主要步骤

● 数据清洗：利用 ETL（Extract-Transform-Load，抽取–转换–加载）等清洗工具，对有遗漏（缺少某些属性）的数据、噪声数据（存在错误或偏离期望值的数据）、不一致的数据进行处理。

- 数据集成：将不同数据源中的数据合并存放到统一数据库，着重解决 3 个问题，即模式匹配、数据冗余、数据值冲突检测与处理。
- 数据转换：将数据进行转换或归并，从而形成一个适合数据处理的描述形式。
- 数据归约：用来得到数据集的归约表示，它接近于保持原数据的完整性，但数据量比原数据小得多。
- 数据脱敏：对业务数据中的敏感信息实施自动变形，实现对敏感信息的隐藏和保护。

经过这些步骤，我们可以从大量的数据属性中提取出对目标输出有重要影响的属性，降低源数据的维度，去除噪声数据，为数据分析算法提供干净、准确且有针对性的数据，减少数据分析算法的数据处理量，改进数据质量，提高分析效率。

1.4　数据采集

本节将介绍数据采集的概念、数据采集的三大要点、数据采集的数据源和数据采集方法。

1.4.1　数据采集的概念

数据采集又称为"数据获取"，即通过各种技术手段对外部各种数据源产生的数据进行实时或非实时的采集，是数据分析的入口，也是数据分析过程中相当重要的一个环节。在数据爆炸的互联网时代，被采集的数据也是复杂多样的，包括结构化数据、半结构化数据、非结构化数据。结构化数据最常见，就是保存在关系数据库中的数据。非结构化数据结构不规则或不完整，没有预定义的数据模型，包括所有格式的传感器数据、文本、图片、XML（eXtensible Markup Language，可扩展标记语言）文档、HTML（Hyper Text Markup Language，超文本标记语言）文档、各类报表、图像和音频/视频等。

目前，数据采集可以分为传统数据采集和大数据采集。大数据采集与传统数据采集既有联系，又有区别。大数据采集是在传统数据采集基础之上发展起来的，一些经过多年发展的数据采集架构、技术和工具都被继承下来。同时，由于大数据本身具有数据量大、数据类型丰富、处理速度快等特性，因此大数据采集又表现出不同于传统数据采集的一些特点，如表 1-1 所示。

表 1-1　　　　　　　　　传统数据采集与大数据采集的比较

项目	传统数据采集	大数据采集
数据源	来源单一，数据量相对较少	来源广泛，数据量巨大
数据类型	结构单一	数据类型丰富，包括结构化数据、半结构化数据和非结构化数据
数据存储	关系数据库、并行数据仓库	分布式数据库、分布式文件系统

1.4.2　数据采集的三大要点

数据采集的三大要点如下。

（1）全面性。全面性是指数据量足够产生分析价值、数据面足够支撑分析需求。例如，对于

"查看商品详情"这一行为，需要采集触发行为时的环境信息、会话及相应的用户 ID，最后需要统计在某一时段触发这一行为的人数、次数、人均次数、活跃比等。

（2）多维性。多维性是指数据要能满足分析需求。数据采集必须能够灵活、快速自定义数据的多种属性和不同类型，从而满足不同的分析需求。比如"查看商品详情"这一行为，通过"埋点"，我们才能知道用户查看的商品名称、价格、类型、商品 ID 等多个属性，从而知道用户看过哪些商品、什么类型的商品被查看得多、某一个商品被查看了多少次，而不仅仅是知道用户打开了商品详情页。

（3）高效性。高效性包括技术执行的高效性、团队内部成员协同的高效性及数据分析目标实现的高效性。也就是说，数据采集一定要明确采集目的，带着问题搜集信息，使信息采集更高效、更有针对性。此外，还要考虑数据的时效性。

1.4.3 数据采集的数据源

数据采集的主要数据源包括传感器数据、互联网数据、日志文件、企业业务系统数据等。

1. 传感器数据

传感器是一种检测装置，能"感受"到被测量的信息，并将其按一定规律变换成电信号或其他所需形式的信息输出，以满足信息的传输、处理、存储、显示、记录和控制等要求。在工作现场，人们会安装各种类型的传感器，如压力传感器、温度传感器、流量传感器、声音传感器、电参数传感器等。传感器对环境的适应能力很强，可以应对各种恶劣的工作环境。在日常生活中，温度计、话筒、摄像头等都属于传感器，支持图片、音频、视频等文件或附件的采集。

2. 互联网数据

通常，互联网数据的采集是借助于网络爬虫来完成的。"网络爬虫"，就是一个在网络上到处或定向抓取网页数据的程序。抓取网页的一般方法是先定义一个入口页面，该页面通常包含指向其他页面的统一资源定位符（Uniform Resource Locator，URL），于是这些 URL 被加入网络爬虫的抓取队列，抓取时进入新页面后再递归地进行上述操作。网络爬虫可以将非结构化数据从网页中抽取出来，将其存储为统一的本地数据文件，并以结构化的方式进行存储。它支持图片、音频、视频等文件或附件的采集，附件与正文可以自动关联。

3. 日志文件

许多企业的业务平台每天都会产生大量的日志文件。日志文件一般由数据源系统产生，用于记录针对数据源执行的各种操作，如网络监控的流量管理、金融应用的股票记账和网站服务器（Website Server，简称 Web 服务器）记录用户访问行为。利用这些日志文件，人们可以得到很多有价值的数据。通过对这些数据进行采集，然后进行数据分析，人们可以挖掘到具有潜在价值的信息，为企业决策和企业服务器平台性能评估提供可靠的数据保证。日志采集系统所做的事情就是收集日志数据，供离线和在线实时分析使用。

4. 企业业务系统数据

一些企业会使用传统的关系数据库 MySQL 和 Oracle 等来存储业务系统数据，除此之外，Redis 和 MongoDB 这样的 NoSQL 数据库也常用于数据的存储。企业每时每刻产生的业务数据，以一行行记录的形式被直接写入数据库。企业可以借助于 ETL 工具把分散在不同位置的业务系统的数据抽取、转换、加载到企业数据仓库中，以供后续的商务智能分析使用。通过采集不同业务系统的数据并将其统一保存到一个数据仓库中，可以为企业分散在不同地方的业务系统提供一个统一的视图，满足企业的各种商务决策分析需求。

在采集企业业务系统数据时，由于采集的数据种类复杂，因此在进行数据分析之前，必须通过数据抽取技术从原始数据中抽取出需要的数据，丢弃一些不重要的字段。由于数据采集可能存在不准确的情况，因此在数据抽取后还必须进行数据清洗，将那些不正确的数据进行过滤、剔除。因为不同的应用场景对数据进行分析所采用的工具或者系统不同，所以我们还需要进行数据转换操作，将数据转换成不同的数据格式，最终按照预先定义好的数据模型，将数据加载到数据仓库中。

1.4.4　数据采集方法

数据采集是数据系统必不可少的关键部分，也是数据平台的根基。对于不同的应用环境及采集对象，有多种不同的数据采集方法，包括系统日志采集、分布式消息订阅分发、ETL、网络数据采集等。

1. 系统日志采集

系统日志采集可以分为以下三大类。

（1）用户行为日志采集。采集用户使用系统过程中的一系列操作信息。

（2）业务变更日志采集。根据特定业务场景需要，采集某些用户在某时段使用某种功能对某种业务（对象、数据）进行某项操作的相关信息。

（3）系统运行日志采集。定时采集系统运行中服务器资源、网络及基础中间件的情况。

很多互联网企业都有自己的海量数据采集工具，多用于系统日志采集，如 Hadoop 的 Chukwa、Cloudera 的 Flume 等。这些工具均采用分布式架构，能满足每秒数百兆字节的日志数据采集和传输要求。

2. 分布式消息订阅分发

分布式消息订阅分发也是一种常见的数据采集方法，其中，Kafka 就是一种具有代表性的产品。Kafka 是由 LinkedIn 公司开发的一种高吞吐量的分布式消息订阅分发系统，用户通过 Kafka 可以发布大量的消息，同时也能实时订阅和消费消息。Kafka 设计的初衷是构建一个可以处理海量日志、用户行为和网站运营统计等的数据处理框架。为了满足上述应用需求，就需要同时实现实时在线处理的低延迟和批量离线处理的高吞吐量。现有的一些消息队列框架通常设计了完备的机制来保证消息传输的可靠性，但是这会带来较大的系统负担，导致系统在批量处理海量数据时无法满足高吞吐量的要求。另外一些消息队列框架则被设计成实时消息处理系统，虽然可以带来很高的实时在线处理性能，但是在批量离线处理场合中无法提供足够的持久性，即可能发生消息丢失。同时，在大数据时代涌现的新的日志收集处理系统（Flume、Scribe 等）往往更擅长批量离线处理，而不能较好地支持实时在线处理。相对而言，Kafka 可以同时满足实时在线处理和批量离线处理需求。

3. ETL

ETL 常用于数据仓库中的数据采集和预处理环节。它从源系统中抽取数据，并根据实际商务需求对数据进行转换，再把转换结果加载到目标数据存储结构中。可以看出，ETL 既包含数据采集环节，又包含数据预处理环节。ETL 的源数据存储结构和目标数据存储结构通常都是数据库文件，但也可以是其他类型的数据存储结构，如消息队列。目前，市场上主流的 ETL 工具包括DataPipeline、Kettle、Talend、Informatica、DataX、Oracle GoldenGate 等。

4. 网络数据采集

网络数据采集是指通过网络爬虫或网站公开应用程序编程接口等从网站获取数据信息。该方法可以将非结构化数据从网页中抽取出来，将其存储为统一的本地数据文件，并以结构化的方式存储。它支持图片、音频、视频等文件的采集，文件之间可以自动关联。网络数据采集的应用领域十分广泛，包括搜索引擎和垂直搜索平台的搭建与运营，综合门户、行业门户、地方门户、专业门户网站数据支撑与流量运营，电子政务与电子商务平台的运营，知识管理与知识共享，企业竞争情报系统的运营，商业智能系统的运营，信息咨询与信息增值，信息安全和信息监控等。

1.5　数据清洗

为了获得高质量的分析结果，数据清洗是十分必要的。正所谓"垃圾数据进，垃圾数据出"，没有高质量的数据输入，输出的分析结果的价值也会大打折扣，甚至没有任何价值。数据清洗是指将大量原始数据中的"脏"数据"洗掉"，它是发现并纠正数据文件中可识别的错误的最后一道程序，包括检查数据一致性、处理无效值和缺失值等。例如，在构建数据仓库时，数据仓库中的数据是面向某一主题的数据的集合，这些数据从多个业务系统中抽取而来，而且包含历史数据，这样就无法避免有的数据是错误的、有的数据之间互有冲突。这些错误的或互有冲突的数据显然不是我们想要的，我们称这样的数据为"脏数据"。我们要按照一定的规则把"脏数据"给"洗掉"，这就是"数据清洗"。

1.5.1　数据清洗的应用领域

数据清洗的主要应用领域包括数据仓库与数据挖掘、数据质量管理。

（1）数据仓库与数据挖掘。对于数据仓库与数据挖掘应用来说，数据清洗是核心和基础，它是获取可靠、有效数据的一个基本步骤。数据仓库是支持决策分析的数据集，在数据仓库领域，数据清洗一般用在几个数据库合并时或者多个数据源进行集成时。例如，指代同一个实体的记录，在合并后的数据库中会重复出现，数据清洗要把重复的记录识别出来并消除。数据挖掘是建立在数据仓库基础上的增值技术，在数据挖掘领域，挖掘出来的特征数据经常存在各种异常，如数据缺失、数据值异常等。这些情况如果不加以处理，就会直接影响最终挖掘模型的使用效果，甚至会使创建模型任务失败。因此，在数据挖掘过程中，数据清洗是第一步。

（2）数据质量管理。数据质量管理贯穿于数据的整个生命周期。我们可以通过数据质量管理的方法和手段，在数据生成、使用、消亡的过程中，及时发现有缺陷的数据，再及时将数据正确化和规范化，使其达到数据质量标准。总体而言，数据质量管理覆盖质量评估、数据去噪、数据监控、数据探查、数据清洗、数据诊断等方面，而在这个过程中，数据清洗是决定数据质量好坏的重要因素。

1.5.2　数据清洗的实现方式

数据清洗按照实现方式可以分为手工清洗和自动清洗。

（1）手工清洗。手工清洗是通过人工方式对数据进行检查，发现数据中的错误。这种方式比较简单，只要投入足够的人力、物力、财力，就能发现所有错误，但效率低。在大数据量的情况下，手工清洗几乎是不可能的。

（2）自动清洗。自动清洗是通过专门编写的计算机应用程序来进行数据清洗。这种方法能解决某个特定的问题，但不够灵活，特别是在清洗过程需要反复进行时（一般来说，数据清洗一遍就达到要求的很少），程序复杂，清洗过程变化时工作量大。而且，这种方法没有充分利用目前数据库提供的强大的数据处理功能。

1.5.3　数据清洗的内容

数据清洗主要是对缺失值、重复值、异常值和数据类型有误的数据进行处理，数据清洗的内容主要包括以下几方面。

（1）缺失值处理。由于调查、编码和录入误差，数据中可能存在一些缺失值，需要进行适当的处理。常用的处理方法有估算、整例删除、变量删除和成对删除。

① 估算：最简单的办法就是用某个变量的样本均值、中位数或众数代替缺失值。这种办法简单，但没有充分考虑数据中已有的信息，误差可能较大。另一种办法是根据调查对象对于其他问题的答案，通过变量之间的相关分析或逻辑推论进行估计。例如，某一产品的拥有情况可能与家庭收入有关，从而可以根据调查对象的家庭收入推算其拥有这一产品的可能性。

② 整例删除：剔除含有缺失值的样本。由于很多问卷都可能存在缺失值，这种做法可能导致有效样本量大幅度减少，无法充分利用已经收集到的数据。因此，整例删除只适合关键变量缺失，或者含有异常值或缺失值的样本比重很小的情况。

③ 变量删除：如果某一变量的缺失值很多，而且该变量对于所研究的问题不是特别重要，则可以考虑将该变量删除。这种做法减少了供分析用的变量，但没有改变样本量。

④ 成对删除：用一个特殊码（通常是 9、99、999 等）代表缺失值，同时保留数据集中的全部变量和样本，但在具体计算时只采用有完整答案的样本。不同的分析因涉及的变量不同，其有效样本量也会不同。这是一种保守的处理方法，最大限度地保留了数据集中的可用信息。

（2）重复值处理。重复值的存在会影响数据分析和数据挖掘结果的准确性，所以，在数据分析和建模之前需要进行数据重复性检验。如果存在重复值，则需要进行重复值的删除。

（3）异常值处理。根据每个变量的合理取值范围和相互关系，检查数据是否符合要求，将超出正常范围、逻辑上不合理或者相互矛盾的数据找出来。例如，用 1～7 级量表测量的变量出现了 0 值，体重出现了负数，这些都应视为超出正常范围。SPSS、SAS、Excel 等计算机软件都能够根据定义的取值范围，自动识别每个超出范围的变量值。逻辑上不一致的数据可能以多种形式出现。例如，调查对象说自己开车上班，又称自己没有汽车；调查对象说自己是某品牌的忠实购买者和使用者，但同时又在熟悉程度量表上给了很低的分值。发现不一致时，要列出问卷序号、记录序号、变量名称、错误类别等，以便进一步核对和纠正。

（4）数据类型转换。数据类型往往会影响后续的数据分析环节，因此，需要明确每个字段的数据类型。例如，来自 A 表的"学号"是字符型，而来自 B 表的该字段是日期型，在数据清洗的时候就需要对二者的数据类型进行统一处理。

1.5.4　数据清洗的注意事项

在进行数据清洗时，需要注意以下事项。

（1）数据清洗时优先进行缺失值、异常值和数据类型转换等处理，最后进行重复值处理。

（2）在对缺失值、异常值进行处理时，根据业务需求，处理方法并不是一成不变的，常见的操作包括统计值填充（常用的统计值有均值、中位数、众数）、前/后值填充（一般在前后数据相互关联的情况下使用，如数据是按照时间进行记录的）、零值填充。

（3）在数据清洗之前，较为重要的是对数据表的查看，要了解数据表的结构和发现需要处理的值，这样才能将数据清洗彻底。

（4）数据量的大小也会影响数据的处理方式。如果总数据量较大，而异常数据（包括存在缺失值和异常值的数据）的量较小，则可以选择直接删除，因为这并不会显著影响最终的分析结果。但是，如果总数据量较小，则每个数据都可能影响分析的结果，这个时候可能需要通过其他的关联表找到相关数据并进行填充。

（5）在导入数据表后，一般需要将所有列逐个进行清洗，以保证数据处理得较为彻底。有些数据看起来可以正常使用，实际上在处理时可能会出现问题，例如，某列数据看起来是数值，其实是字符串，这就会导致这列数据在进行数值操作时无法使用。

1.5.5 数据清洗的基本流程

数据清洗的基本流程一共包括以下 5 个步骤，分别是数据分析、定义数据清洗的策略和规则、搜索并确定错误实例、纠正发现的错误，以及干净数据回流。具体介绍如下。

（1）数据分析。数据源中可能存在数据质量问题，需要通过人工检测或计算机分析程序对数据源的数据进行检测分析。可以说，数据分析是数据清洗的前提和基础。

（2）定义数据清洗的策略和规则。根据数据分析环节得到的数据源中的"脏数据"的具体情况，制订相应的数据清洗策略和规则，并选择合适的数据清洗算法。

（3）搜索并确定错误实例。搜索并确定错误实例包括自动检测属性错误和用算法检测重复记录。手工检测数据集中的属性错误要花费大量的时间和精力，而且容易出错，所以需要采用高效的方法自动检测数据集中的属性错误。主要检测方法有基于统计的方法、聚类方法和关联规则方法等。检测重复记录的算法可以对两个数据集或一个合并后的数据集进行检测，从而确定同一个实体的重复记录。检测重复记录的算法有基本的字段匹配算法、递归字段匹配算法等。

（4）纠正发现的错误。根据不同的"脏数据"存在形式，执行相应的数据清洗和转换，解决数据源中存在的质量问题。在某些特定领域，我们能够根据发现的错误模式，编制程序或借助外部标准数据源文件、数据字典等，在一定程度上修正错误；有时候也可以根据数理统计知识实现自动修正；但是在很多情况下都需要编制复杂的程序或借助于人工干预来完成修正。需要注意的是，对数据源进行数据清洗时，应该将数据源备份，以备撤销清洗的需要。

（5）干净数据回流。在数据被清洗后，干净的数据将替代数据源中的"脏数据"，这既提高了信息系统的数据质量，又可以避免将来再次抽取数据后进行重复的清洗工作。

1.5.6 数据清洗的评价标准

数据清洗的评价标准包括以下几方面。

（1）数据的可信性。数据的可信性包括精确性、完整性、一致性、有效性、唯一性等指标。精确性是指数据是否与其对应的客观实体的特征一致。完整性是指数据中是否存在缺失记录或缺失字段。一致性是指同一实体同一属性的值在不同的系统中是否一致。有效性是指数据是否满足用户定义的条件或在一定的值域范围内。唯一性是指数据中是否存在重复记录。

（2）数据的可用性。数据的可用性主要包括时间性和稳定性。时间性是指数据是当前数据还是历史数据。稳定性是指数据是否为稳定的，是否在其有效期内。

（3）数据清洗的代价。数据清洗的代价即成本效益，在进行数据清洗之前考虑成本效益这个因素是很有必要的。数据清洗是一项十分繁重的工作，需要投入大量的时间、人力和物力，一般而言，在大数据项目的实际开发工作中，数据清洗通常占开发过程总时间的 50%～70%。在进行数据清洗之前，要考虑其成本和时间是否会超过组织的承受能力。通常情况下，大数据集的数据清洗是一个系统性的工作，需要多方配合及大量人员的参与，需要多种资源的支持。企业所做出的每项决定都是为了给自身带来更大的经济效益，如果花费大量金钱、时间、人力和物力进行大规模的数据清洗带来的经济效益远低于投入的成本，那么这会被认定为是一次失败的数据清洗。因此，在进行数据清洗之前进行成本、效益的估算是非常有必要的。

1.6　数据集成

数据处理常常涉及数据集成操作，即将来自多个数据源的数据结合在一起，形成一个统一的数据集，为数据处理工作的顺利完成提供完整的数据基础。

在数据集成过程中，需要考虑解决以下几个问题。

（1）模式集成问题。这个问题简言之就是如何使来自多个数据源的现实世界的实体相互匹配，其中包含实体识别问题。例如，如何确定一个数据库中的"user_id"与另一个数据库中的"user_number"是否表示同一实体。

（2）冗余问题。这是数据集成中经常出现的另一个问题。若一个属性可以从其他属性中推演出来，那么这个属性就是冗余属性。例如，一个学生数据表中的平均成绩属性就是冗余属性，因为它可以根据成绩属性计算出来。此外，属性命名的不一致也会导致集成后的数据集出现数据冗余问题。

（3）数据值冲突检测与消除问题。在现实世界中，来自不同数据源的同一属性的值或许不同。产生这种问题的原因可能是度量标准或编码存在差异等。例如，重量属性在一个系统中采用公制，而在另一个系统中采用英制；价格属性在不同地点采用不同的货币单位。这些语义差异会为数据集成带来许多问题。

1.7　数据转换

数据转换就是对数据进行转换或归并等操作，以形成适合数据处理的描述形式。本节首先介绍常见的数据转换策略，然后重点介绍数据转换策略中的平滑处理和规范化处理。

1.7.1　数据转换策略

常见的数据转换策略如下。

（1）平滑处理。帮助除去数据中的噪声，常用的方法包括分箱、回归和聚类等。

（2）聚集处理。对数据进行汇总操作。例如，对每天的数据进行汇总操作可以获得每月或每年的数据。聚集处理常用于构造数据立方体或对数据进行多粒度的分析。

（3）数据泛化处理：用更抽象（更高层次）的概念来取代低层次的数据对象。例如，街道属性可以泛化到更高层次的概念，如城市、国家；年龄属性可以映射到更高层次的概念，如青年、中年和老年。

（4）规范化处理：将属性值按比例缩放，使之落入一个特定的区间，如 0.0~1.0。常用的规范化处理方法包括 Min-Max 规范化、Z-Score 规范化和小数定标规范化等。

（5）属性构造处理：根据已有属性集构造新的属性，后续数据处理直接使用新增的属性。例如，根据已知的质量和体积属性，计算出新的属性——密度。

1.7.2　平滑处理

噪声是指被测变量的随机错误和变化。平滑处理旨在去掉数据中的噪声，常用的方法包括分箱、回归和聚类等。

1. 分箱

分箱方法通过利用被平滑数据点的周围点（近邻），对一组排序数据进行平滑处理，排序后的数据被分配到若干箱子（称为 Bin）中。

对箱子的划分方法一般有两种：一种是等高方法，即每个箱子中元素的个数相等，如图 1-4（a）所示；另一种是等宽方法，即每个箱子的取值间距（左右边界之差）相同，如图 1-4（b）所示。

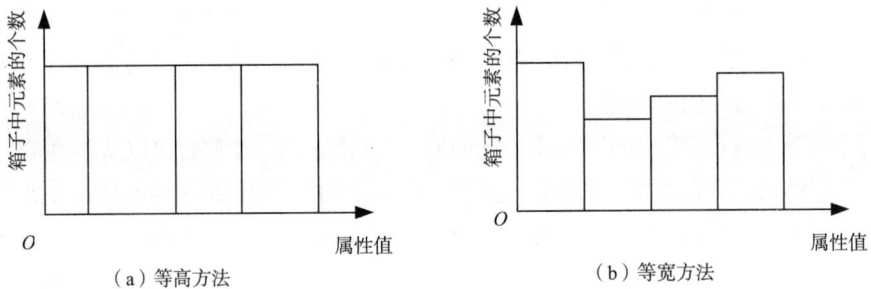

（a）等高方法　　　　　（b）等宽方法

图 1-4　两种典型的分箱方法

这里通过一个实例来介绍分箱方法。假设有一个数据集 X={4,8,15,21,21,24,25,28,34}，采用基于平均值的等高方法对其进行平滑处理，分箱步骤如下。

（1）把原始数据集 X 放入以下 3 个箱子。

箱子 1：4,8,15。

箱子 2：21,21,24。

箱子 3：25,28,34。

（2）分别计算得到每个箱子的平均值。

箱子 1 的平均值：9。

箱子 2 的平均值：22。

箱子 3 的平均值：29。

（3）用每个箱子的平均值替换该箱子内的所有元素。

箱子 1：9,9,9。

箱子 2：22,22,22。

箱子 3：29,29,29。

（4）合并各个箱子中的元素，得到新的数据集{9,9,9,22,22,22,29,29,29}。

此外，还可以采用基于箱子边界的等高方法对数据进行平滑处理。利用边界进行平滑处理时，对于给定的箱子，其最大值与最小值就构成了边界。用每个箱子的边界（最大值或最小值）替换该箱子中除边界外的所有值，这时的分箱结果如下。

箱子 1：4,4,15。

箱子 2：21,21,24。

箱子 3：25,25,34。

合并各个箱子中的元素，得到新的数据集{4,4,15,21,21,24,25,25,34}。

2. 回归

可以利用拟合函数对数据进行平滑处理。例如，借助线性回归方法（包括多变量回归方法），可以获得多个变量之间的拟合关系，从而达到利用一个（或一组）变量值来预测另一个变量值的目的。如图 1-5 所示，对数据进行线性回归拟合，能够使数据平滑，除去其中的噪声。

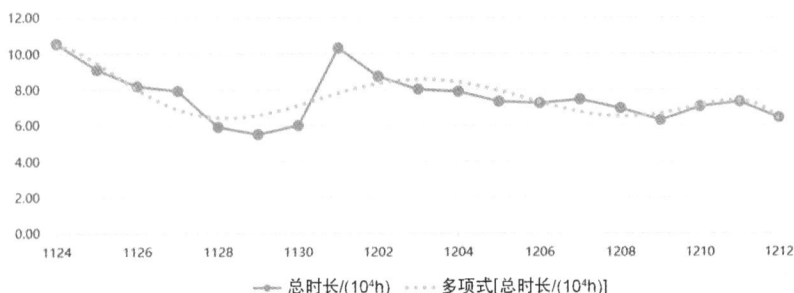

图 1-5　对数据进行线性回归拟合

3. 聚类

通过聚类方法可发现异常数据。如图 1-6 所示，相似或相邻的数据聚合在一起形成了各个聚类集合，而那些位于这些聚类集合之外的数据对象，则被认为是异常数据。

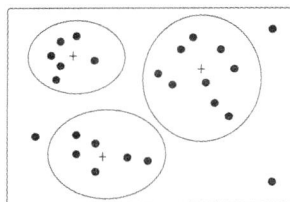

图 1-6　基于聚类方法的异常数据监测

1.7.3　规范化处理

规范化处理是一种重要的数据转换策略，它是将一个属性的取值投射到特定范围之内，以消除数值型属性取值大小不一造成的挖掘结果偏差，常常用于神经网络、基于距离计算的聚类挖掘的数据预处理。对于神经网络，采用规范化处理后的数据，不仅有助于确保学习结果的正确性，而且有助于提高学习效率。对于基于距离计算的聚类挖掘，规范化处理可以帮助消除属性取值范围不同给挖掘结果的公正性带来的影响。

下面介绍几种常用的规范化处理方法。

1. Min-Max 规范化

Min-Max 规范化是对被转换数据进行一种线性转换，其转换公式如下：

$$x = （待转换属性值 - 属性最小值）/（属性最大值 - 属性最小值）$$

例如，假设"顾客收入"属性的最大值和最小值分别是 87000 和 11000（单位：元），现在需要利用 Min-Max 规范化，将"顾客收入"属性的值映射到 0～1 范围内，则"顾客收入"属性的值为 72400 元时，对应的转换结果如下：

$$(72400-11000)/(87000-11000) = 0.808$$

Min-Max 规范化的优点是可灵活指定规范化后的取值区间，以消除不同属性之间的权重差异。但是该方法也有一些缺陷：首先，需要预先知道属性的最大值与最小值；其次，当有新的数据加入时，需要重新定义属性的最大值和最小值。

2. Z-Score 规范化

Z-Score 规范化的主要目的是将不同量级的数据转化为同一个量级，统一用计算出的 Z-Score 值衡量，以保证数据之间的可比性。其转换公式如下：

$$z = （待转换属性值-属性平均值）/属性标准差$$

假设我们要比较学生 A 与学生 B 的考试成绩，A 的考卷满分是 100 分（及格 60 分），B 的考卷满分是 700 分（及格 420 分）。显然，A 考出的 70 分与 B 考出的 70 分具有完全不同的意义。但是从数值上来讲，A 与 B 的成绩在数据表中都是 70。那么如何用一个同等的标准来比较 A 与 B 的成绩呢？使用 Z-Score 规范化就可以解决这一问题。下面用另一个例子来说明。

假设 A 所在班的平均分是 80 分，标准差是 10 分，A 考了 90 分；B 所在班的平均分是 400 分，标准差是 100 分，B 考了 600 分。通过上面的公式，我们可以计算得出，A 的 Z-Score 值是 (90-80)/10=1，B 的 Z-Score 值是(600-400)/100=2，因此，B 的成绩更优。若 A 考了 60 分，B 考了 300 分，则 A 的 Z-Score 值是-2，B 的 Z-Score 值是-1，这时，A 的成绩较差。

Z-Score 规范化的优点是不需要知道数据集的最大值和最小值，对离群点规范化效果好。此外，Z-Score 规范化能够应用于数值型数据，并且不受数据量级的影响，因为它本身的作用就是消除量级给分析带来的不便。

但是 Z-Score 规范化也有一些缺陷。首先，Z-Score 规范化对于数据的分布有一定的要求，正态分布是最有利于 Z-Score 计算的。其次，Z-Score 规范化消除了数据具有的实际意义，A 的 Z-Score 值与 B 的 Z-Score 值不能体现他们各自的分数，因此，Z-Score 规范化的结果只能用于比较数据，要了解数据的真实意义还需要用原值。

3. 小数定标规范化

小数定标规范化方法通过移动属性值的小数点位置来达到规范化的目的。所移动的位数取决于属性取值绝对值的最大值。其转换公式为

$$x =待转换属性值/10^k$$

其中，k 为能够使该属性取值绝对值的最大值的转换结果小于 1 的最小值。

例如，假设属性的取值范围是-957～924，则该属性取值绝对值的最大值为 957，显然，这时 k=3。当属性值为 426 时，对应的转换结果如下：

$$426/10^3 = 0.426$$

小数定标规范化的优点是直观、简单，缺点是没有消除属性间的权重差异。

1.8　数据归约

数据归约技术可以用来得到数据集的归约表示，它接近于保持原数据的完整性，但数据量比

原数据小得多。与非归约数据相比，在归约的数据上进行挖掘，所需的时间和内存资源更少，挖掘更有效，并产生相同或几乎相同的分析结果。数据归约方法可以划分为以下3类。

（1）维归约。维归约通过删除不相关的属性（或维）来减少数据量。通常采用属性子集选择方法找出最小属性集，使数据类的概率分布尽可能地接近使用所有属性的原分布。属性子集选择方法有以下4种。

① 逐步向前选择：由空属性集开始，将原属性集中"最好的"属性逐步添加到该集合中。

② 逐步向后删除：由整个属性集开始，每一步删除当前属性集中的"最坏"属性。

③ 向前选择和向后删除相结合：每一步选择"最好的"属性，删除"最坏的"属性。

④ 决策树归纳：使用信息增益度量建立分类决策树，树中的属性形成归约后的属性子集。

（2）数据压缩。应用数据编码或变换，得到原数据的归约或压缩表示。数据压缩分为无损压缩和有损压缩。比较流行和有效的有损数据压缩方法是小波变换和主成分分析。小波变换对于稀疏或倾斜数据，以及具有有序属性的数据有很好的压缩效果。主成分分析计算开销小，可以用于有序或无序的属性，并且可以处理稀疏或倾斜数据。

（3）数值归约。数值归约通过选择替代的、较小的数据表示形式来减少数据量。数值归约技术可以是有参的，也可以是无参的。有参方法是使用一个模型来评估数据，只需存放参数，不需要存放实际数据。无参方法包括直方图、聚类、抽样和数据立方体聚集等。

这里介绍一些典型的数据归约方法。

（1）小波变换。离散小波变换（Discrete Wavelet Transform，DWT）是一种线性信号处理技术，对于数据向量 X，DWT 将它变换成不同的数值小波系数向量 X'，两个向量具有相同的长度。虽然经小波变换后得到的向量维数保持不变，但是小波变换后只是存储了少数最强的小波系数，可以继续保留近似和压缩后的信号。DWT 与离散傅里叶变换（Discrete Fourier Transform，DFT）有密切关系，相对而言，DWT 是一种更好的有损压缩，可提供原始数据更准确的近似，并且需要的空间更小。

（2）主成分分析（Principal Component Analysis，PCA）。PCA 的主要目的是通过利用主成分降维思想，将多个指标转换成少数几个具有综合价值的指标（也就是主成分）。每个主成分都可以直接反映出一个原始变量中的部分信息，各主成分所包含的信息之间彼此不可以相互重复。PCA 常常能够揭示先前未曾察觉的联系，因此允许解释不寻常的结果。

PCA 可以用于有序和无序的属性，并且可以处理稀疏和倾斜的数据。与小波变换相比，PCA 可以更好地处理稀疏数据，而小波变换更适合处理高维数据。

（3）属性子集选择。属性子集选择通过删除不相关或者冗余属性（或维度）来减少数据量。常用方法有逐步向前选择、逐步向后删除、逐步向前选择和逐步向后删除相结合、决策树归纳。

（4）线性回归和对数线性模型。线性回归和对数线性模型都属于参数化数据归约方法，即使用一个参数模型来评估实际的属性数据。这类方法只需要存储模型参数，而不是实际数据。因此，参数化数据归约方法可以大幅度减少数据量，但只对数值型的数据进行归约时才有效。

（5）直方图。使用分箱来近似数据分布，是一种流行的数据归约形式。比如，属性 A 的直方图，就是将属性 A 的数据分布划分为互不相交的若干个子集或桶。

（6）聚类。使用聚类时，把数据元组看作对象，将对象划分为簇或群，使一个簇中的对象相互"相似"，而与其他簇中的对象"相异"。通常，相似性基于距离函数。

（7）抽样。抽样包括无放回简单随机抽样、有放回简单随机抽样、簇抽样、分层抽样等。

（8）数据立方体聚集。数据立方体主要是对一个数据进行多维度的建模和表达，由多个维度、各维度的成员和各成员的测量值所构造的。在最低抽样层创建的立方体称为基本方体，最高层抽象立方体称为顶点立方体（如汇总值）。

实际上，数据转换和数据归约存在部分交集，比如直方图、聚类、数据立方体聚集等，既可以视作数据转换，也可以视作数据归约。

1.9　数据脱敏

数据脱敏是在给定的规则、策略下对敏感数据进行变换、修改的技术，能够在很大程度上解决敏感数据在非可信环境中使用的问题。它会根据数据保护规范和脱敏策略，对业务数据中的敏感信息实施自动变形，实现对敏感信息的隐藏和保护。一旦涉及客户安全数据或商业性敏感数据，在不违反系统规则的条件下，对身份证号、手机号、卡号、客户号等个人信息都要进行数据脱敏。数据脱敏不是必需的数据预处理环节，根据业务需求，对数据可以进行脱敏处理，也可以不进行脱敏处理。

1.9.1　数据脱敏原则

数据脱敏不仅要执行"数据漂白"，抹去数据中的敏感内容，还需要保持原有的数据特征、业务规则和数据关联性，保证开发、测试及大数据类业务不受脱敏影响，确保脱敏前后的数据一致性和有效性。具体原则如下。

（1）保持原有的数据特征。数据脱敏前后数据特征应保持不变，例如，身份证号由17位数字本体码和1位校验码组成，分别为区域地址码（6位）、出生日期（8位）、顺序码（3位）和校验码（1位），那么身份证号的脱敏规则需要保证脱敏后这些特征信息不变。

（2）保持数据的一致性。在不同业务中，数据之间有一定的关联。例如，出生年月或年龄和出生日期有关联。身份证信息脱敏后需要保证出生年月字段和身份证号中包含的出生日期之间具有一致性。

（3）保持业务规则的关联性。保持业务规则的关联性是指数据脱敏时，数据关联性及业务语义等保持不变。其中数据关联性包括主外键关联性、关联字段的业务语义关联性等。特别是高度敏感的账户类主体数据，往往会贯穿主体的所有关系和行为信息，因此需要特别注意保证所有相关主体数据的关联性。

（4）保持多次脱敏数据的一致性。相同的数据进行多次脱敏，或者在不同的测试系统中进行脱敏，需要确保每次脱敏后的数据一致。只有这样才能保障业务系统数据变更的持续一致性及广义业务的持续一致性。

1.9.2　数据脱敏方法

数据脱敏的主要方法有以下几种。

- 数据替换：用设置的固定虚构值替换真值。例如，将手机号码统一替换为13900010002。

● 无效化：通过对数据值的截断、加密、隐藏等使敏感数据脱敏，使其不再具有利用价值。例如，将地址的值替换为"******"。无效化与数据替换所达成的效果类似。

● 随机化：采用随机数据代替真值，保持替换值的随机性以模拟样本的真实性。例如，用随机生成的姓和名代替真值。

● 偏移和取整：通过随机移位改变数值型数据。例如，把日期"2018-01-02 8:12:25"变为"2018-01-02 8:00:00"。偏移和取整在保持数据安全性的同时，保证了取值范围的大致真实，这在大数据领域具有重大意义。

● 掩码屏蔽：它是针对账户类数据的部分信息进行脱敏的有力工具。例如，把身份证号"220524199209010254"替换为"220524********0254"。

● 灵活编码：在需要特殊脱敏规则时，可执行灵活编码以满足各种脱敏规则。例如，用固定字母和固定位数的数字替代合同编号真值。

1.10　本章小结

数据采集与预处理是大数据分析全流程的关键一环，直接决定后续环节分析结果的质量高低。近年来，以大数据、物联网、人工智能、5G 为核心的数字化浪潮席卷全球。随着网络和信息技术的不断普及，人类产生的数据量正在呈指数级增长，大约每两年翻一番，这意味着人类在最近两年产生的数据量相当于之前产生的全部数据量。世界上每时每刻都在产生大量的数据，包括物联网传感器数据、社交网络数据、企业业务系统数据等。面对如此海量的数据，有效收集并进行清洗、转换已经成为人类当前面临的巨大挑战。因此，我们需要运用相关的技术来收集数据，并对数据进行清洗、转换和脱敏。

本章介绍了数据采集、数据清洗、数据集成、数据转换、数据归约和数据脱敏的方法。

1.11　习题

（1）请阐述常见的数据类型有哪些。

（2）请阐述计算机系统中的数据组织形式主要有哪两种。

（3）请阐述典型的数据分析过程包括哪些环节。

（4）请阐述数据采集与预处理包括哪两大任务。

（5）请阐述传统的数据采集与大数据采集的区别。

（6）请阐述数据采集的三大要点。

（7）请阐述数据采集的数据源有哪些。

（8）请阐述典型的数据采集方法有哪些。

（9）请阐述数据清洗的主要内容。

（10）请阐述数据清洗的主要应用领域。

（11）请阐述数据清洗的注意事项。

（12）请阐述数据清洗的基本流程。

（13）请阐述数据转换包括哪些策略。

（14）请阐述数据规范化包含哪些方法。

（15）请阐述数据归约方法可以划分为哪几类。

（16）请阐述数据脱敏的原则。

（17）请阐述数据脱敏的方法。

第2章
大数据实验环境搭建

大数据实验环境的搭建是顺利完成本书各实验的基础。本书后续章节的内容中会使用到 Python、JDK、MySQL、Hadoop 等软件，为了避免在后续每个章节都重复介绍，这里对这些软件的安装和基本使用方法进行统一介绍。需要说明的是，本书的所有实验都是在 Ubuntu 22.04 系统下完成的，并且采用 Python 作为编程语言。

本章首先介绍 Linux 操作系统的安装和使用，然后介绍 Python 的安装和使用方法、JDK 的安装方法、Hadoop 的安装和使用方法、MySQL 数据库的安装和使用方法、MongoDB 的安装和使用方法，最后介绍 Redis 的安装和使用方法。

2.1 Linux 操作系统的安装和使用

Linux 是一套免费使用和自由传播的类 UNIX 操作系统，是一个基于 POSIX（Portable Operating System Interface，可移植操作系统接口）和 UNIX 的多用户、多任务、支持多线程和多 CPU 的操作系统。Linux 有许多服务于不同目的（包括对不同计算机结构的支持、对一个具体区域或语言的本地化、实时应用等）的发行版，目前已经有超过 300 个发行版，但是，目前在全球范围内只有 10 个左右发行版被普遍使用，如 Fedora、Debian、Ubuntu、RedHat、SuSE、CentOS 等。

Linux 的发行版可以大体分为两类：一类是商业公司维护的发行版；另一类是社区组织维护的发行版，前者以 Redhat 为代表，后者以 Debian 为代表。Debian 是社区类 Linux 的典范，是迄今为止严格遵循 GNU 规范的 Linux 操作系统的典范。Ubuntu 严格来说不能算是一个独立的发行版，Ubuntu 是基于 Debian 的 unstable 版本加强而来的。Ubuntu 就是一个拥有 Debian 所有优点及自己所加强的优点的近乎完美的 Linux 桌面系统，在服务器端和桌面端使用占比最高，网络上资料最齐全，因此，本书采用 Ubuntu。

本节将介绍 Linux 操作系统的安装和使用方法。

2.1.1 下载安装文件

本书采用的 Linux 发行版是 Ubuntu，同时，为了更好地支持汉化（如更容易输入中文），这里采用了 Ubuntu Kylin 发行版。Ubuntu Kylin 是针对中国用户定制的 Ubuntu 发行版，里面包含一些便于中国用户使用的软件（如中文拼音输入法），并且根据中国用户的使用习惯做了一些优化。

Ubuntu Kylin 较新的版本是 22.04。读者可以通过以下两种途径下载 Ubuntu Kylin 发行版的安装镜像文件：第一种方式是访问 Ubuntu 官网，进入 Ubuntu 官网的下载页面后，下载镜像文件 ubuntukylin-22.04.3-desktop-amd64.iso；第二种方式是访问本书官网，进入"下载专区"，在"软件"目录下找到安装映像文件 ubuntukylin-22.04.3-desktop-amd64.iso，将其下载到本地计算机。

2.1.2　Linux 操作系统的安装方式

Linux 操作系统主要有两种安装方式，即虚拟机安装方式和双系统安装方式。

（1）虚拟机安装方式。首先在 Windows 操作系统上安装虚拟机软件（如 VirtualBox、VMware），然后在虚拟机软件之上安装 Linux 操作系统。采用这种安装方式时，Linux 操作系统就相当于运行在 Windows 操作系统上的一个软件。如果要使用 Linux 操作系统，需要在计算机开机后，首先启动进入 Windows 操作系统，然后在 Windows 操作系统中打开虚拟机软件，接着在虚拟机软件中启动 Linux，之后才能使用 Linux 操作系统。

（2）双系统安装方式。直接把 Linux 操作系统安装在计算机"裸机"上，而不是安装在 Windows 操作系统之上。采用这种安装方式时，Linux 操作系统和 Windows 操作系统的地位是平等的，当计算机开机时，屏幕上会显示提示信息，让用户选择要启动的操作系统，如果用户选择 Windows 操作系统，计算机就继续启动进入 Windows 操作系统，如果用户选择 Linux 操作系统，计算机就继续启动进入 Linux 操作系统。

对虚拟机安装方式而言，由于同时要运行 Windows 操作系统和 Linux 操作系统，因此这种安装方式对计算机硬件的要求较高。在计算机较新且具备 8GB 以上内存时，可以选择虚拟机安装方式；如果计算机较旧或内存小于 4GB，建议选择双系统安装方式，因为在配置较低的计算机上运行 Linux 虚拟机，操作系统运行速度会非常慢。

由于大多数大数据初学者对 Windows 操作系统比较熟悉，对 Linux 操作系统可能稍显陌生，因此本书采用虚拟机安装方式来安装 Linux 操作系统。

2.1.3　安装 Linux 虚拟机

当采用虚拟机安装方式时，需确保计算机的内存在 8GB 及以上，否则操作系统的运行速度会很慢。计算机的硬盘配置需要在 100GB 及以上。

1.　安装虚拟机软件

常用的虚拟机软件有 VMware、VirtualBox 等，VirtualBox 属于开源软件，免费；VMware 属于商业软件，需要付费。从易用性的角度来看，VMware 要比 VirtualBox 更胜一筹，因此，本书采用 VMware。读者可以访问 VMware 官网下载安装文件；也可以到本书官网下载，安装文件位于"下载专区"的"软件"目录下，文件名是 VMware-workstation-full-17.0.1.exe。下载好后，请在 Windows 操作系统中安装 VMware。

2.　安装 Linux 操作系统

进入 Windows 操作系统，启动 VMware 软件，按照以下两大步骤完成 Linux 操作系统的安装：首先创建一个虚拟机，然后在虚拟机上安装 Linux 操作系统。

打开 VMware，在"主页"选项卡中，可以看到图 2-1 所示的界面，单击"创建新的虚拟机"图标。

在弹出的对话框中选中"典型(推荐)(T)"单选按钮，如图 2-2 所示，然后单击"下一步"按钮。

在新出现的界面中，选中"安装程序光盘映像文件(iso)(M)"单选按钮，单击"浏览"按钮，在弹出的界面中，找到之前已经准备好的 Ubuntu 安装镜像文件ubuntukylin-22.04.3-desktop- amd64.iso，单击"打开"按钮把它加载进来，如图 2-3 所示，然后单击"下一步"按钮。

图 2-1　VMware 首界面

图 2-2　"新建虚拟机向导"对话框

图 2-3　加载安装程序光盘映像文件

在新出现的界面中进行个性化 Linux 设置，比如，可以把"全名"设置为"xmudblab"，把"用户名"设置为"dblab"，把"密码"设置为"123456"，如图 2-4 所示，然后单击"下一步"按钮。

在新出现的界面中，将"虚拟机名称"设置为"hadoop1"，并设置虚拟机文件保存位置，如图 2-5 所示，然后单击"下一步"按钮。

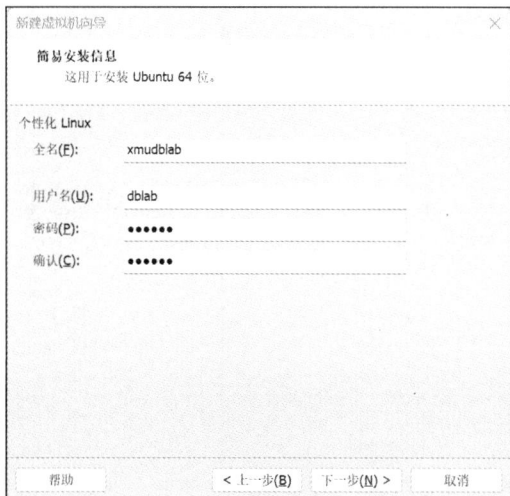

图 2-4　个性化 Linux 设置

图 2-5　设置虚拟机名称及文件保存位置

在新出现的界面中，对磁盘大小进行设置。一般而言，开展大数据实验，需要在虚拟机中安装各种大数据软件，至少需要消耗 40GB 磁盘空间，因此，建议把磁盘空间设置为 50GB～100GB。同时，需要把"将虚拟磁盘存储为单个文件(O)"单选按钮选中，如图 2-6 所示，然后单击"下一步"按钮。

在新出现的界面中，单击"自定义硬件"按钮，以对虚拟机内存大小进行设置，如图 2-7 所示。

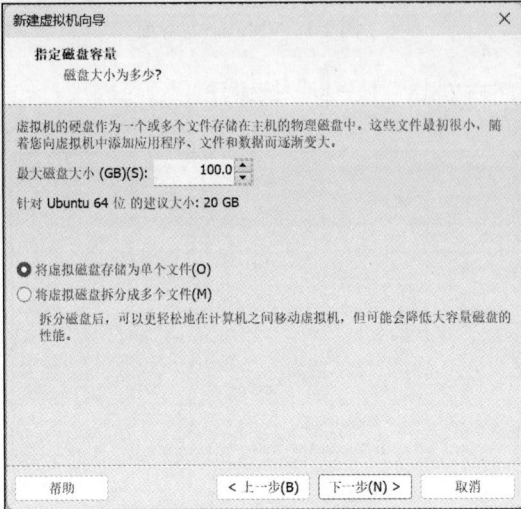

图 2-6　设置磁盘空间大小

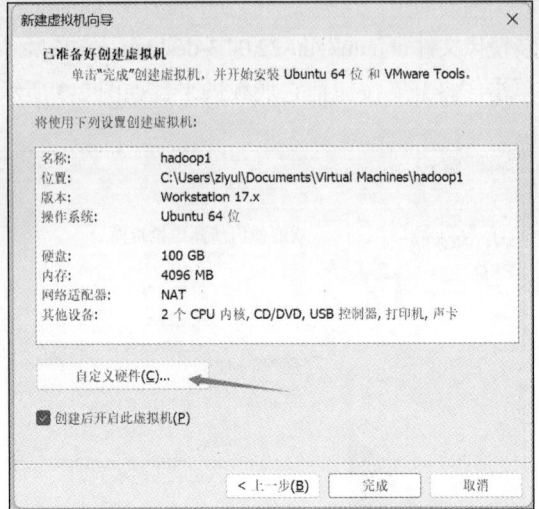

图 2-7　单击"自定义硬件"按钮

在弹出的对话框中，对虚拟机的内存进行设置，比如，如果计算机的内存有 32GB，则可以把虚拟机内存设置为 16GB，最小要设置为 4GB，如图 2-8 所示。然后单击"关闭"按钮，返回到图 2-7 所示的界面，再单击"完成"按钮。这时，VMWare 就会开始自动安装 Ubuntu 系统。

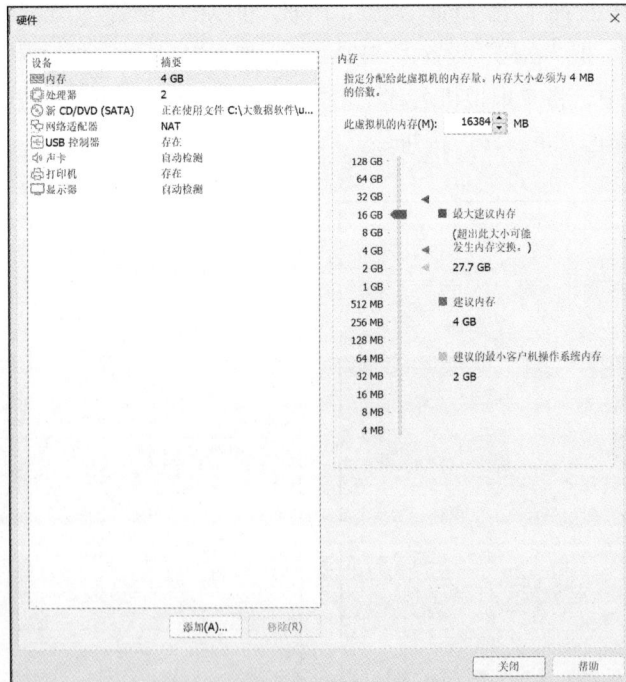

图 2-8　设置内存大小

安装过程中，遇到要求选择键盘布局时，选择默认的键盘布局"English(US)"，如图 2-9 所示，然后单击"Continue"按钮。

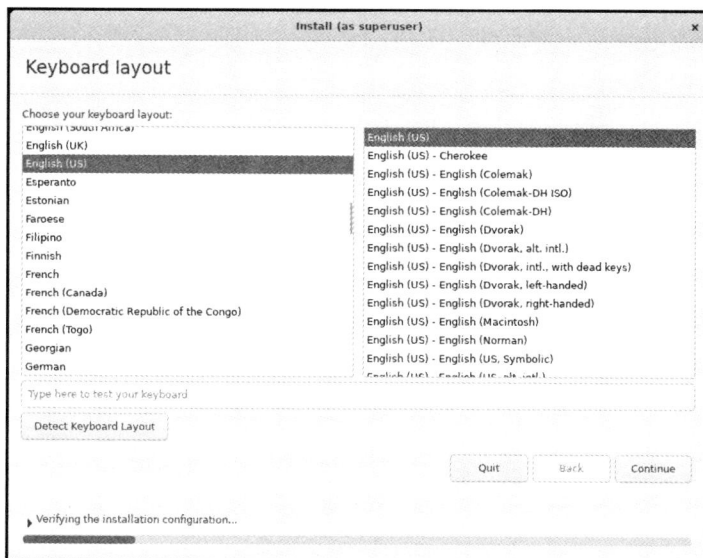

图 2-9　选择键盘布局

当出现"What apps would you like to install to start with？"提示时（见图 2-10），选择默认的"Normal installation"选项即可，然后单击"Continue"按钮。

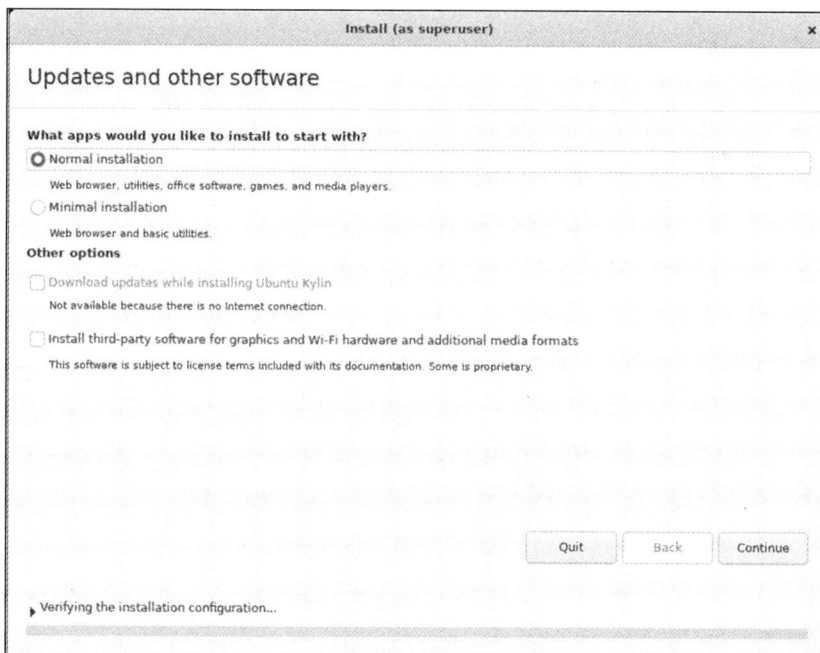

图 2-10　更新设置

在"Installation type"对话框中，选择"Erase disk and install Ubuntu Kylin"单选按钮，如图 2-11 所示，然后单击界面右下角的"Install Now"按钮开始安装。

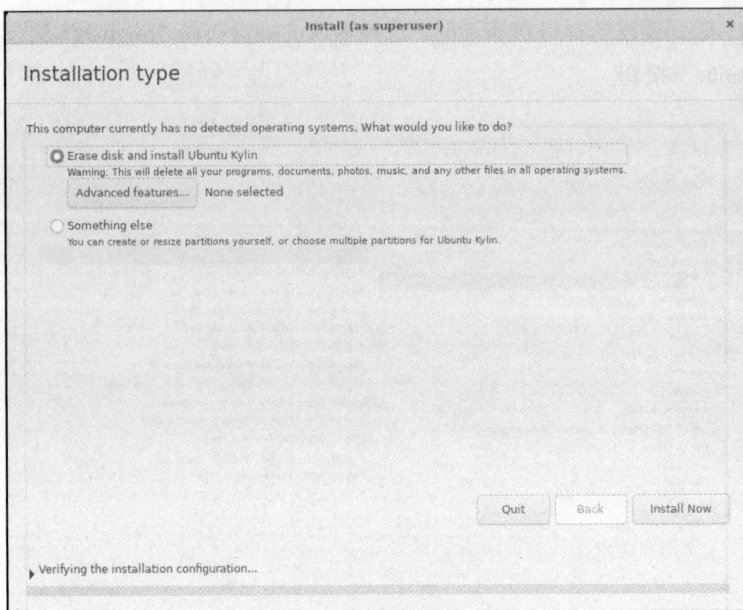

图 2-11　安装类型设置

当弹出"Write the changes to disks? (as superuser)"对话框时，直接单击对话框右下角的"Continue"按钮，如图 2-12 所示。

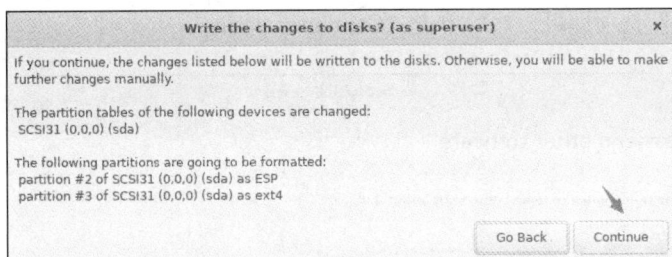

图 2-12　询问是否把变更写入磁盘

当出现"Where are you?"对话框时，单击地图中中国所在的区域，在地图下面的文本框中将会显示"Shanghai"，如图 2-13 所示，再单击"Continue"按钮。

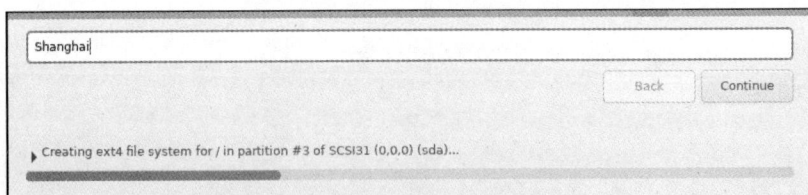

图 2-13　选择所在区域

当出现"Who are you?"对话框时，在"Your name"文本框中输入"dblab"，在"Your computer's name"文本框中输入"dblab"，在"Pick a username"文本框中输入"dblab"，在"Choose a password"文本框中输入密码"123456"，在"Confirm your password"文本框中输入密码"123456"，如图 2-14 所示，然后单击"Continue"按钮。

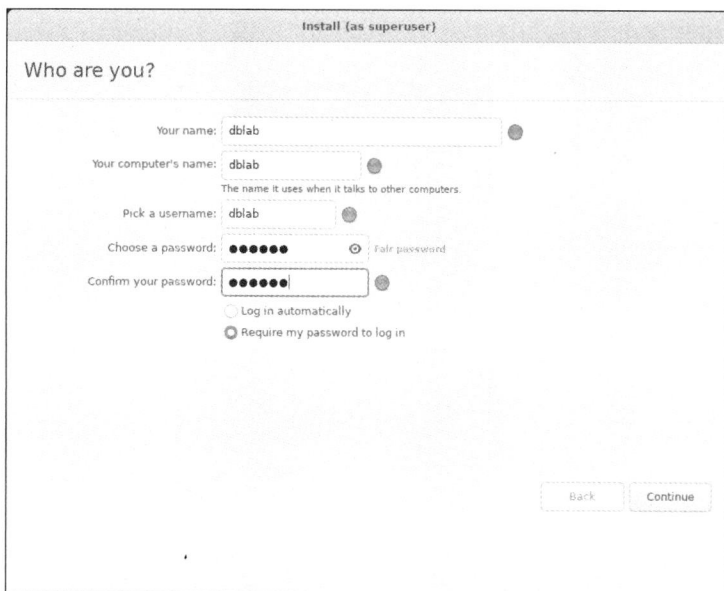

图 2-14　设置登录账户信息

当安装结束时，会出现"Installation Complete (as superuser)"的提示对话框，如图 2-15 所示，单击"Restart Now"按钮完成安装。

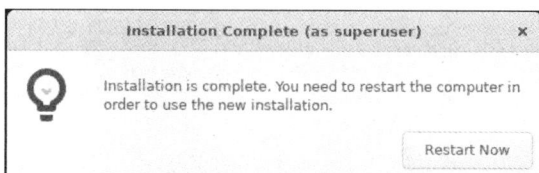

图 2-15　安装结束提示

Ubuntu 系统安装完成后，会出现图 2-16 所示的登录界面，单击"dblab"用户，输入密码后就可以登录 Ubuntu 系统了，登录后显示的系统界面如图 2-17 所示。

图 2-16　Ubuntu 登录界面　　　　　　　图 2-17　Ubuntu 系统界面

在 Ubuntu 系统中，经常需要使用终端，在里面可以输入各种 Linux 命令。登录 Ubuntu 系统

以后，单击图 2-18 中最左侧的 ⊗ 图标按钮打开"开始"菜单。

图 2-18　打开开始菜单

如图 2-19 所示，在"开始"菜单中找到"MATE Terminal"选项并单击打开 Ubuntu 系统的终端。

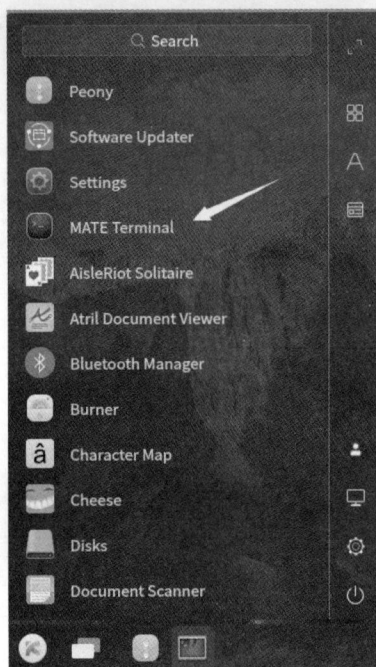

图 2-19　开始菜单

图 2-20 所示是 Ubuntu 系统默认的终端界面。

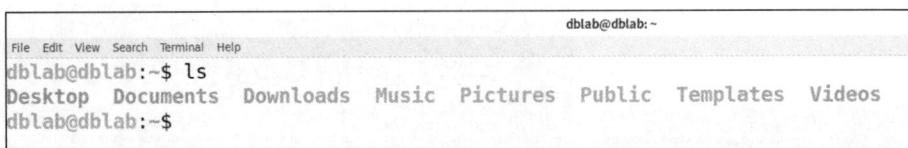

图 2-20　Ubuntu 系统默认的终端界面

用户可以设置终端界面的颜色。在终端界面顶部菜单中选择"Edit→Profile Preferences"，在弹出的对话框中（见图 2-21）选择"Colors"选项卡，然后取消选中"Use colors from system theme"复选框，在"Built-in schemes"右边的下拉列表中选择"White on black"选项，再单击对话框右下角的"Close"按钮，完成设置。

修改颜色以后，终端界面的显示效果如图 2-22 所示。

在实际使用中，通常需要同时打开多个终端，可以在图 2-22 所示的终端界面中选择菜单"File→Open Terminal"，就可以新建一个终端。

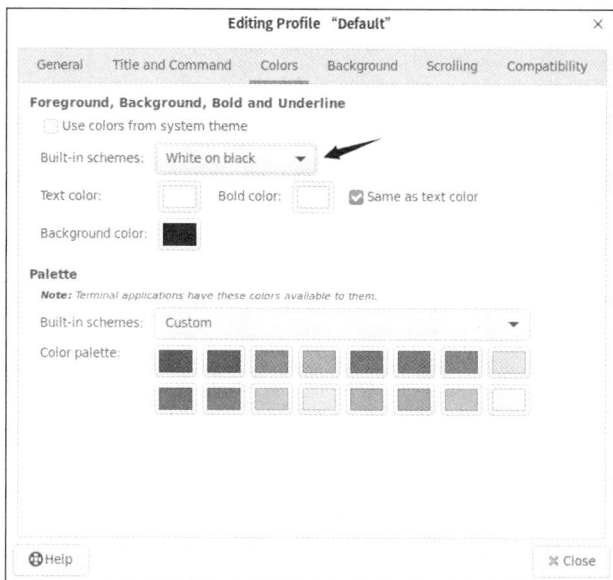

图 2-21 设置终端界面的颜色

图 2-22 修改颜色后的终端界面显示效果

默认情况下，Ubuntu 系统如果超过 10min 没有使用，就会进入"休眠"状态。在实际使用中可能会出现一个问题——一旦进入"休眠"状态，系统就会中断，鼠标和键盘完全失效。为了防止出现这个问题，建议取消 Ubuntu 系统的"休眠"功能。如图 2-23 所示，单击齿轮按钮可以打开"系统设置"对话框。

在"系统设置"对话框中，单击选择"System"选项，如图 2-24 所示。

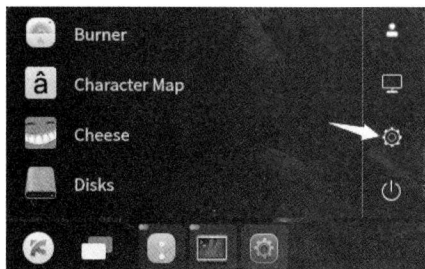

图 2-23 单击齿轮按钮

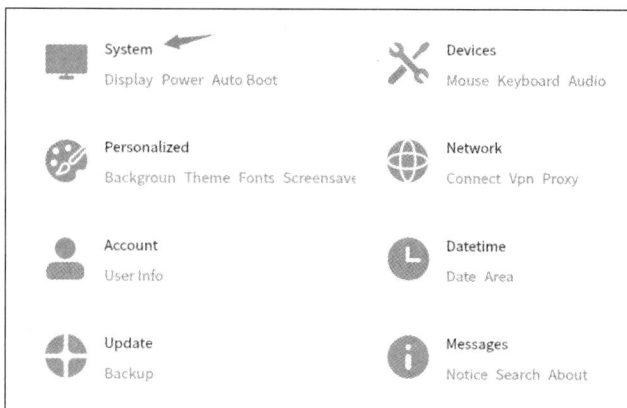

图 2-24 "系统设置"对话框

在新打开的对话框中，选择"System"选项卡，单击"Power"选项，然后将"Time to close display"设置为"never"，将"Time to sleep"设置为"never"，如图 2-25 所示，最后关闭退出"系统设置"对话框。

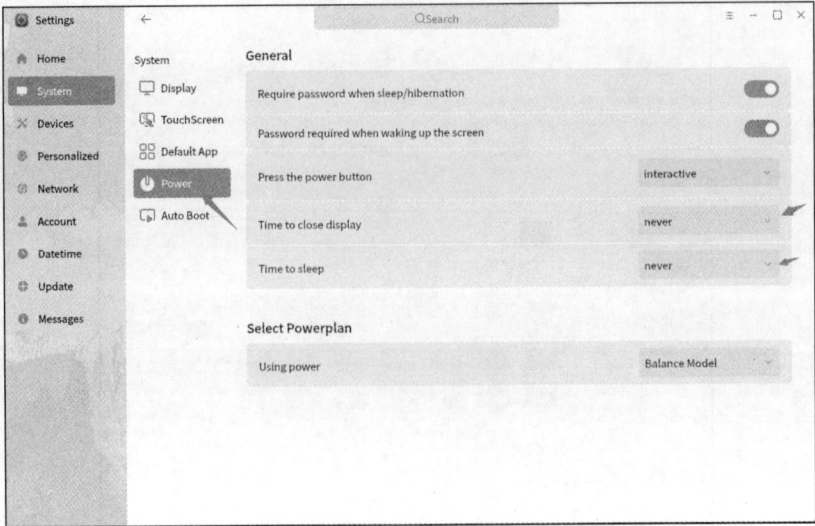

图 2-25　设置电源模式

当需要退出登录或关机时，可以打开"开始"菜单，单击"关机" ⏻ 图标按钮（见图 2-26），这时会弹出图 2-27 所示的选项列表，若单击"Logout"图标按钮后就可以退出当前登录账号；若单击"Shut Down"图标按钮，就可以关机，也就是关闭 Ubuntu 系统，而不是关闭 Windows 系统。

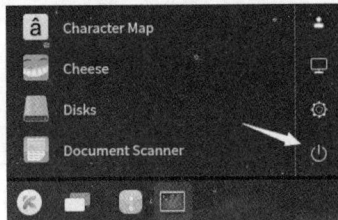

图 2-26　单击关机按钮

图 2-27　关机和退出登录界面

以后每次需要开启 hadoop1 这个虚拟机时，只需要在 VMWare 界面中单击选择"hadoop1"，然后单击右侧的"开启此虚拟机"选项，就可以进入 Ubuntu 系统了，如图 2-28 所示。

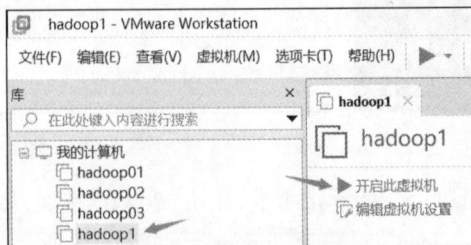

图 2-28　开启虚拟机

2.1.4　创建 hadoop 用户

本书需要创建一个名称为 hadoop 的普通用户，后续所有操作都会使用该用户名登录到 Linux 操作系统。上面在安装 Linux 操作系统时，设置了一个名称为"dblab"的用户，现在就可以使用 dblab 用户登录 Linux 操作系统，然后打开一个终端，使用以下命令创建一个用户"hadoop"：

```
$ sudo useradd -m hadoop -s /bin/bash
```

这条命令创建了可以登录的 hadoop 用户，并使用/bin/bash 作为 Shell（壳）。

接着使用以下命令为 hadoop 用户设置密码：

```
$ sudo passwd hadoop
```

由于大家现在处于学习阶段，因此不需要把密码设置得过于复杂，本书把密码简单设置为"123456"，以方便记忆。大家需要按照提示输入两次密码。

然后，可为"hadoop"用户增加管理员权限，以方便部署，避免一些对新手来说比较棘手的权限问题，命令如下：

```
$ sudo adduser hadoop sudo
```

最后，退出当前登录的"dblab"用户，返回到 Linux 操作系统的登录界面。在登录界面的右下角单击用户图标 （见图 2-29），这时，登录界面中会出现刚才创建好的"hadoop"用户（见图 2-30），选择 hadoop 用户并输入密码进行登录。

图 2-29　单击用户图标

图 2-30　选择登录用户

说明：本书后面相关学习过程中，全部采用"hadoop"用户登录 Linux 操作系统。

2.1.5　在 Windows 操作系统和 Linux 虚拟机之间互相复制文件

Windows 操作系统和 Linux 虚拟机之间可以互相复制文件和文本内容。用户可以把 Windows 操作系统中的代码内容直接复制、粘贴到 Linux 虚拟机的代码文件中，也可以把 Linux 虚拟机的代码文件中的代码内容复制、粘贴到 Windows 操作系统中的代码文件中。对于一些小文件，也可直接使用复制、粘贴功能实现双向复制。但是，如果想把一个较大的文件从 Windows 操作系统中复制到 Linux 虚拟机中，就会被系统拒绝操作，这时，用户可以通过设置共享文件夹的方式来实现在 Windows 操作系统和 Linux 虚拟机之间互相复制文件的操作。

在 Windows 操作系统中，在 VMWare 界面的顶部菜单栏中选择"虚拟机→设置"选项，如图 2-31 所示，打开"虚拟机设置"对话框。

在"选项"选项卡中，单击"共享文件夹"选项，在右侧"文件夹共享"选项区域单击选择"总是启用"单选按钮，然后在"文件夹"选项区域单击下方的"添加"按钮，这样就将 Windows

操作系统中的一个文件夹添加进（这个文件夹是 Windows 操作系统中需要被共享给 Linux 虚拟机的文件夹中了，这里假设这个文件夹的名称是"大数据软件2023"），最后单击对话框底部的"确定"按钮，如图 2-32 所示。

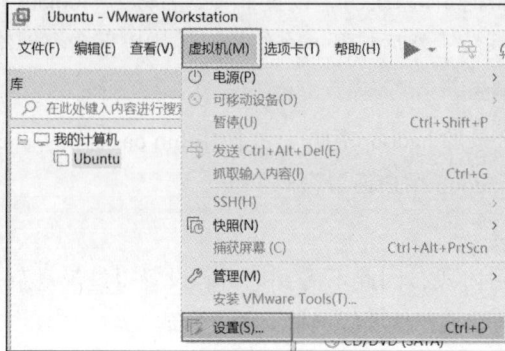

图 2-31　选择"虚拟机→设置"

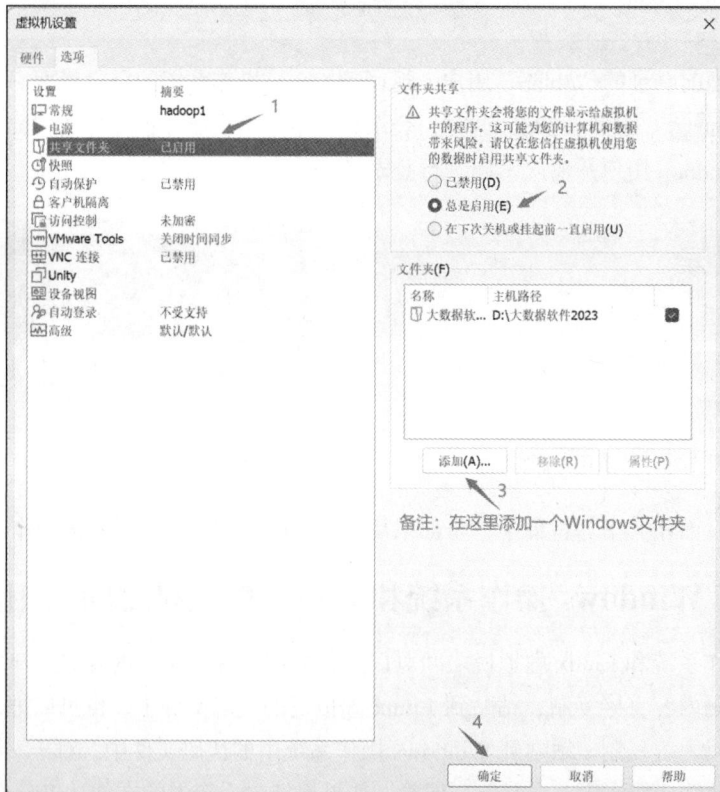

图 2-32　设置共享文件夹

在 Linux 虚拟机中，双击桌面上的"Computer"图标，如图 2-33 所示，打开"计算机"浏览文件。

在图 2-34 所示界面中，双击"File System"开始浏览文件，找到"/mnt/hgfs"目录，可以看到一个名称为"大数据软件2023"的目录（或称为文件夹），这个就是 Windows 操作系统中被共享给 Linux 虚拟机的共享文件夹，可以把这个文件夹中的文件直接复制、粘贴到 Linux 虚拟机中。

图 2-33　双击"Computer"图标

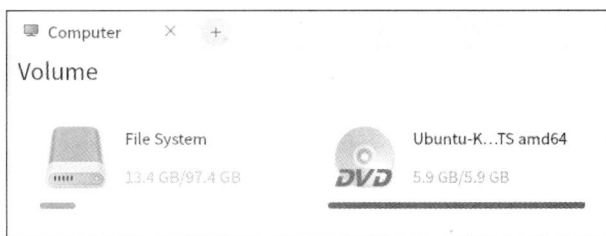

图 2-34　"Computer"界面

但是需要注意的是，这种共享文件夹的方式，有时候会突然失效，无法使用，重启系统和重新设置可能也无法解决，这个时候，可以使用 2.1.6 节中介绍的 FTP 方法来实现 Windows 和 Linux 之间的文件传输。

2.1.6　使用 FTP 实现 Windows 和 Linux 之间的文件传输

1. 安装 SSH

SSH 是 Secure Shell 的缩写，它是建立在应用层基础上的安全协议，专为远程登录会话和其他网络服务提供安全服务。利用 SSH 协议可以有效防止远程管理过程中的信息泄露问题。需要在 Ubuntu 系统上安装 SSH 服务端，才能让 FTP 软件通过 SFTP（SSH File Transfer Protocol，SSH 文件传输协议）方式连接 Ubuntu 系统。Ubuntu 默认已安装了 SSH 客户端（Client），因此还需要安装 SSH 服务端，安装方法是在 Ubuntu 系统中打开一个命令行终端，执行以下命令：

```
$ sudo apt-get install openssh-server
```

2. 设置 FTP 软件

本书采用的 FTP 软件是 FileZilla，读者可以登录 Windows 操作系统打开浏览器，访问本书官网进行下载，FileZilla 安装文件位于"下载专区"的"软件"目录下，文件名是 FileZilla_3.17.0.0_win64_setup.exe。下载好 FileZilla 安装文件后，将其安装在 Windows 操作系统上。

为了能够让 FTP 软件连接到 Linux 虚拟机（Ubuntu 系统），需要获得 Linux 虚拟机的 IP 地址。在 Ubuntu 系统中打开一个终端，进入 Shell 命令提示符状态，输入命令"ifconfig"，会得到图 2-35 所示的结果，其中，"inet 192.168.91.133"就表示 Linux 虚拟机的 IP 地址是 192.168.91.133。每次重新启动虚拟机，或者在不同的地方（实验室或者宿舍）启动虚拟机，IP 地址都可能会发生变化，所以每次登录 Ubuntu 系统以后，都需要重新查询 IP 地址。

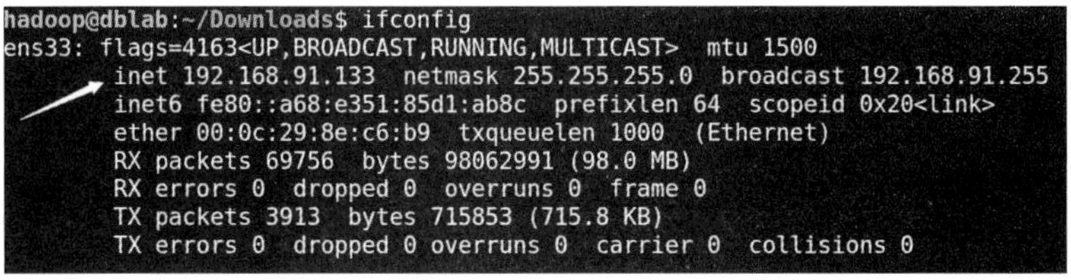

图 2-35　查询 Linux 虚拟机的 IP 地址

获得 Linux 虚拟机的 IP 地址后，就可以使用 FTP 软件 FileZilla 连接 Linux 虚拟机了。请打开 FileZilla，启动后的界面如图 2-36 所示。

单击界面左上角中的"文件"菜单，在弹出的下拉列表中选择"站点管理器"选项，会弹出图 2-37 所示的"站点管理器"对话框，可设置 FTP 连接参数。

图 2-36　FileZilla 界面

图 2-37　"站点管理器"对话框

单击对话框左侧的"新站点"按钮，开始设置各种连接参数，具体如下。

（1）主机：设置为 Linux 虚拟机的 IP 地址"192.168.91.133"。

（2）端口：可以空着，使用默认端口。

（3）协议：选择"SFTP-SSH File Transfer Protocol"选项。

（4）登录类型：选择"正常"选项。

（5）用户：可以使用 Ubuntu 用户名"hadoop"。

（6）密码：使用 hadoop 用户的密码。

设置完成以后，单击对话框下边的"连接"按钮，开始连接 Linux 虚拟机。连接成功以后，会显示图 2-38 所示的界面，这时就可以使用 FTP 软件 FileZilla 向 Ubuntu 系统传输文件了。

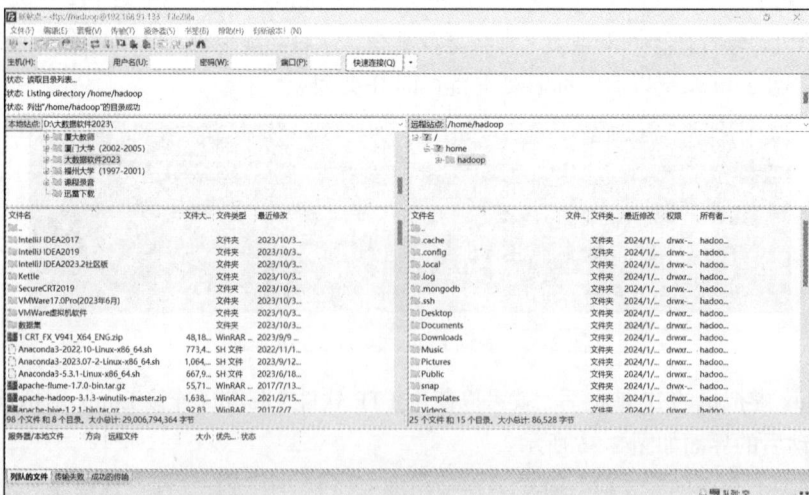

图 2-38　连接成功后的 FileZilla 界面

从图 2-38 可以看出，连接成功后的 FileZilla 界面包括两个主要选项区域。其中，左侧的"本地站点"选项区域会显示 Windows 操作系统中的目录，单击某个目录以后，下面就会显示目录中的文件信息；右边的"远程站点"选项区域是 Linux 虚拟机中的目录，可以选择一个目录作为文件上传后要存放的位置。当需要把 Windows 操作系统中的某个文件上传到 Linux 虚拟机中时，首先在"远程站点"中选择好上传后的文件所要存放的目录，然后在"本地站点"中选择需要上传的文件，并在该文件名上单击鼠标右键，在弹出的快捷菜单中选择"上传"选项就可以轻松完成文件的上传操作。如果要把 Linux 虚拟机中的某个文件下载到 Windows 操作系统中，可以首先在"本地站点"中选择好下载后的文件所要存放的目录，然后在"远程站点"中找到要被下载的文件，在文件名上单击鼠标右键，在弹出的快捷菜单中选择"下载"选项就可以实现文件的下载。

注意，Linux 操作系统对文件访问权限有严格的规定，如果目录和文件的访问权限没有授权给某个用户，那么该用户是无法访问这些目录和文件的。所以，当使用 FileZilla 连接 Linux 虚拟机时，如果采用用户名"hadoop"进行连接，那么只能把文件上传到 Ubuntu 系统中"hadoop"用户的主目录，也就是"/home/hadoop"目录，而无法对其他目录进行操作，试图把文件传输到其他目录下的操作则会失败。如果要顺利传输到其他目录，就必须登录 Ubuntu 系统，使用 root 权限把某个目录的权限赋予"hadoop"用户。

2.1.7　vim 编辑器的安装和使用

vim 是从 vi 发展出来的一个文本编辑器，其代码补全、编译及错误跳转等方便编程的功能特别丰富，在程序员中得到广泛应用，它和 Emacs 并列成为类 UNIX 操作系统备受用户青睐的编辑器。用户可以使用以下命令安装 vim 编辑器：

```
$ sudo apt-get install vim
```

执行上述命令后，如果屏幕出现信息要求确认，在提示处输入"y" 即可。

下面通过一个实例来介绍 vim 编辑器的使用方法。假设要在"/home/hadoop/"目录下新建一个文件 word.txt，里面包含一些单词。可以执行下面的命令创建一个 word.txt 文件：

```
$ cd ～  # ～表示当前用户的主目录
$ vim word.txt
```

通过上面命令就打开了 vim 编辑器，然后需要输入一个英文字母 i，进入编辑状态以后才能修改内容，这时就可以向 word.txt 文件中输入一些单词。修改后，需要按 Esc 键退出 vim 的编辑状态，之后有以下几种选择。

（1）输入":wq" 3 个英文状态字符后按 Enter 键，其作用是保存文件并退出。

（2）输入":q" 2 个英文状态字符后按 Enter 键，其作用是不保存并退出。如果本次编辑过程只是查看了文件内容，没有对文件做任何修改，则可以顺利退出。如果已经修改了文件内容，则 vim 编辑器不允许就这样退出，会给出提示信息，这时，要想不保存就退出 vim 编辑器，就要采用下面一种方式，即输入":q!"。

（3）输入":q!" 3 个英文状态字符后按 Enter 键，其作用是不保存并强制退出。

这里我们采用输入":wq"后按 Enter 键以保存文件并退出 vim 编辑器的方式，这样我们就成功创建了 word.txt 文件，这时使用 ls 命令查看，就会发现"/home/hadoop/"目录下多了一个 word.txt

文件。如果要查看 word.txt 文件中的内容，可以采用以下两种方式：第一种方式是仍然使用 vim 编辑器打开 word.txt 文件，查看其内容；第二种方式是使用 cat 命令，这种方式要比前一种简单得多。

这里需要指出的是，在 Linux 操作系统中使用 vim 编辑器创建文件时，并不是以扩展名来区分文件的，无论是否有扩展名，都是生成文本文件，.txt 扩展名只是我们人为添加，以方便查看用的。也就是说，创建 word.txt 和 word 这两个文件，对 Linux 操作系统而言，都是默认创建了文本类型的文件，和是否有.txt 扩展名没有关系。

2.1.8 设置中文输入法

Ubuntu 系统安装好以后，默认是无法使用中文输入法的，需要手动设置。

在 Ubuntu 系统桌面的右下角，在输入法设置图标上单击鼠标右键，如图 2-39 所示；在弹出的快捷菜单中单击选择 "Configure" 选项，如图 2-40 所示。

图 2-39 用鼠标右键单击输入法设置图标

图 2-40 单击选择 "Configure" 选项

在打开的输入法设置对话框中（见图 2-41），在 "Available Input Method" 选项区域下面的文本框中输入 "pinyin" 进行搜索，在下面会出现 "简体中文（中国）"，然后单击选择 "Pinyin" 选项，再单击界面中间绿色的向左箭头，把中文拼音输入法加入左侧的 "Current Input Method" 区域，接着单击右下角的 "Apply" 按钮，最后单击 "Close" 按钮关闭该对话框。

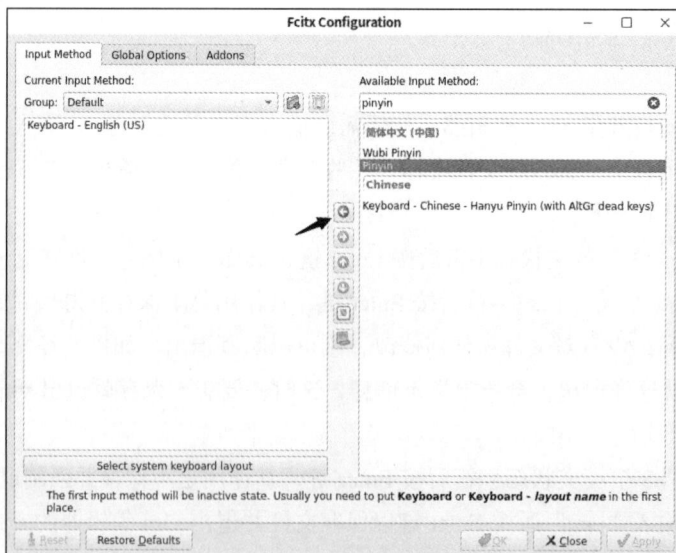

图 2-41 输入法设置对话框

这时,可以用 vim 编辑器打开一个文件,然后按 "Ctrl+Shift" 组合键(或者按 "Ctrl+空格" 组合键),就可以把输入法切换到中文输入法(见图 2-42);再按一次 "Ctrl+Shift" 组合键,就又切换回英文输入法。

图 2-42　使用中文输入法

在后续的 Ubuntu 系统使用过程中,如果出现无法使用中文输入法的情况,可以打开一个终端,执行以下命令:

```
$ sudo apt install fcitx5
$ sudo apt install fcitx5-chinese-addons
$ sudo apt install fcitx5-frontend-gtk3 fcitx5-frontend-gtk2
$ sudo apt install fcitx5-frontend-qt5 kde-config-fcitx5
$ im-config
```

执行 "im-config" 命令以后,系统会弹出图 2-43 所示的对话框,单击 "OK" 按钮即可。

然后,在弹出的界面中单击 "Yes" 按钮,如图 2-44 所示。

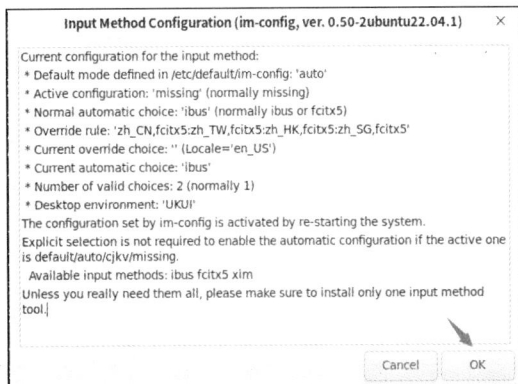

图 2-43　单击 "OK" 按钮

图 2-44　确认使用新的配置

在新弹出的界面中,单击选中 "fcitx5" 选项,然后单击 "OK" 按钮,如图 2-45 所示。

返回到图 2-46 所示的对话框后,单击 "OK" 按钮完成设置,最后重新启动 Ubuntu 系统,就可以正常使用中文输入法了。

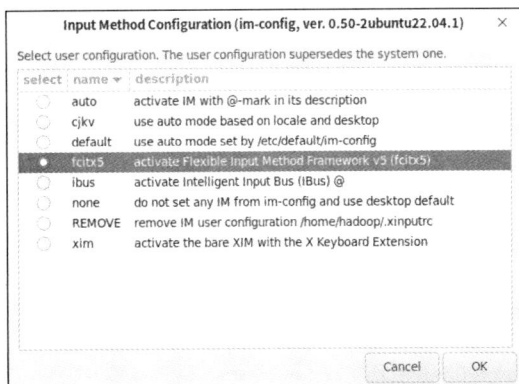

图 2-45　选择 "fcitx5" 选项

图 2-46　确认激活新的配置

2.1.9 常用的 Linux 命令

本书以"最小化学习"为基本原则，只介绍本书后续学习过程中需要用到的 Linux 命令，并以实例的形式进行介绍（见表 2-1）。对于其他 Linux 命令，请读者参考相关网络资料和其他书籍。

表 2-1 常用的 Linux 命令及其含义

命令	含义
cd /home/hadoop	把"/home/hadoop"设置为当前目录
cd ..	返回上一级目录
cd ～	进入当前 Linux 操作系统登录用户的主目录（或主文件夹）。在 Linux 操作系统中，"～"代表的是用户的主文件夹，即"/home/用户名"这个目录。如果当前登录用户名为"hadoop"，则"～"就代表"/home/hadoop/"这个目录
ls	查看当前目录中的文件
ls -l	查看文件和目录的权限信息
cat /proc/version	查看 Linux 操作系统内核版本信息
cat /home/hadoop/word.txt	把"/home/hadoop/word.txt"这个文件的全部内容显示到屏幕上
cat file1 file2 > file3	把当前目录下的 file1 和 file2 两个文件进行合并，生成文件 file3
head -5 word.txt	把当前目录下的 word.txt 文件中的前 5 行内容显示到屏幕上
cp /home/hadoop/word.txt /usr/local/	把"/home/hadoop/word.txt"文件复制到"/usr/local"目录下
rm ./word.txt	删除当前目录下的 word.txt 文件
rm–r ./test	删除当前目录下的 test 目录及其下面的所有文件
rm–r test*	删除当面目录下所有以 test 开头的目录和文件
ifconfig	查看本机 IP 地址信息
exit	退出并关闭 Linux 终端

2.1.10 文件解压

大数据软件安装包通常是一个压缩文件，文件名以.tar.gz 为后缀（或者简写为.tgz），这种压缩文件必须经过解压以后才能够安装。在 Linux 操作系统中，可以使用 tar 命令对后缀名为.tar.gz（或.tgz）的压缩文件进行解压。通常可以使用以下形式的命令：

```
$ sudo tar -zxvf /home/hadoop/Downloads/hadoop-3.3.5.tar.gz -C /usr/local
```

上面命令表示把"/home/hadoop/Downloads/hadoop-3.3.5.tar.gz"这个文件解压后保存到"/usr/local"目录下。其中，部分参数的含义如下。

（1）x：从 tar 包中把文件提取出来。

（2）z：表示 tar 包是使用 gzip 压缩的，所以需要用 gunzip 解压。

（3）f：表示后面跟着的是文件。

（4）C：表示文件解压后转到指定的目录下。

对于扩展名为 zip 的压缩文件，可以使用以下形式的命令：

```
$ sudo unzip /home/hadoop/Downloads/apache-maven-3.9.2-bin.zip -d /usr/local
```

2.1.11　目录的权限

Linux 操作系统对文件访问权限有严格的规定，如果一个用户不具备访问权限，将无法访问目录及其下面的文件。比如，使用 hadoop 用户登录 Linux 操作系统以后，从网络上下载了 Hadoop 安装包文件，把文件解压到 "/usr/local/" 目录下，会得到一个类似 "/usr/local/hadoop" 这样的目录，这时，hadoop 用户并不是 "/usr/local/hadoop" 这个目录的所有者，无法对该目录进行相关操作，因此也无法正常使用 Hadoop。这时，就必须采用 chown 命令进行授权，让 hadoop 用户拥有对该目录的权限，具体命令如下：

```
$ sudo chown -R hadoop /usr/local/hadoop
```

本书安装其他大数据软件，都会涉及类似问题，所以大家必须熟练使用该命令。

2.1.12　更新 APT

APT（Advanced Packaging Tool）是一个非常优秀的软件管理工具，Linux 操作系统采用 APT 来安装和管理各种软件。Linux 操作系统安装成功以后，需要及时更新 APT 软件，否则，后续一些软件可能无法正常安装。请登录 Linux 操作系统，打开一个终端，进入 Shell 命令提示符状态，然后输入下面的命令：

```
$ sudo apt-get update
```

执行上述命令以后，Linux 操作系统就会开始从网络上下载 APT 的各种补丁程序。

2.1.13　Linux 操作系统的一些使用技巧

1. 使用 Tab 键自动补全命令

在 Linux Shell 中输入命令时，可以使用快捷键 "Tab" 自动补全命令，以节省输入时间。比如，要使用 vim 编辑器打开文件 "/home/hadoop/word20251221.txt"，正常情况下，我们需要输入 "vim /home/hadoop/word20251221.txt"，但是，文件名 word20251221.txt 不方便记忆，手动输入也容易出错，此时我们可以使用自动补全功能来简化输入工作。具体方法：输入 "vim /home/hadoop/word" 命令以后，就不要继续输入后面的 "20251221.txt" 了，而是直接按 "Tab" 键，Linux 操作系统就会自动补上 "20251221.txt"。

2. 隐藏文件

在 Linux 操作系统下，以英文点号 "." 开头命名的文件在系统中被视为隐藏文件，因此，如果想隐藏某个文件或目录，一种简单的办法就是把文件名命名为以英文点号开头的。比如，在后面学习过程中经常要用到的.bashrc 文件，就是一个隐藏文件，用来保存系统的各种环境变量。

3. 重现历史命令

在 Linux 操作系统的终端中，我们会输入大量命令，系统会自动保存我们输入过的命令，可以通过按 "↑" 和 "↓" 键来查看历史命令，找到某条历史命令后，可以直接按 Enter 键执行该命令，这样就不需要重复输入一些较长的命令了，从而节省了大量命令输入的时间。

2.2　Python 的安装和使用

本节首先给出 Python 简介，然后介绍 Python 的安装和基本使用方法，接下来介绍 Python 的基础语法知识，最后介绍 Python 第三方模块的安装方法。

2.2.1 Python 简介

Python 是 1989 年由荷兰人吉多·范罗苏姆（Guido van Rossum）发明的一种面向对象的解释型高级编程语言。Python 的第一个公开发行版发行于 1991 年，自从 2004 年以后，Python 的使用率呈线性增长。TIOBE 于 2019 年 1 月发布的排行榜显示，Python 获评为"TIOBE 最佳年度语言"，这是 Python 第 3 次获评为"TIOBE 最佳年度语言"，同时它也是获奖次数最多的编程语言。发展到今天，Python 已经成为极受欢迎的程序设计语言。

Python 常被称为"胶水语言"，它能够把用其他语言制作的各种模块（尤其是 C/C++）很轻松地连接在一起。常见的一种应用情形是，使用 Python 快速生成程序的原型（有时甚至是程序的最终界面），然后对其中有特别要求的部分用更合适的语言进行改写，比如 3D 游戏中的图形渲染模块，性能要求特别高，此时就可以用 C/C++ 改写，而后将其封装为 Python 可以调用的扩展类库。

Python 的设计哲学是"优雅""明确""简单"。在设计 Python 时，如果面临多种选择，Python 开发者一般会拒绝花哨的语法，而选择明确的没有或者很少有歧义的语法。总体来说，用 Python 开发程序具有简单、开发速度快、节省时间和精力等特点，因此，在程序开发领域流传着这样一句话："人生苦短，我用 Python!"。

Python 作为一门高级编程语言，虽然诞生的时间并不长，但是发展速度很快，已经成为很多编程爱好者开展入门学习的第一门编程语言。总体而言，Python 语言具有以下优点。

1. 语言简单

Python 是一门语法简单且风格简约、易读的语言。它注重的是如何解决问题，而不是编程语言本身的语法和结构。Python 丢掉了分号（;）及大括号（{、}）这些仪式化的内容，使语法结构尽可能地简捷，代码的可读性得到了显著提高。

相较于 C、C++、Java 等编程语言，Python 提高了开发者的开发效率，削减了原来 C、C++ 及 Java 语言中一些较为复杂的语法，降低了编程工作的复杂度，实现同样功能的同时，Python 的代码量是最少的，代码行数是其他编程语言的 $\frac{1}{5} \sim \frac{1}{3}$。

此外，在代码执行方面，Python 省去了编译和链接等中间过程，直接将源代码转换为字节码。用户不用去关心编译中出现的各种问题，这也大幅度降低了使用门槛。

2. 开源和免费

开源，即开放源代码，也就是所有用户都可以看到源代码。Python 的开源体现在以下两方面：首先，程序员使用 Python 编写的代码是开源的；其次，Python 解释器和模块是开源的。

开源并不等于免费，开源软件和免费软件是两个概念，只不过大多数的开源软件也是免费软件。Python 就是这样一种语言，它既开源，又免费。用户使用 Python 进行程序开发或者发布自己的程序，不需要支付任何费用，也不用担心版权问题，即使作为商业用途，Python 也是免费的。

3. 面向对象

面向对象的程序设计，更加接近人类的思维方式，是对现实世界中客观实体进行结构和行为模拟。Python 完全支持面向对象编程，比如，支持继承、重载运算符、派生及多继承等。与 C++ 和 Java 相比，Python 以一种非常强大而简单的方式实现面向对象编程。

需要说明的是，Python 在支持面向对象编程的同时，也支持面向过程编程，也就是说，它不强制使用面向对象编程，这使其编程更加灵活。在面向过程编程中，程序是由过程或仅仅是可重用代码的函数构建起来的。在面向对象编程中，程序是由数据和功能组合而成的对象构建起来的。

4. 跨平台

由于 Python 是开源的，因此它已经被移植到许多平台上。如果能够避免使用那些需要依赖于系统的特性，那就意味着所有 Python 程序都无须修改就可以在很多平台上运行，包括 Linux、Windows、FreeBSD、Solaris 等，甚至还有 PocketPC、Symbian，以及 Google 基于 Linux 开发的 Android 平台。

解释型语言几乎天生就是跨平台的。Python 作为一门解释型语言，它天生具有跨平台特性，只要为平台提供了相应的 Python 解释器，Python 就可以在该平台上运行。

5. 强大的生态系统

在实际应用中，Python 的用户群体绝大多数并非专业的开发者，而是其他领域的爱好者。对这一部分用户来说，他们学习 Python 的目的不是去做专业的程序开发，而仅仅是使用现成的类库去解决实际工作中的问题。Python 庞大的生态系统刚好能够满足这类用户的需求。这在整个计算机语言发展史上是开天辟地的，这也是 Python 在各领域盛行的原因。

丰富的生态系统也给专业开发者带来了极大的便利。大量成熟的第三方库可以直接使用，专业开发者只需要使用很少的语法结构就可以编写出功能强大的代码，缩短了开发周期，提高了开发效率。常用的 Python 第三方库包括 Matplotlib（数据可视化库）、NumPy（数值计算功能库）、SciPy（数学、科学、工程计算功能库）、Pandas（数据分析高层次应用库）、Scrapy（网络爬虫功能库）、BeautifulSoup（HTML 和 XML 的解析库）、Django（Web 应用框架）、Flask（Web 应用微框架）等。

2.2.2　Python 的安装

Python 自发布以来，主要经历了三大版本的变化，分别是 1994 年发布的 1.0 版本、2000 年发布的 2.0 版本和 2008 年发布的 3.0 版本。本书使用 Python 3.10.12 版本。

Python 可以用于多种平台，包括 Windows、Linux 和 mac OS 等。本书采用 Linux 操作系统（即 Ubuntu 22.04）。

Ubuntu 22.04 中已经自带了 Python，版本是 3.10.12，不需要额外安装。打开一个终端，输入 "python3" 命令就可以进入 Python 的命令行界面（见图 2-47），可以在该界面运行各种 Python 代码。

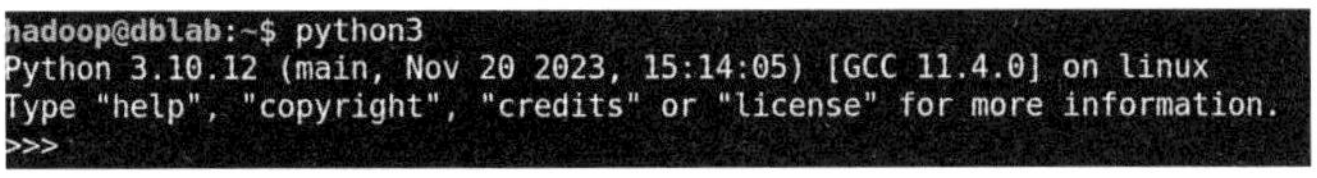

```
hadoop@dblab:~$ python3
Python 3.10.12 (main, Nov 20 2023, 15:14:05) [GCC 11.4.0] on linux
Type "help", "copyright", "credits" or "license" for more information.
>>>
```

图 2-47　Python 的命令行界面

2.2.3　Python 的基本使用方法

假设在 Ubuntu 系统的 "/home/hadoop" 目录下已经存在一个代码文件 hello.py，该文件里面只有如下一行代码：

```
print("Hello World")
```

现在我们要运行这个代码文件，可以打开 Ubuntu 系统的终端，并在命令提示符后面输入以下语句：

```
$ cd /home/hadoop
$ python3 hello.py
```

运行结果如图 2-48 所示。

```
hadoop@dblab:~$ python3 hello.py
Hello World
```

图 2-48　在终端中执行 Python 代码文件

2.2.4　Python 基础语法知识

本节介绍 Python 的基础语法知识，包括基本数据类型、序列、控制结构和函数等。

1. 基本数据类型

Python 3.x 中有 6 个标准的数据类型，分别是数字、字符串、列表、元组、字典和集合。这 6 个标准的数据类型又可以进一步划分为基本数据类型和组合数据类型。其中，数字和字符串是基本数据类型；列表、元组、字典和集合是组合数据类型。下面着重介绍数字和字符串这两种数据类型。

（1）数字。在 Python 中，数字类型包括整数（int）、浮点数（float）、布尔类型（bool）和复数（complex）4 种，而且数字类型变量可以表示任意大的数值。

① 整数。整数类型用来存储整数数值。在 Python 中，整数包括正整数、负整数和 0。按照进制的不同，整数类型还可以划分为十进制整数、八进制整数、十六进制整数和二进制整数。

② 浮点数。浮点数也称为"小数"，由整数部分和小数部分构成，如 3.14、0.2、−1.648、5.8726849267842 等。浮点数也可以用科学计数法表示，如 1.3e4、−0.35e3、2.36e−3 等。

③ 布尔类型。Python 中的布尔类型主要用来表示"真"或"假"的值，每个对象天生具有布尔类型的 True 或 False 值。空对象、值为零的任何数字、对象 None 的布尔值都是 False。在 Python 3.x 中，布尔值是作为整数的子类实现的，布尔值可以转换为数值，True 的值为 1，False 的值为 0，它们可以进行数值运算。

④ 复数。复数由实数部分和虚数部分构成，可以用 a+bj 或 complex(a,b)表示，复数的实部 a 和虚部 b 都是浮点型。例如，一个复数的实部为 2.38，虚部为 18.2j，则这个复数为 2.38+18.2j。

（2）字符串。字符串是 Python 中较常用的数据类型，它是连续的字符序列，一般使用单引号（''）、双引号（""）或三引号（''' '''或""" """）进行界定。其中，单引号和双引号中的字符序列必须在一行上，而三引号内的字符序列可以分布在连续的多行上，从而可以支持格式较为复杂的字符串。例如，'xyz'、'123'、'厦门'、"hadoop"、'''spark'''、"""flink"""都是合法字符串，空字符串可以表示为''、""或''''''。

2. 序列

数据结构是通过某种方式组织在一起的数据元素的集合。序列是 Python 中最基本的数据结构，是指一块可存放多个值的连续内存空间，这些值按一定的顺序排列，可通过每个值所在位置的索引来访问它们。在 Python 中，序列类型包括字符串、列表、元组、字典和集合，下面着重介绍后 4 种。

（1）列表。列表是最常用的 Python 数据类型，列表的数据项不需要具有相同的类型。在形式上，只要把用逗号分隔的不同数据项使用方括号括起来，就可以构成一个列表。例如：

```
['hadoop', 'spark', 2021, 2010]
[1, 2, 3, 4, 5]
["a", "b", "c", "d"]
['Monday', 'Tuesday', 'Wednesday', 'Thursday', 'Friday', 'Saturday', 'Sunday']
```

同其他类型的 Python 变量一样，在创建列表时，也可以直接使用赋值运算符"="将一个列表赋值给变量。例如，以下都是合法的列表定义：

```
student = ['小明', '男', 2010,10]
num = [1, 2, 3, 4, 5]
motto = ["自强不息","止于至善"]
list = ['hadoop', '年度畅销书',[2020,12000]]
```

可以看出，列表里面的元素仍然可以是列表。需要注意的是，尽管一个列表中可以放入不同类型的数据，但是为了提高程序的可读性，一般建议在一个列表中只出现一种数据类型。

（2）元组。Python 中的列表适合存储在程序运行时会发生变化的数据集。列表是可以修改的，这对要存储一些要变化的数据至关重要。但是，也不是任何数据都要在程序运行期间进行修改，有时候需要创建一组不可修改的元素，此时可以使用元组。

元组的创建和列表的创建很相似，不同之处在于，创建列表时使用的是方括号，而创建元组时需要使用圆括号。元组的创建方法很简单，只需要在圆括号中添加元素，并使用逗号隔开即可，具体示例如下：

```
>>> tuple1 = ('hadoop','spark',2008,2009)
>>> tuple2 = (1,2,3,4,5)
>>> tuple3 = ('hadoop',2008,("大数据","分布式计算"),["spark","flink","storm"])
```

（3）字典。字典也是 Python 提供的一种常用的数据结构，它用于存放具有映射关系的数据。比如，有一份学生成绩表数据，语文 67 分，数学 91 分，英语 78 分，如果使用列表保存这些数据，则需要两个列表，即["语文","数学","英语"]和[67,91,78]。但是，使用两个列表来保存这些数据后，就无法记录这些数据之间的关联关系。为了保存这种具有映射关系的数据，Python 提供了字典，字典相当于保存了两组数据，其中一组数据是关键数据，称为"键"（key）；另一组数据可通过键来访问，称为"值"（value）。

字典具有以下特性：

① 字典的元素是"键值对"，由于字典中的键是非常关键的数据，而且程序需要通过键来访问值，因此字典中的键不允许重复，必须是唯一值，而且键必须不可变。

② 字典不支持索引和切片，但可以通过"键"查询"值"。

③ 字典是无序的对象集合，列表是有序的对象集合，二者之间的区别在于，字典当中的元素是通过键来存取的，而不是通过偏移量来存取的。

④ 字典是可变的，并且可以任意嵌套的。

字典用大括号{}标识。在使用大括号语法创建字典时，大括号中应包含多个"键值对"，键与值之间用英文冒号隔开，多个键值对之间用英文逗号隔开。具体示例如下：

```
>>> grade = {"语文":67, "数学":91, "英语":78}    #键是字符串
>>> grade
{'语文': 67, '数学': 91, '英语': 78}
```

（4）集合。集合（set）是一个无序的不重复元素序列。集合中的元素必须是不可变类型。在形式上，集合的所有元素都放在一对大括号"{}"中，两个相邻的元素之间使用英文逗号分隔。

可以直接使用大括号"{}"创建集合，实例如下：

```
>>> dayset = {'Monday', 'Tuesday', 'Wednesday', 'Thursday', 'Friday', 'Saturday', 'Sunday'}
>>> dayset
{'Tuesday', 'Monday', 'Wednesday', 'Saturday', 'Thursday', 'Sunday', 'Friday'}
```

在创建集合时，如果存在重复元素，Python 只会自动保留一个，实例如下：

```
>>> numset = {2,5,7,8,5,9}
>>> numset
{2, 5, 7, 8, 9}
```

3. 控制结构

（1）选择语句。选择语句也称为"条件语句"，就是对语句中不同条件的值进行判断，从而根据不同的条件执行不同的语句。

选择语句可以分为以下 3 种形式：

① 简单的 if 语句。

② if…else 语句。

③ if…elif…else 多分支语句。

【例 2-1】使用 if 语句求出两个数中的较小值。

```
01  #two_number.py
02  a,b,c = 4,5,0
03  if a>b:
04      c = b
05  if a<b:
06      c = a
07  print("两个数中的较小值: ",c)
```

【例 2-2】判断一个数是奇数还是偶数。

```
01  #odd_even.py
02  a = 5
03  if a % 2 == 0:
04      print("这是一个偶数。")
05  else:
06      print("这是一个奇数。")
```

【例 2-3】判断每天上课的内容。

```
01  #lesson.py
02  day = int(input("请输入第几天课程: "))
03  if day == 1:
04      print("第1天上数学课")
05  elif day == 2:
06      print("第2天上语文课")
07  else:
08      print("其他时间上计算机课")
```

（2）循环语句。循环语句就是重复执行某段程序代码，直到满足特定条件为止。在 Python 中，循环语句有以下两种形式：

① while 循环语句。

② for 循环语句。

【例 2-4】用 while 循环语句实现计算 1～99 的整数和。

```
01  #int_sum.py
02  n = 1
03  sum = 0
04  while(n <= 99):
05      sum += n
06      n += 1
07  print("1～99的整数和: ",sum)
```

【例 2-5】用 for 循环语句实现计算 1～99 的整数和。

```
01  #int_sum_for.py
02  sum=0
03  for n in range(1,100):    #range(1,100)用于生成1到100（不包括100）的整数
04      sum+=n
05  print("1～99的整数和: ",sum)
```

4. 函数

函数是可以重复使用的用于实现某种功能的代码块。与其他语言类似，在 Python 中，函数的优点也是提高程序的模块性和代码复用性。

【例 2-6】定义一个带有参数的函数。

```
01  #i_like.py
02  #定义带有参数的函数
03  def like(language):
04      '''打印喜欢的编程语言! '''
05      print("我喜欢{}语言! ".format(language))
06      return
07  #调用函数
08  like("C")
09  like("C#")
10  like("Python")
```

上面代码的执行结果如下：

我喜欢 C 语言!

我喜欢 C#语言!

我喜欢 Python 语言!

2.2.5　Python 第三方模块的安装

Python 的强大之处在于它拥有非常丰富的第三方模块（或第三方库），可以帮我们方便、快捷地实现网络爬虫、数据清洗、数据可视化和科学计算等功能。为了便于安装、管理第三方模块和软件，Python 提供了一个扩展模块（或扩展库）管理工具 pip，我们可以在 Ubuntu 系统的终端中执行以下命令来安装 pip：

```
$ sudo apt-get install python3-pip
```

pip 之所以能够成为十分流行的扩展模块管理工具，并不是因为它被 Python 官方作为默认的

扩展模块管理工具，而是因为它自身有很多优点，尤其是以下几个：

① pip 提供了丰富的功能，包括扩展模块的安装和卸载，以及显示已经安装的扩展模块。

② pip 能够很好地支持虚拟环境。

③ pip 可以集中管理依赖。

④ pip 能够处理二进制格式。

⑤ pip 是先下载后安装，如果安装失败，也会清理干净，不会留下一个中间状态。

pip 提供的命令不多，但都很实用。表 2-2 给出了常用 pip 命令的使用方法。

表 2-2　　　　　　　　　　　　常用 pip 命令的使用方法

pip 命令	说明
pip install SomePackage	安装 SomePackage 模块
pip list	列出当前已经安装的所有模块
pip install --upgrade SomePackage	升级 SomePackage 模块
pip uninstall SomePackage	卸载 SomePackage 模块

例如，Matplotlib 是流行的 Python 绘图库，它提供了一整套和 MATLAB 相似的 API（Application Programming Interface，应用程序接口），十分适合交互式制图，可以使用以下命令安装 Matplotlib：

```
$ pip install matplotlib
```

安装成功以后，使用以下命令就可以看到安装的 Matplotlib：

```
$ pip list
```

2.3　JDK 的安装

Java 是一门面向对象的编程语言，不仅吸收了 C++语言的各种优点，还摒弃了 C++中难以理解的多继承、指针等概念，因此，Java 语言具有功能强大和简单易用两个特征。Java 语言作为静态面向对象编程语言的代表，极好地实现了面向对象理论，允许程序员以优雅的思维方式进行复杂的编程。Java 具有简单性、面向对象、分布式、稳健性、安全性、平台独立与可移植性、多线程、动态性等特点。Java 可用于编写桌面应用程序、Web 应用程序、分布式系统和嵌入式系统应用程序等。

JDK（Java Development Kit，Java 开发工具包）是 Java 的核心，包括 Java 运行环境（Java Runtime Environment）、Java 工具和 Java 基础类库等组成部分。要想开发 Java 程序，就必须安装 JDK，因为 JDK 包含各种 Java 工具。要想在计算机上运行使用 Java 语言开发的应用程序，也必须安装 JDK，因为 JDK 包含 Java 运行环境。本书中，Kafka、Flume、Hadoop 等软件的运行都依赖于 Java 运行环境，因此我们需要在计算机上安装 JDK。

读者可以访问 Oracle 官网下载 JDK 1.8 安装包；也可以访问本书官网，进入"下载专区"，在"软件"目录下找到文件 jdk-8u371-linux-x64.tar.gz，将其下载到本地计算机。这里假设将下载得到的 JDK 安装文件保存在 Ubuntu 系统的"/home/hadoop/Downloads/"目录下。

执行以下命令创建"/usr/lib/jvm"目录用来存放 JDK 文件：

```
$ cd /usr/lib
$ sudo mkdir jvm        #创建/usr/lib/jvm目录用来存放 JDK 文件
```

执行以下命令对安装文件进行解压：

```
$ cd ~                 #进入 hadoop 用户的主目录
$ cd Downloads
$ sudo tar -zxvf ./jdk-8u371-linux-x64.tar.gz -C /usr/lib/jvm
```

下面继续执行以下命令，设置环境变量：

```
$ vim ~/.bashrc
```

上述命令使用 vim 编辑器打开了 hadoop 这个用户的环境变量配置文件，请在这个文件的开始位置添加以下几行内容：

```
export JAVA_HOME=/usr/lib/jvm/jdk1.8.0_371
export JRE_HOME=${JAVA_HOME}/jre
export CLASSPATH=.:${JAVA_HOME}/lib:${JRE_HOME}/lib
export PATH=${JAVA_HOME}/bin:$PATH
```

保存.bashrc 文件并退出 vim 编辑器。然后继续执行以下命令让.bashrc 文件的配置立即生效：

```
$source ~/.bashrc
```

这时，可以使用以下命令来查看 JDK 是否安装成功：

```
$java -version
```

如果能够在屏幕上看到以下信息，则说明 JDK 安装成功：

```
java version "1.8.0_371"
Java(TM) SE Runtime Environment (build 1.8.0_371-b11)
Java HotSpot(TM) 64-Bit Server VM (build 25.371-b11, mixed mode)
```

2.4　Hadoop 的安装和使用

本节将首先给出 Hadoop 的简介，然后介绍 Hadoop 的安装方法，最后介绍分布式文件系统 HDFS 及其基本使用方法。

2.4.1　Hadoop 简介

Hadoop 是 Apache 软件基金会旗下的一个开源分布式计算平台，为用户提供了系统底层细节透明的分布式基础架构。Hadoop 是基于 Java 语言开发的，具有很好的跨平台特性，并且可以部署在廉价的计算机集群中。Hadoop 的核心是 Hadoop 分布式文件系统（Hadoop Distributed File System，HDFS）和 MapReduce。HDFS 是针对谷歌文件系统（Google File System，GFS）的开源实现，是面向普通硬件环境的分布式文件系统，具有较快的读写速度、很好的容错性和可伸缩性，支持大规模数据的分布式存储，其冗余数据存储的方式很好地保证了数据的安全性。MapReduce 是针对谷歌 MapReduce 的开源实现的，允许用户在不了解分布式系统底层细节的情况下开发并行应用程序，采用 MapReduce 来整合分布式文件系统上的数据，可保证分析和处理数据的高效性。借助于 Hadoop，程序员可以轻松地编写分布式并行程序，将其运行于廉价计算机集群上，完成海量数据的存储与计算。

Hadoop 被公认为行业大数据标准开源软件，其在分布式环境下提供了海量数据的处理能力。几乎所有主流厂商都围绕 Hadoop 提供开发工具、开源软件、商业化工具和技术服务，如谷歌、雅虎、微软、思科、淘宝等都支持 Hadoop。

Hadoop 是一个能够对大量数据进行分布式处理的软件框架，并且是以可靠、高效、可伸缩的方式进行处理的，它具有以下几方面的特性。

（1）高可靠性。采用冗余数据存储方式，即使一个副本发生故障，其他副本也可以保证正常对外提供服务。

（2）高效性。作为并行分布式计算平台，Hadoop 采用分布式存储和分布式处理两大核心技术，能够高效处理拍字节（2^{50}B）级数据。

（3）高可扩展性。Hadoop 的设计目标是可以高效、稳定地运行在廉价的计算机集群上，可以扩展到数以千计的计算机节点上。

（4）高容错性。采用冗余数据存储方式，自动保存数据的多个副本，并且能够自动将失败的任务进行重新分配。

（5）成本低。Hadoop 采用廉价的计算机集群，成本比较低，普通用户也很容易用自己的计算机搭建 Hadoop 运行环境。

（6）运行在 Linux 平台上。Hadoop 是基于 Java 语言开发的，可以较好地运行在 Linux 平台上。

（7）支持多种编程语言。Hadoop 上的应用程序也可以使用其他编程语言编写，如 C++。

2.4.2　安装 Hadoop 前的准备工作

本小节将介绍安装 Hadoop 之前的一些准备工作，包括更新 APT、安装 SSH 和安装 Java 环境等。

1. 更新 APT

为了确保 Hadoop 安装过程顺利进行，建议在 Linux 终端中执行以下命令更新 APT 软件：

```
$ sudo apt-get update
```

2. 安装 SSH

SSH 最初是 UNIX 操作系统上的一个程序，后来又迅速扩展到其他操作系统。SSH 是由客户端和服务器端组成的，服务器端是一个守护进程，它在后台运行并响应来自客户端的连接请求，客户端包含 SSH 程序、SCP（Secure Copy，远程复制）、slogin（Remote Login，远程登录），以及 SFTP 等其他的应用程序。

为什么在安装 Hadoop 之前要设置 SSH 呢？这是因为 Hadoop 名称节点（NameNode）需要启动集群中所有机器的 Hadoop 守护进程，这个过程需要通过 SSH 登录来实现。Hadoop 并没有提供 SSH 输入密码登录的形式，因此，为了能够顺利登录集群中的每一台机器，需要将所有机器设置为"名称节点可以无密码登录它们"。

Ubuntu 默认已安装 SSH 客户端，因此，这里还需要安装 SSH 服务器端，请在 Linux 的终端中执行以下命令（如果在 2.1.6 小节中已经执行过该命令，则在这里可以不用重复执行）：

```
$ sudo apt-get install openssh-server
```

安装后，可以使用以下命令登录本机：

```
$ ssh localhost
```

执行该命令后会出现图 2-49 所示的提示信息（SSH 首次登录提示），输入“yes”，然后按提示输入密码“hadoop”，就可登录到本机了。

```
hadoop@dblab:~$ ssh localhost
The authenticity of host 'localhost (127.0.0.1)' can't be established.
ED25519 key fingerprint is SHA256:RQCZ/6p8Vt5P+7jb3Vq5GZLBZEFbTFnuq17JrHRDwn4.
This key is not known by any other names
Are you sure you want to continue connecting (yes/no/[fingerprint])?
```

图 2-49　SSH 登录提示信息

这里在理解上会有一点“绕弯”。也就是说，原本我们登录 Linux 操作系统以后，就是在本机上，这时，在终端中输入的每条命令都是直接提交给本机去执行；然后我们又在本机上使用 SSH 方式登录本机，这时，我们在终端中输入的命令是通过 SSH 方式提交给本机处理的。如果换成包含两台独立计算机的场景，SSH 登录会更容易理解。比如，有两台计算机 A 和 B 都安装了 Linux 操作系统，计算机 B 上安装了 SSH 服务器端，计算机 A 上安装了 SSH 客户端，计算机 B 的 IP 地址是 59.77.16.33，我们在计算机 A 上执行命令“ssh 59.77.16.33”，就实现了通过 SSH 方式登录计算机 B 中的 Linux 操作系统，我们在计算机 A 的 Linux 终端中输入的命令，都会提交给计算机 B 上的 Linux 操作系统执行，也就是说，在计算机 A 上操作计算机 B 中的 Linux 操作系统。现在，我们只有一台计算机，就相当于计算机 A 和 B 都在同一台机器上，所以理解起来就会有点“绕弯”。

但是，这样登录每次都需要输入密码，设置成 SSH 无密码登录会比较方便，而且在 Hadoop 集群中，名称节点要登录某台机器（数据节点，DataNode）时，也不可能人工输入密码，所以从这方面来考虑，也需要设置成 SSH 无密码登录。

首先，请输入命令“exit”退出刚才的 SSH，就回到了原先的终端窗口；然后，可以利用 ssh-keygen 生成密钥，并将密钥加入授权中，命令如下：

```
$ cd ~/.ssh/                              #若没有该目录，请先执行一次 ssh localhost
$ ssh-keygen -t rsa                       #会有提示，均按 Enter 键即可
$ cat ./id_rsa.pub >> ./authorized_keys   #加入授权
```

此时，再执行“ssh localhost”命令，无须输入密码就可以直接登录，如图 2-50 所示。

```
hadoop@dblab:~/.ssh$ ssh localhost
Welcome to Ubuntu 22.04.3 LTS (GNU/Linux 6.2.0-39-generic x86_64)

 * Documentation:  https://help.******.com
 * Management:     https://landscape.*********.com
 * Support:        https://******.com/advantage

Expanded Security Maintenance for Applications is not enabled.

173 updates can be applied immediately.
141 of these updates are standard security updates.
To see these additional updates run: apt list --upgradable

10 additional security updates can be applied with ESM Apps.
Learn more about enabling ESM Apps service at https://******.com/esm

Last login: Tue Jan  2 15:40:24 2024 from 127.0.0.1
hadoop@dblab:~$
```

图 2-50　SSH 登录后的提示信息

3. 安装 Java 环境

由于 Hadoop 本身是使用 Java 语言编写的，因此 Hadoop 的开发和运行都需要 Java 的支持，对 Hadoop 3.3.5 而言，要求使用 JDK 1.8 或者更新的版本。JDK 的具体安装方法请参照前面的 2.3 节，如果在 2.3 节中已经安装了 JDK，则这里不用重复安装。

2.4.3 安装 Hadoop 的 3 种模式

Hadoop 有以下 3 种安装模式：

（1）单机模式。只在一台机器上运行，存储采用本地文件系统，没有采用分布式文件系统 HDFS。

（2）伪分布式模式。存储采用 HDFS，但是，HDFS 的名称节点和数据节点都在同一台机器上。

（3）分布式模式。存储采用 HDFS，而且，HDFS 的名称节点和数据节点位于不同的机器上。

2.4.4 下载 Hadoop 安装文件

本书采用的 Hadoop 版本是 3.3.5，读者可以到 Hadoop 官网下载安装文件；也可以到本书官网的"下载专区"中下载安装文件，在"软件"目录中，找到文件 hadoop-3.3.5.tar.gz，将其下载到本地计算机，保存到"/home/hadoop/Downloads/"目录下。

下载完安装文件以后，需要对文件进行解压缩。按照 Linux 操作系统使用的默认规范，用户安装的软件一般是存放在"/usr/local/"目录下的。请使用 hadoop 用户登录 Linux 操作系统，打开一个终端，执行以下命令：

```
$ sudo tar -zxvf ~/Downloads/hadoop-3.3.5.tar.gz -C /usr/local   #解压缩到/usr/local 中
$ cd /usr/local/
$ sudo mv ./hadoop-3.3.5/ ./hadoop              #将文件夹名改为 hadoop
$ sudo chown -R hadoop:hadoop ./hadoop          #修改文件权限
```

Hadoop 解压缩后即可使用，可以输入以下命令来检查 Hadoop 是否可用，成功则会显示 Hadoop 版本信息：

```
$ cd /usr/local/hadoop
$ ./bin/hadoop version
```

执行以下命令设置环境变量：

```
$ vim ~/.bashrc
```

在.bashrc 文件开头位置添加以下内容：

```
export HADOOP_HOME=/usr/local/hadoop
```

然后，执行以下命令使环境变量生效：

```
$ source ~/.bashrc
```

2.4.5 伪分布式模式配置

这里采用伪分布式模式配置 Hadoop。Hadoop 可以在单个节点（一台机器）上以伪分布式的方式运行，同一个节点既作为名称节点，又作为数据节点，读取的是 HDFS 中的文件。

1. 修改配置文件

需要配置相关文件，才能够让 Hadoop 在伪分布式模式下顺利运行。Hadoop 的配置文件位于"/usr/local/hadoop/etc/hadoop/"中，进行伪分布式模式配置时，需要修改 core-site.xml 和 hdfs-site.xml 两个配置文件。

可以使用 vim 编辑器打开 core-site.xml 文件，它的初始内容如下：

```
<configuration>
</configuration>
```

修改以后，core-site.xml 文件的内容如下：

```
<configuration>
    <property>
        <name>hadoop.tmp.dir</name>
        <value>file:/usr/local/hadoop/tmp</value>
        <description>Abase for other temporary directories.</description>
    </property>
    <property>
        <name>fs.defaultFS</name>
        <value>hdfs://localhost:9000</value>
    </property>
</configuration>
```

在上面的配置文件中，"hadoop.tmp.dir"用于保存临时文件，若没有配置"hadoop.tmp.dir"这个参数，则默认使用的临时目录为"/tmp/hadoo-hadoop"，而这个目录在 Hadoop 重启时有可能被系统清理掉，导致出现一些意想不到的问题，因此，必须配置这个参数。"fs.defaultFS"这个参数用于指定 HDFS 的访问地址；"9000"是端口号。

同样，需要修改配置文件 hdfs-site.xml，修改后的内容如下：

```
<configuration>
    <property>
        <name>dfs.replication</name>
        <value>1</value>
    </property>
    <property>
        <name>dfs.namenode.name.dir</name>
        <value>file:/usr/local/hadoop/tmp/dfs/name</value>
    </property>
    <property>
        <name>dfs.datanode.data.dir</name>
        <value>file:/usr/local/hadoop/tmp/dfs/data</value>
    </property>
</configuration>
```

在 hdfs-site.xml 文件中，dfs.replication 这个参数用于指定副本的数量，因为在分布式文件系统 HDFS 中，数据会被冗余存储多份，以保证可靠性和可用性。但是，由于这里采用伪分布式模式，只有一个节点，只可能有 1 个副本，因此，将"dfs.replication"的值设置为"1"。"dfs.namenode.name.dir"用于设定名称节点的元数据的保存目录，"dfs.datanode.data.dir"用于设定数据节点的数据保存目录，这两个参数必须设定，否则后面会出错。

对于配置文件 core-site.xml 和 hdfs-site.xml 的内容，读者也可以直接到本书官网的"下载专区"

下载，其位于"代码"目录下的"第2章"子目录下。

需要指出的是，Hadoop 的运行方式（如是运行在单机模式下，还是运行在伪分布式模式下）是由配置文件决定的，启动 Hadoop 时会读取配置文件，然后根据配置文件来决定其运行在什么模式下。因此，如果需要从伪分布式模式切换回单机模式，则只需要删除 core-site.xml 中的配置项即可。

2. 进行名称节点格式化

修改配置文件以后，要进行名称节点的格式化，命令如下：

```
$ cd /usr/local/hadoop
$ ./bin/hdfs namenode -format
```

如果格式化成功，则会看到"successfully formatted"的提示信息，如图2-51所示。

```
2024-01-02 17:43:20,916 INFO common.Storage: Storage directory /usr/local/hadoop/tmp/dfs/name has be
en successfully formatted.
2024-01-02 17:43:20,988 INFO namenode.FSImageFormatProtobuf: Saving image file /usr/local/hadoop/tmp
/dfs/name/current/fsimage.ckpt_0000000000000000000 using no compression
2024-01-02 17:43:21,206 INFO namenode.FSImageFormatProtobuf: Image file /usr/local/hadoop/tmp/dfs/na
me/current/fsimage.ckpt_0000000000000000000 of size 401 bytes saved in 0 seconds .
2024-01-02 17:43:21,233 INFO namenode.NNStorageRetentionManager: Going to retain 1 images with txid
```

图 2-51　名称节点格式化成功的提示信息

3. 启动 Hadoop

执行下面命令启动 Hadoop：

```
$ cd /usr/local/hadoop
$ ./sbin/start-dfs.sh  #start-dfs.sh 是个完整的可执行文件，中间没有空格
```

Hadoop 启动完成后，可以通过命令"jps"来判断是否成功启动，命令如下：

```
$ jps
```

若成功启动，则会列出以下进程（见图2-52）：DataNode、NameNode 和 SecondaryNameNode。

4. 使用 Web 界面查看 HDFS 信息

Hadoop 成功启动后，可以在 Linux 操作系统中（不是 Windows 操作系统）打开浏览器，在地址栏输入地址"http://localhost:9870"，就可以查看名称节点和数据节点信息，还可以在线查看 HDFS 中的文件，如图2-53所示。

```
hadoop@dblab:/usr/local/hadoop$ jps
22706 DataNode
22594 NameNode
22950 SecondaryNameNode
```

图 2-52　Hadoop 启动成功后的进程

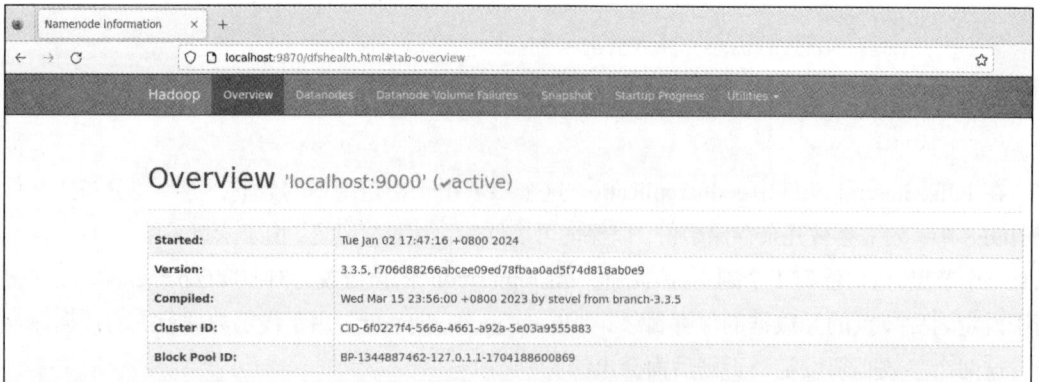

图 2-53　Hadoop 的 Web 管理界面

5. 关闭 Hadoop

如果要关闭 Hadoop，可以执行下面的命令：

```
$ cd /usr/local/hadoop
$ ./sbin/stop-dfs.sh
```

下次启动 Hadoop 时，无须进行名称节点的格式化（否则会出错），也就是说，不需要再次执行 "hdfs namenode -format" 命令，每次启动 Hadoop 时只需要直接运行 "start-dfs.sh" 命令即可。

2.4.6　分布式文件系统 HDFS

1. HDFS 简介

HDFS 是 Hadoop 项目的两大核心之一。HDFS 具有处理超大规模数据、流式处理、可以运行在廉价商用服务器上等优点。HDFS 在设计之初就考虑要能够运行在廉价的大型服务器集群上，因此在设计上就把硬件故障作为一种常态来考虑，可以保证在部分硬件发生故障的情况下仍然能够保证文件系统的整体可用性和可靠性。HDFS 放宽了一部分 POSIX 约束，从而实现以流的形式访问文件系统中的数据。HDFS 在访问应用程序时，可以具有很高的吞吐率，因此，对超大数据集的应用程序而言，选择 HDFS 作为底层数据存储是较好的选择。总体而言，HDFS 要实现以下目标。

（1）兼容廉价的硬件设备。在成百上千台廉价服务器中存储数据，常会出现节点失效的情况，因此，HDFS 设计了快速检测硬件故障和进行自动恢复的机制，可以实现持续监视、错误检查、容错处理和自动恢复，从而使在硬件出错的情况下也能实现数据的完整性。

（2）流式处理。普通文件系统主要用于随机读写，以及与用户进行交互，HDFS 则是为了满足批量数据处理的要求而设计的，因此，为了提高数据吞吐率，HDFS 放松了一些 POSIX 的要求，从而能够以流的形式来访问文件系统中的数据。

（3）大数据集。通常 HDFS 中的文件可以达到吉字节（2^{30}B）甚至太字节（2^{40}B）级别，一个由数百台机器组成的集群可以支持千万级别这样的文件。

（4）简单的文件模型。HDFS 采用"一次写入、多次读取"的简单文件模型，文件一旦完成写入，关闭后就无法再次写入，只能被读取。

（5）强大的跨平台兼容性。HDFS 是采用 Java 语言实现的，具有很好的跨平台兼容性，支持 Java 虚拟机（Java Virtual Machine，JVM）的机器都可以运行 HDFS。

2. HDFS 体系结构

HDFS 采用主从（Master/Slave）结构模型，一个 HDFS 集群包括一个名称节点和若干个数据节点（见图 2-54）。名称节点作为中心服务器，负责管理文件系统的命名空间及客户端对文件的访问。集群中的数据节点一般是一个数据节点运行一个数据节点进程，负责处理文件系统客户端的读/写请求，在名称节点的统一调度下进行数据块的创建、删除和复制等操作。每个数据节点的数据实际上是保存在本地 Linux 文件系统中的。每个数据节点会周期性地向名称节点发送"心跳"信息，报告自己的状态，没有按时发送"心跳"信息的数据节点会被标记为"系统中断"，名称节点不会再给它分配任何 I/O 请求。

用户在使用 HDFS 时，仍然可以像在普通文件系统中那样，使用文件名来存储和访问文件。实际上，在系统内部，一个文件会被切分成若干个数据块，这些数据块被分布存储到若干个数据节点上。当客户端需要访问一个文件时，首先把文件名发送给名称节点，名称节点根据文件名找到对应的数据块（一个文件可能包括多个数据块），再根据每个数据块信息找到实际存储各数据块的数据节点的位置，并把数据节点位置发送给客户端，最后客户端直接访问这些数据节点以获取数据。在整个访问过程中，名称节点并不参与数据的传输。这种设计方式，使一个文件的数据能够在不同的数据节点上实现并发访问，大幅度提高了数据访问效率。

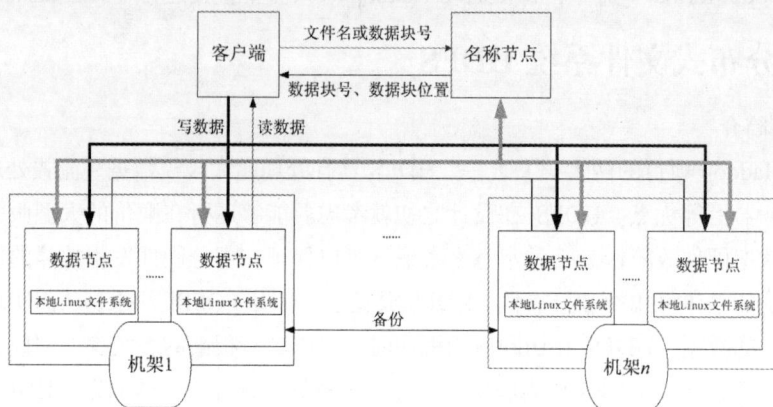

图 2-54　HDFS 的体系结构

2.4.7　HDFS 的基本使用方法

1. 使用 Web 管理页面操作 HDFS

首先启动 Hadoop，然后在浏览器中输入"http://localhost:9870"，就可以访问 Hadoop 的 Web 管理页面，如图 2-53 所示。

在 Web 管理界面中，单击顶部右侧的菜单"Utilities"，在弹出的下拉菜单中选择"Browse the file system"选项，会出现图 2-55 所示的 HDFS 文件系统操作界面，在这个界面中可以创建、查看、删除目录和文件。

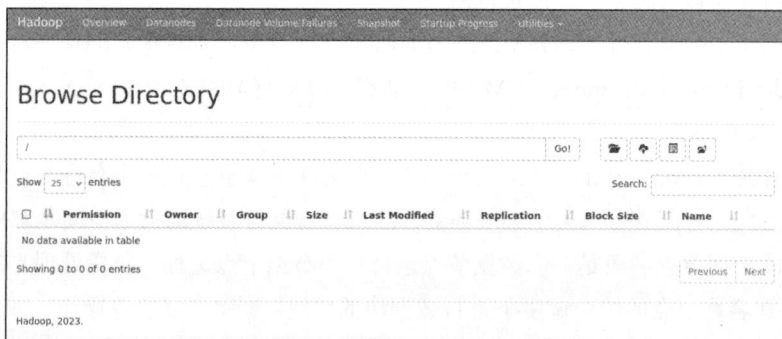

图 2-55　HDFS 文件系统操作界面

2. 使用命令操作 HDFS

除了在浏览器中通过 Web 方式操作 HDFS 外，还可以在终端中使用 Shell 命令对 HDFS 进行操作。这里假设使用了 hadoop 用户登录 Ubuntu 系统。

　　首先，创建一个名称为"user"的目录，再在"user"目录下创建一个名称为"hadoop"的子目录，具体命令如下：

```
$ cd /usr/local/hadoop
$ ./bin/hdfs dfs -mkdir hdfs://localhost:9000/user/
$ ./bin/hdfs dfs -mkdir hdfs://localhost:9000/user/hadoop
```

　　然后，在"/home/hadoop"下创建一个文件 test.txt，在该文件中输入"I love hadoop"语句，使用以下命令把该文件上传到 HDFS 中：

```
$ cd /usr/local/hadoop
$ ./bin/hdfs dfs -put /home/hadoop/test.txt hdfs://localhost:9000/user/hadoop
```

　　使用以下命令查看 HDFS 中的目录和文件：

```
$ ./bin/hdfs dfs -ls hdfs://localhost:9000/user/hadoop
```

　　使用以下命令把 HDFS 中的文件内容显示到本地计算机屏幕上：

```
$ ./bin/hdfs dfs -cat hdfs://localhost:9000/user/hadoop/test.txt
```

　　把上面的 HDFS 中的文件 test.txt 下载到本地文件系统，并重命名为 test1.txt：

```
$ ./bin/hdfs dfs -get hdfs://localhost:9000/user/hadoop/test.txt/home/hadoop/test1
.txt
```

　　使用以下命令删除 HDFS 中的一个文件：

```
$ ./bin/hdfs dfs -rm hdfs://localhost:9000/user/hadoop/test.txt
```

　　使用以下命令删除 HDFS 中的一个目录及其下面的文件：

```
$ ./bin/hdfs dfs -rm -r hdfs://localhost:9000/user/hadoop
```

2.5　MySQL 数据库的安装和使用

　　数据库是数据管理的有效技术，是计算机科学的重要分支。在应用程序开发中，数据库占据举足轻重的地位，绝大多数的应用程序都是围绕数据库构建起来的。

　　本节首先从理论层面讲起，简要介绍关系数据库和关系数据库标准语言 SQL（Structured Query Language，结构化查询语言），然后在实践层面介绍 MySQL 数据库的安装和使用方法，以及如何使用 Python 操作 MySQL 数据库，包括连接数据库、创建表、插入数据、修改数据、查询数据、删除数据等操作。

2.5.1　关系数据库

　　数据库是一种主流的数据存储和管理技术。数据库是指以一定方式存储在一起、能被多个用户共享、具有尽可能小的冗余度、与应用程序彼此独立的数据集。对数据库进行统一管理的软件称为数据库管理系统（Database Management System，DBMS），在不引起歧义的情况下，经常会混用"数据库"和"数据库管理系统"这两个概念。在数据库的发展历史上，先后出现过网状数据库、层次数据库、关系数据库等不同类型的数据库，这些数据库分别采用不同的数据模型（数据组织方式），目前主流的数据库是关系数据库，它采用关系数据模型来组织和管理数据。一个关系数据库可以看成许多关系表的集合，每个关系表可以看成一张二维表格，如表 2-3 所示。目前市场上常见的关系数据库产品包括 Oracle、SQL Server、MySQL、DB2 等。因为关系数据库中的数据通常具有规范的结构，所以人们常把保存在关系数据库中的数据称为结构化数据。与此相对应，图片、视频、声音文件所包含的数据没有规范的结构，称为非结构化数据。而网页文件（HTML文档）这种具有一定结构但又不是完全规范化的数据，称为半结构化数据。

表 2-3 　　　　　　　　　　　　　　　　学生信息表

学号	姓名	性别	年龄	考试成绩
95001	张三	男	21	88
95002	李四	男	22	95
95003	王梅	女	22	73
95004	林莉	女	21	96

总体而言，关系数据库具有以下几方面的特点。

（1）存储方式。关系数据库采用表格的存储方式，数据以行和列的方式存储，读取和查询都十分方便。

（2）存储结构。关系数据库按照结构化的方法存储数据，每个数据表的结构都必须事先定义好（如表的名称、字段名称、字段类型、约束等），然后根据数据表的结构存入数据。这样做的好处就是，由于数据的形式和内容在存入之前就已经定义好了，因此整个数据表的可靠性和稳定性都比较高。但其带来的问题就是，数据模型不够灵活，一旦存入数据，修改数据表的结构就会十分困难。

（3）存储规范。关系数据库为了规范化数据、减少重复数据以及充分利用存储空间，把数据按照最小关系表的形式进行存储，这样数据管理就很清晰、一目了然。当存在多个关系表时，表和表之间通过主外键发生关联，并通过连接查询获得相关结果。

（4）扩展方式。由于关系数据库将数据存储在数据表中，因此数据操作的瓶颈出现在多张数据表的操作中，而且数据表越多这个问题就越严重。要缓解这个问题，只能提高数据处理功能，也就是选择速度更快、性能更高的计算机。这样的方法虽然可提供一定的拓展空间，但是拓展空间是非常有限的，也就是说，一般的关系数据库只具备有限的纵向扩展功能。

（5）查询方式。关系数据库采用结构化查询语言（Structured Query Language，SQL）来对数据库进行查询。结构化查询语言是高级的非过程化编程语言，允许用户在高层数据结构上工作。它不要求用户指定数据的存储方法，也不需要用户了解具体的数据存储方法，所以各种具有完全不同的底层结构的数据库系统，可以使用相同的结构化查询语言作为数据输入与管理的接口。结构化查询语言语句可以嵌套，这使它具有极高的灵活性和强大的功能。

（6）事务性。关系数据库支持事务的 ACID 特性（原子性、一致性、隔离性、持久性）。事务被提交给 DBMS 后，DBMS 需要确保该事务中的所有操作都成功完成，且其结果被永久保存在数据库中。如果事务中有的操作没有成功完成，则事务中的所有操作都需要被回滚，回到事务执行前的状态，从而确保数据库状态的一致性。

（7）连接方式。不同的关系数据库产品都遵守统一的数据库连接接口标准，即开放式数据库连接（Open Database Connectivity，ODBC）。ODBC 的一个显著优点是，用它生成的程序是与具体的数据库产品无关的，这样可以为数据库用户和开发人员屏蔽不同数据库异构环境的复杂性。ODBC 提供了数据库访问的统一接口，为应用程序实现与平台的无关性和可移植性提供了基础，因而获得了广泛的支持和应用。

2.5.2　关系数据库标准语言 SQL

SQL 是关系数据库的标准语言，也是一种通用的功能极强的关系数据库语言，其功能不仅仅是查询，还包括数据库创建、数据库数据的插入与修改、数据库安全性与完整性定义等。

自从 SQL 成为国际标准语言后，数据库厂家纷纷推出各自的 SQL 软件或与 SQL 的接口软件。这就使大多数数据库均用 SQL 作为数据存取语言和标准接口，使不同数据库系统之间的相互操作成为可能。SQL 已经成为数据库领域中的主流语言，其意义重大。SQL 的主要特点如下。

（1）综合统一。SQL 集数据查询、数据操纵、数据定义和数据控制功能于一体，语言风格统一，可以独立完成数据库生命周期中的所有活动。

（2）高度非过程化。用 SQL 进行数据操作时，只要提出“做什么”，而无须指明“怎么做”，因此，用户无须了解存取路径。存取路径的选择及 SQL 的操作过程都由系统自动完成，这不但大幅度减轻了用户负担，而且有利于提高数据独立性。

（3）面向集合的操作方式。SQL 采用面向集合的操作方式，不仅操作对象、查找结果可以是记录的集合，插入、删除、更新操作的对象也可以是记录的集合。

（4）以统一的语法结构提供多种使用方式。作为独立的语言，SQL 能够独立地用于联机交互，用户可以在终端键盘上直接输入 SQL 命令对数据库进行操作。作为嵌入式语言，SQL 语句能够嵌入高级语言（如 C、C++、Java 和 Python 等）程序，供程序员设计程序时使用。而在两种不同的使用方式下，SQL 的语法结构基本上是一致的。这种以统一的语法结构提供多种使用方式的做法，非常灵活和方便。

（5）语言简洁，易学易用。SQL 功能极强，但由于设计巧妙，语言十分简洁，完成核心功能只用了 9 个动词（CREATE、DROP、INSERT、UPDATE、DELETE、ALTER、SELECT、GRANT 和 REVOKE）。SQL 接近英语口语，因此易于学习和使用。

下面介绍一些常用的 SQL 语句。

1. 创建数据库

在使用数据库之前，需要创建数据库，具体语法格式如下：

```
CREATE DATABASE 数据库名称;
```

每条 SQL 语句的末尾用英文分号结束。

可以使用以下语句查看已经创建的所有数据库：

```
SHOW DATABASES;
```

创建好数据库以后，可以使用以下语句打开数据库：

```
USE 数据库名称;
```

2. 创建数据表

一个数据库会包含多个数据表。创建一个数据表的语法如下：

```
CREATE TABLE 数据表名称
(
    列名称 1 数据类型,
    列名称 2 数据类型,
    列名称 3 数据类型,
...
);
```

表 2-4 列出了 SQL 中常用的数据类型。

表 2-4 SQL 中常用的数据类型

数据类型	说明
integer(size) int(size) smallint(size) tinyint(size)	仅容纳整数； 括号内的 size 用于规定数字的最大位数
decimal(size,d) numeric(size,d)	容纳带有小数的数字； size 规定数字的最大位数； d 规定小数点右侧的最大位数
char(size)	容纳固定长度的字符串（可容纳字母、数字及特殊字符）； 在括号中规定字符串的长度
varchar(size)	容纳可变长度的字符串（可容纳字母、数字及特殊字符）； 在括号中规定字符串的最大长度

可以使用以下 SQL 语句查看所有已经创建的数据表：

```
SHOW TABLES;
```

3. 插入数据

可以使用 INSERT INTO 语句向数据表中插入新的记录，语法格式如下：

```
INSERT INTO 数据表名称 VALUES (值 1,值 2,…);
```

也可以指定要插入数据的列：

```
INSERT INTO 数据表名称(列 1,列 2,…) VALUES(值 1,值 2,…);
```

4. 查询数据

可以使用 SELECT 语句从数据库中查询数据，语法格式如下：

```
SELECT 列名称 FROM 数据表名称;
```

5. 修改数据

可以使用 UPDATE 语句修改数据表中的数据，语法格式如下：

```
UPDATE 数据表名称 SET 列名称 = 新值 WHERE 列名称 = 某值;
```

6. 删除数据

可以使用 DELETE FROM 语句删除数据表中的数据，语法格式如下：

```
DELETE FROM 数据表名称 WHERE 列名称 = 某值;
```

7. 删除表

可以使用 DROP TABLE 语句从数据库中删除一个数据表，语法格式如下：

```
DROP TABLE 数据表名称;
```

8. 删除数据库

可以使用 DROP DATABASE 语句删除一个数据库，语法格式如下：

```
DROP DATABASE 数据库名称;
```

2.5.3　安装 MySQL

MySQL 是一个关系数据库管理系统（Relational Database Management System，RDBMS），由瑞典 MySQL AB 公司开发，目前属于 Oracle 旗下产品。MySQL 是最流行的 RDBMS，在 Web 应用方面，MySQL 是主流的 RDBMS 应用软件。

1. 执行安装命令

在安装 MySQL 之前，需要更新软件源以获得最新版本，命令如下：

```
$ sudo apt-get update
```

然后，执行以下命令安装 MySQL：

```
$ sudo apt-get install mysql-server
```

执行上面命令以后，在安装过程中会出现提示"Do you want to continue?"，输入"Y"并按 Enter 键即可。

安装完成后，MySQL 守护进程就会自动启动并在后台安静运行，可通过以下命令来确认：

```
$ sudo systemctl status mysql
```

上面命令的执行结果如图 2-56 所示，可以看出，当前状态是"active(running)"，即 MySQL 服务正在运行。

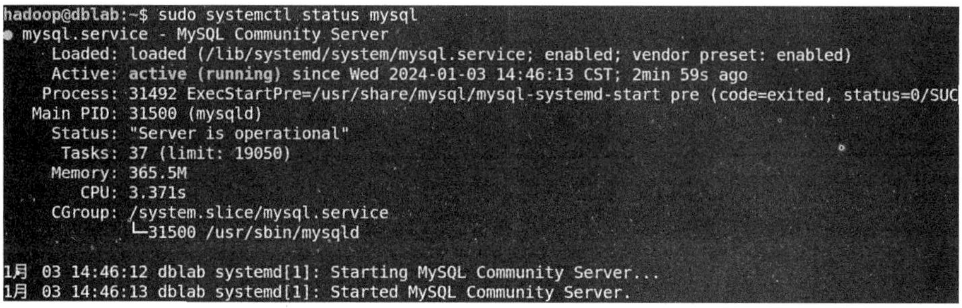

```
hadoop@dblab:~$ sudo systemctl status mysql
● mysql.service - MySQL Community Server
    Loaded: loaded (/lib/systemd/system/mysql.service; enabled; vendor preset: enabled)
    Active: active (running) since Wed 2024-01-03 14:46:13 CST; 2min 59s ago
   Process: 31492 ExecStartPre=/usr/share/mysql/mysql-systemd-start pre (code=exited, status=0/SUC
  Main PID: 31500 (mysqld)
    Status: "Server is operational"
     Tasks: 37 (limit: 19050)
    Memory: 365.5M
       CPU: 3.371s
    CGroup: /system.slice/mysql.service
            └─31500 /usr/sbin/mysqld

1月 03 14:46:12 dblab systemd[1]: Starting MySQL Community Server...
1月 03 14:46:13 dblab systemd[1]: Started MySQL Community Server.
```

图 2-56　使用 systemctl 命令确认 MySQL 运行状态

也可以通过以下命令来确认：

```
$ sudo systemctl is-active mysql
```

上面命令的执行结果如图 2-57 所示，可以看出，当前状态是"active"，即 MySQL 服务正在运行。

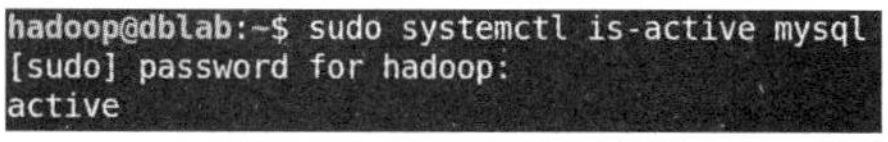

```
hadoop@dblab:~$ sudo systemctl is-active mysql
[sudo] password for hadoop:
active
```

图 2-57　使用 systemctl 命令确认 MySQL 运行状态的另一种方式

2. 启动 MySQL 服务

默认情况下，安装完成就会自动启动 MySQL。可以手动关闭 MySQL 服务，然后启动 MySQL 服务，命令如下：

```
$ service mysql stop    #停止 MySQL 服务
$ service mysql start   #启动 MySQL 服务
```

上面两条命令在执行时都会弹出一个界面，按照要求输入 Ubuntu 系统 root 用户（不是 MySQL 数据库的 root 用户）的密码即可。

3. 进入 MySQL Shell 界面

安装好 MySQL 后，第一次使用时，需要执行以下命令进入 MySQL Shell 界面（见图 2-58）：

```
$ sudo mysql -u root
```

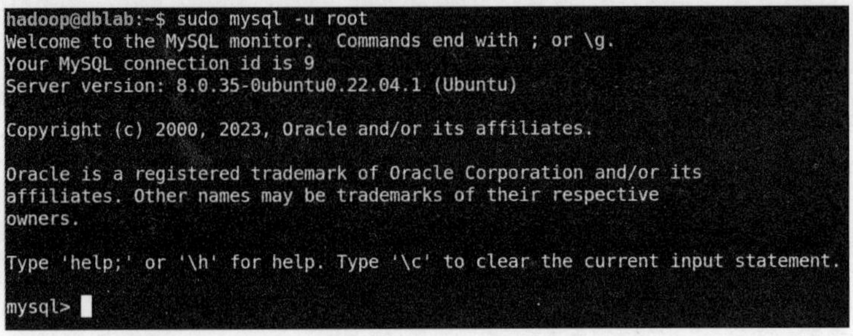

```
hadoop@dblab:~$ sudo mysql -u root
Welcome to the MySQL monitor.  Commands end with ; or \g.
Your MySQL connection id is 9
Server version: 8.0.35-0ubuntu0.22.04.1 (Ubuntu)

Copyright (c) 2000, 2023, Oracle and/or its affiliates.

Oracle is a registered trademark of Oracle Corporation and/or its
affiliates. Other names may be trademarks of their respective
owners.

Type 'help;' or '\h' for help. Type '\c' to clear the current input statement.

mysql>
```

图 2-58　MySQL Shell 界面

可以为 MySQL 数据库的 root 用户设置访问密码，比如设置为"123456"，命令如下：

```
mysql> ALTER USER 'root'@'localhost' IDENTIFIED WITH mysql_native_password BY '123456';
```

然后，执行以下命令退出 MySQL Shell：

```
mysql> exit;
```

以后每次访问 MySQL 数据库时，可以执行以下命令进入 MySQL Shell 界面：

```
$ mysql -u root -p
```

输入 MySQL 数据库的 root 用户的密码，就可以进入 MySQL Shell 环境，在里面运行各种 SQL 语句。

2.5.4　MySQL 数据库的使用方法

这里给出一个综合实例来演示 MySQL 数据库的使用方法。我们需要创建一个管理学生信息的数据库，并把表 2-5 中的数据填充到数据库中，完成相关的数据库操作。

表 2-5　　　　　　　　　　　　　　学生表

学号	姓名	性别	年龄
95001	王小明	男	21
95002	张梅梅	女	20

打开 MySQL 数据库的命令行窗口，输入以下 SQL 语句来创建数据库 school：

```
mysql> CREATE DATABASE school;
```

需要注意的是，SQL 语句中可以不区分字母大小写。

可以使用以下 SQL 语句来查看已经创建的所有数据库：

```
mysql> SHOW DATABASES;
```

创建好 school 数据库后，可以使用以下 SQL 语句来打开数据库：

```
mysql> USE school;
```

使用以下 SQL 语句来创建一个数据表 student：

```
mysql>CREATE TABLE student(
    -> sno char(5),
    -> sname char(10),
    -> ssex char(2),
    -> sage int);
```

使用以下 SQL 语句来查看已经创建的数据表：

```
mysql> SHOW TABLES;
```

使用以下 SQL 语句向 student 数据表中插入两条记录：

```
mysql> INSERT INTO student VALUES('95001','王小明','男',21);
mysql> INSERT INTO student VALUES('95002','张梅梅','女',20);
```

使用以下 SQL 语句来查询 student 数据表中的记录：

```
mysql> SELECT * FROM student;
```

使用以下 SQL 语句来修改 student 数据表中的数据：

```
mysql> UPDATE student SET age =21 WHERE sno='95001';
```

使用以下 SQL 语句来删除 student 数据表：

```
mysql> DROP TABLE student;
```

使用以下 SQL 语句来查询数据库中还存在哪些数据表：

```
mysql> SHOW TABLES;
```

使用以下 SQL 语句来删除 school 数据库：

```
mysql> DROP DATABASE school;
```

使用以下 SQL 语句来查询系统中还存在哪些数据库：

```
mysql> SHOW DATABASES;
```

2.5.5　使用 Python 操作 MySQL 数据库

使用 Python 操作 MySQL 数据库之前，需要安装 PyMySQL，它是 Python 中操作 MySQL 的模块。在 Ubuntu 系统的终端中运行以下命令来安装 PyMySQL：

```
$ pip install PyMySQL
```

1．连接数据库

首先打开 MySQL 数据库的命令行窗口，在 MySQL 数据库中创建一个名称为 school 的数据库（如果已经存在该数据库，则需要先删除再创建）；然后，编写以下代码发起对数据库的连接：

```
#mysql1.py
import pymysql.cursors
#连接数据库
connect = pymysql.Connect(
    host='localhost',    #主机名
    port=3306,           #端口号
    user='root',         #数据库用户名
    passwd='123456',     #密码
    db='school',         #数据库名称
```

```
        charset='utf8'        #编码格式
)
#获取游标
cursor = connect.cursor()
#执行 SQL 查询
cursor.execute("SELECT VERSION()")
#获取单条记录
vrsion = cursor.fetchone()
#输出
print("MySQL 数据库版本是：%s" % version)
#关闭数据库连接
connect.close()
```

上面代码的执行结果如下：

MySQL 数据库版本是：8.0.35-0ubuntu0.22.04.1

上面的代码中创建了一个游标（cursor）。在数据库中，游标是一个十分重要的概念。游标提供了一种对从数据表中检索出的数据进行操作的灵活手段。就本质而言，游标实际上是一种能从包括多条记录的结果集中每次提取一条记录的机制。游标总是与一条 SQL 选择语句相关联，因为游标由结果集（可以是 0 条、1 条或多条记录）和结果集中指向特定记录的游标位置组成。当决定对结果集进行处理时，必须声明一个指向该结果集的游标。

2. 创建数据表

在 school 数据库中创建一个数据表 student，具体代码如下：

```
#mysql2.py
import pymysql.cursors
#连接数据库
connect = pymysql.Connect(
    host='localhost',
    port=3306,
    user='root',
    passwd='123456',
    db='school',
    charset='utf8'
)
#获取游标
cursor = connect.cursor()
#如果数据表存在，则先删除
cursor.execute("DROP TABLE IF EXISTS student")
#设定 SQL 语句
sql = """
CREATE TABLE student(
    sno char(5),
    sname char(10),
    ssex char(2),
    sage int);
"""
#执行 SQL 语句
cursor.execute(sql)
```

```
#关闭数据库连接
connect.close()
```

3. 插入数据

把表 2-5 中的两条数据插入 student 数据表，具体代码如下：

```
#mysql3.py
import pymysql.cursors
#连接数据库
connect = pymysql.Connect(
    host='localhost',
    port=3306,
    user='root',
    passwd='123456',
    db='school',
    charset='utf8'
)
#获取游标
cursor = connect.cursor()
#插入数据
sql = "INSERT INTO student(sno,sname,ssex,sage) VALUES ('%s', '%s', '%s', %d)"
data1 = ('95001','王小明','男',21)
data2 = ('95002','张梅梅','女',20)
cursor.execute(sql % data1)
cursor.execute(sql % data2)
connect.commit()
print('成功插入数据')
#关闭数据库连接
connect.close()
```

4. 修改数据

把学号为"95002"的学生的年龄修改为 21 岁，具体代码如下：

```
#mysql4.py
import pymysql.cursors
#连接数据库
connect = pymysql.Connect(
    host='localhost',
    port=3306,
    user='root',
    passwd='123456',
    db='school',
    charset='utf8'
)
#获取游标
cursor = connect.cursor()
#修改数据
sql = "UPDATE student SET sage = %d WHERE sno = '%s' "
data = (21,'95002')
cursor.execute(sql % data)
connect.commit()
print('成功修改数据')
#关闭数据库连接
connect.close()
```

5. 查询数据

找出学号为"95001"的学生的具体信息，具体代码如下：

```
#mysql5.py
import pymysql.cursors
#连接数据库
connect = pymysql.Connect(
     host='localhost',
     port=3306,
     user='root',
     passwd='123456',
     db='school',
     charset='utf8'
)
#获取游标
cursor = connect.cursor()
#查询数据
sql = "SELECT sno,sname,ssex,sage FROM student WHERE sno = '%s' "
data = ('95001',)        #元组中只有一个元素的时候需要加一个逗号
cursor.execute(sql % data)
for row in cursor.fetchall():
        print("学号:%s\t姓名:%s\t性别:%s\t年龄:%d" % row)
print('共查找出',cursor.rowcount,'条数据')
#关闭数据库连接
connect.close()
```

6. 删除数据

删除学号为"95002"的学生记录，具体代码如下：

```
#mysql6.py
import pymysql.cursors
#连接数据库
connect = pymysql.Connect(
     host='localhost',
     port=3306,
     user='root',
     passwd='123456',
     db='school',
     charset='utf8'
)
#获取游标
cursor = connect.cursor()
#删除数据
sql = "DELETE FROM student WHERE sno = '%s'"
data = ('95002',)   #元组中只有一个元素的时候需要加一个逗号
cursor.execute(sql % data)
connect.commit()
print('成功删除', cursor.rowcount,'条数据')
#关闭数据库连接
connect.close()
```

2.6　MongoDB 的安装和使用

本节首先给出 MongoDB 简介,然后介绍如何安装和使用 MongoDB,最后介绍如何使用 Python 操作 MongoDB。

2.6.1　MongoDB 简介

MongoDB 是一个基于分布式文件存储的数据库,采用 C++语言编写,旨在为 Web 应用提供可扩展的高性能数据存储解决方案。MongoDB 是一个介于关系数据库和非关系数据库之间的产品,是目前非关系数据库中功能最丰富、最像关系数据库的数据库。

传统的关系数据库一般由数据库（database）、数据表（table）和记录（record）3 个层次组成,而 MongoDB 由数据库（database）、集合（collection）和文档对象（document）3 个层次组成。MongoDB 中的集合对应关系数据库中的数据表,但是集合中没有列、行和关系概念,这体现了模式自由的特点。MongoDB 与关系数据库的概念对比如表 2-6 所示。

表 2-6　　　　　　　　　　　MongoDB 与关系数据库的概念对比

概念	关系数据库术语	MongoDB 术语
数据库	database	database
数据表/集合	table	collection
记录/文档	row	document
字段/域	column	field
索引	index	index
主键	primary key	MongoDB 自动将_id 字段设置为主键

2.6.2　安装 MongoDB 6.0

1. 更新 Ubuntu 22.04 的软件包

在 Ubuntu 系统中运行系统更新命令,以重建从现有仓库创建的 APT 软件包缓存。命令如下:

```
$ sudo apt-get update
```

还要安装一些其他必需的软件包,命令如下:

```
$ sudo apt-get install gnupg curl
```

2. 添加 GPG 密钥

需要添加 GPG 密钥,系统需要用该密钥来检查要安装的 MongoDB 软件包的真实性。命令如下:

```
$ curl -fsSL https://pgp.*******.com/server-6.0.asc | sudo gpg -o /etc/apt/trusted.
gpg.d//mongodb-server-6.0.gpg --dearmor
```

3. 在 Ubuntu 22.04 上添加 MongoDB 6.0

MongoDB 是一种流行的数据库产品,但安装它的软件包不能直接使用 Ubuntu 22.04 的默认系统仓库。因此,我们需要手动在 Ubuntu 22.04 上添加 MongoDB 6.0。命令如下:

```
$ echo "deb [ arch=amd64,arm64 ] https://repo.*******.org/apt/ubuntu focal/mongodb-
org/6.0 multiverse" | sudo tee /etc/apt/sources.list.d/mongodb-org-6.0.list
```

添加仓库后，使用以下命令更新 APT 索引缓存：

```
$ sudo apt-get update
```

4. 安装 libssl1.1

MongoDB 6.0 的安装需要依赖 libssl1.1，我们可以使用以下 3 条命令来安装 libssl1.1：

```
$ echo "deb http://security.******.com/ubuntu focal-security main" | sudo tee /etc/
apt/sources.list.d/focal-security.list
$ sudo apt-get update
$ sudo apt-get install libssl1.1
```

5. 在 Ubuntu 22.04 上安装 MongoDB 6.0

在终端中运行以下命令以安装 MongoDB 6.0：

```
$ sudo apt-get install mongodb-org
```

安装过程中会出现提示，输入"Y"继续安装。

6. 启动 MongoDB 服务

启动 MongoDB 服务并检查 MongoDB 服务状态，命令如下：

```
$ sudo systemctl start mongod
$ sudo systemctl status mongod
```

命令执行结果如图 2-59 所示。

图 2-59　启动 MongoDB 服务并检查 MongoDB 服务状态

7. 进入 MongoDB Shell

再新建一个终端窗口，执行以下命令进入 MongoDB Shell 交互式执行环境（见图 2-60）：

```
$ mongosh
```

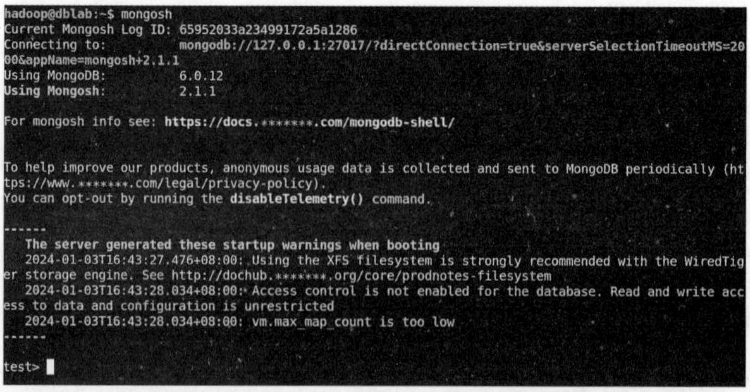

图 2-60　进入 MongoDB Shell 交互式执行环境

可以输入以下命令以退出 MongoDB Shell 模式：

```
test> exit
```

停止 MongoDB 服务的命令如下：

```
$ sudo systemctl stop mongod
```

2.6.3　MongoDB 基础操作

1. 常用操作命令

常用的操作 MongoDB 数据库的命令如下。

- show dbs：显示数据库列表。
- show collections：显示当前数据库中的集合（类似于关系数据库中的数据表 table）。
- show users：显示所有用户。
- use yourDB：切换当前数据库至 yourDB。
- db.help( )：显示数据库操作命令。
- db.yourCollection.help( )：显示集合操作命令，yourCollection 是集合名。

MongoDB 没有创建数据库的命令，如果要创建一个名称为"school"的数据库，则需要先运行"use school"命令，之后做一些操作，比如使用命令"db.createCollection('teacher')"创建集合，这样就可以创建一个名称为"school"的数据库。

2. 简单操作演示

下面以一个 school 数据库为例进行操作演示，将在该 school 数据库中创建两个集合 teacher 和 student，并对 student 集合中的数据进行增、删、改、查等基本操作。需要说明的是，文档数据库中的集合（collection）相当于关系数据库中的数据表（table）。

（1）切换到 school 数据库

命令如下：

```
> use school
```

注意，MongoDB 无须预创建 school 数据库，在使用时会自动创建。

（2）创建集合

创建集合的命令如下：

```
> db.createCollection('teacher')
```

执行上述命令，结果如图 2-61 所示。

实际上，MongoDB 在插入数据的时候，也会自动创建对应的集合，无须预定义集合。

```
test> use school
switched to db school
school> db.createCollection('teacher')
{ ok: 1 }
school> show collections
teacher
```

图 2-61　创建集合

（3）插入数据

插入一条记录的具体命令如下：

```
> db.student.insertOne({_id:1, sname: 'zhangsan', sage: 20})　#_id 可选
```

执行完以上命令，student 已自动创建，这也说明 MongoDB 不需要预先定义集合，在第一次插入数据后，集合会被自动创建。此时，可以使用"show collections"命令来查询数据库中当前已经存在的集合，如图 2-62 所示。

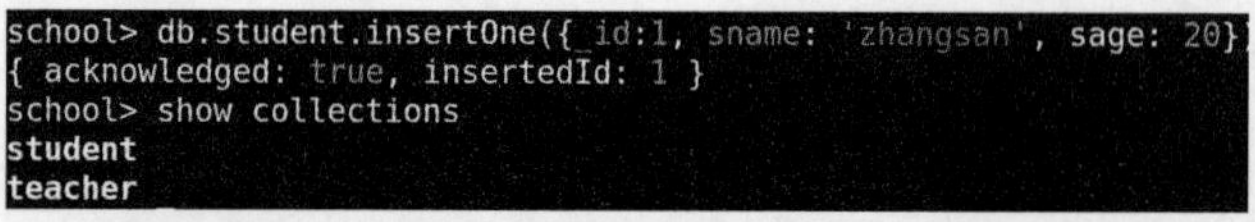

图 2-62 "show collections" 命令执行结果

同时插入多条记录的命令如下：

```
> db.student.insertMany([{_id:2, sname: 'lisi', sage: 21},{_id:3, sname: 'wangwu', sage: 22}])
```

（4）查找数据

查找数据所使用的基本命令语法格式如下：

```
> db.youCollection.find(criteria, filterDisplay)
```

其中，criteria 表示查询条件，是一个可选的参数；filterDisplay 表示筛选显示部分数据，如显示指定某些列的数据，这也是一个可选的参数，但是，需要注意的是，当存在该参数时，第一个参数不可省略，若查询条件为空，可用{}作占位符。

① 查询所有记录

```
> db.student.find()
```

该命令相当于关系数据库的 SQL 语句 "SELECT * FROM student"。

② 查询 sname='zhangsan'的记录

```
> db.student.find({sname: 'zhangsan'})
```

该命令相当于关系数据库的 SQL 语句 "SELECT * FROM student WHERE sname='zhangsan'"。

③ 查询指定列 sname、sage 数据

```
> db.student.find({},{sname:1, sage:1})
```

该命令相当于关系数据库的 SQL 语句 "SELECT sname,sage FROM student"。其中，sname:1 表示返回 sname 列，默认_id 字段也是返回的，可以添加_id:0（意为不返回_id），写成{sname: 1, sage: 1,_id:0}，这样就不会返回默认的_id 字段了。

④ AND 条件查询

```
> db.student.find({sname: 'zhangsan', sage: 20})
```

该命令相当于关系数据库的 SQL 语句 "SELECT * FROM student WHERE sname = 'zhangsan' AND sage = 20"。

⑤ OR 条件查询

```
> db.student.find({$or: [{sage: 20}, {sage: 25}]})
```

该命令相当于关系数据库的 SQL 语句 "SELECT * FROM student WHERE sage = 22 OR sage = 25"。

（5）修改数据

修改数据的基本命令语法格式如下：

```
> db.youCollection.updateOne(criteria, objNew, upsert, multi )
```

对于该命令，做如下说明。

● criteria：表示 update 的查询条件，类似 SQL 语句中 UPDATE 操作内 WHERE 后面的条件。

● objNew：update 的对象和一些更新的操作符（如$ set）等，也可以理解为 SQL 语句中 UPDATE 操作内 SET 后面的内容。

● upsert：用于指定不存在 update 的记录时，是否插入 objNew，true 表示插入，默认是 false，表示不插入。

● multi：默认值是 false，只更新找到的第一条记录；如果这个参数为 true，就会把按条件查找出来的多条记录全部更新。

上述各参数中，criteria 和 objNew 是必选参数，upsert 和 multi 是可选参数。

这里给出一个实例，命令如下：

```
> db.student.updateOne({sname: 'zhangsan'}, {$set: {sage: 22}}, false, true)
```

该命令相当于关系数据库的 SQL 语句"UPDATE student SET sage =22 WHERE sname = 'zhangsan';"。执行该命令，结果如图 2-63 所示。

```
school> db.student.updateOne({sname: 'zhangsan'}, {$set: {sage: 22}}, false, true)
{
  acknowledged: true,
  insertedId: null,
  matchedCount: 1,
  modifiedCount: 1,
  upsertedCount: 0
}
```

图 2-63　修改数据

（6）删除数据

```
> db.student.deleteOne({sname: 'zhangsan'})
```

该命令相当于关系数据库的 SQL 语句"DELETE FROM student WHERE sname='zhangsan'"。执行该命令，结果如图 2-64 所示。

```
school> db.student.deleteOne({sname: 'zhangsan'})
{ acknowledged: true, deletedCount: 1 }
```

图 2-64　删除数据

（7）删除集合

```
> db.student.drop()
```

2.6.4　使用 Python 操作 MongoDB

Python 要连接 MongoDB 需要安装 MongoDB 驱动程序，这里我们使用 PyMongo 驱动程序来连接 MongoDB。打开一个终端，执行以下命令在 Python 中安装 PyMongo 驱动程序：

```
$ pip install pymongo
```

1. 连接 MongoDB

首先使用以下命令启动 MongoDB：

```
$ sudo systemctl start mongod
```

当连接 MongoDB 时，需要使用 PyMongo 库里面的 MongoClient。一般来说，传入 MongoDB 的 IP 及端口即可（默认端口是 27017）：

```
>>> import pymongo
>>> client = pymongo.MongoClient(host='localhost', port=27017)
```

2. 指定数据库

在 MongoDB 中，可以建立多个数据库，我们需要指定操作哪个数据库。这里以 test 数据库为例来说明：

```
>>> db = client.test
```

这里调用 client 的 test 属性即可返回 test 数据库。或者也可以这样指定：

```
>>> db = client['test']
```

3. 指定集合

MongoDB 的每个数据库包含许多集合，它们类似于关系数据库中的数据表。现在需要指定要操作的集合，这里指定一个名称为 students 的集合。与指定数据库类似，指定集合也有以下两种方式：

```
>>> collection = db.students
>>> collection = db['students']
```

4. 插入数据

在 students 这个集合中新建一条学生记录，这条记录以字典形式表示：

```
>>> student1 = {'id': '2025001', 'name': 'xiaoming', 'age': 21, 'gender': 'male'}
```

这里指定了学生的学号、姓名、年龄和性别。可以调用 collection 的 insert_one( )方法插入一条记录，代码如下：

```
>>> result = collection.insert_one(student1)
>>> print(result.inserted_id)
65993bfa518c19805ebfb5fa
```

insert_one( )方法返回 InsertOneResult 对象，该对象包含 inserted_id 属性，它是插入文档的 id 值。

可以调用 collection 的 insert_many( )方法同时插入多条记录，代码如下：

```
>>> student2 = {'id': '2025002', 'name': 'xiaowang', 'age': 22, 'gender': 'male'}
>>> student3 = {'id': '2025003', 'name': 'xiaofang', 'age': 20, 'gender': 'female'}
>>> result = collection.insert_many([student2,student3])
>>> print(result.inserted_ids)
[ObjectId('65993ea5518c19805ebfb5fb'), ObjectId('65993ea5518c19805ebfb5fc')]
```

insert_many( )方法返回 InsertManyResult 对象，该对象包含 inserted_ids 属性，该属性保存所有插入文档的 id 值。

5. 查询数据

插入数据后，可以利用 find_one( )或 find( )方法进行查询，其中 find_one( )查询得到的是单个结果，find( )则返回一个生成器对象。示例如下：

```
>>> result = collection.find_one({'name': 'xiaoming'})
>>> print(type(result))
<class 'dict'>
>>> print(result)
{'_id': ObjectId('65993bfa518c19805ebfb5fa'), 'id': '2025001', 'name': 'xiaoming',
'age': 21, 'gender': 'male'}
```

6. 更新数据

可以在 MongoDB 中使用 update_one( )方法修改文档中的记录。该方法第一个参数为查询的条件，第二个参数为要修改的字段。示例如下：

```
>>> myquery = {'name': 'xiaoming'}
>>> newvalues = {'$set': {'age': '22'}}
>>> collection.update_one(myquery, newvalues)
updateResult({'n': 1, 'nModified': 1, 'ok': 1.0, 'updatedExisting': True}, acknowl
edged=True)
```

7. 删除数据

可以使用 delete_one( )方法来删除一个文档，该方法第一个参数为查询对象，指定要删除哪些数据。

```
>>> myquery = { "name": "xiaoming" }
>>> collection.delete_one(myquery)
```

2.7　Redis 的安装和使用

本节首先给出 Redis 简介，然后介绍如何安装和操作 Redis，最后介绍如何使用 Python 操作 Redis。

2.7.1　Redis 简介

Redis 是一个键值（Key-Value）存储系统，即键值对非关系数据库，和 Memcached 类似，目前正在被越来越多的互联网公司所采用。Redis 作为一个高性能的键值对非关系数据库，不仅在很大程度上弥补了 Memcached 这类键值存储的不足，而且在部分场合下可以对关系数据库起到很好的补充作用。Redis 提供了 Python、Ruby、Erlang、PHP 客户端，使用很方便。

Redis 支持存储的数据类型包括 string（字符串）、list（链表）、set（集合）和 zset（有序集合）。这些数据类型都支持 push/pop、add/remove，以及取交集、并集和差集等丰富的操作，而且这些操作都是原子性的。在此基础上，Redis 支持各种不同方式的排序。与 Memcached 一样，为了保证效率，Redis 中的数据都是缓存在内存中的，它会周期性地把更新的数据写入磁盘，或者把修改操作写入追加的记录文件。此外，Redis 还实现了主从（Master-Slave）同步。

2.7.2　安装 Redis

在 Ubuntu 系统中打开一个终端，执行以下命令安装 Redis：

```
$ sudo apt update
$ sudo apt --fix-broken install
$ sudo apt upgrade -y
$ sudo apt install redis-server -y
```

全部执行完毕，若无任何报错，则安装成功。

检查 Redis 是否安装成功，可以执行以下命令来查看 Redis 版本：

```
$ redis-cli --version
```

命令执行结果如图 2-65 所示。

默认情况下，Redis 安装结束后就会自动启动服务。如果

```
hadoop@dblab:~$ redis-cli --version
redis-cli 6.0.16
```

图 2-65　查看 Redis 版本

没有启动，可以使用以下命令来启动 Redis 服务：

```
$ service redis-server start    #如果有弹出输入密码界面，请输入 Ubuntu 系统 hadoop 用户的密码
```

可以使用以下命令来查看 Redis 服务运行状态：

```
$ service redis-server status
```

命令执行结果如图 2-66 所示。

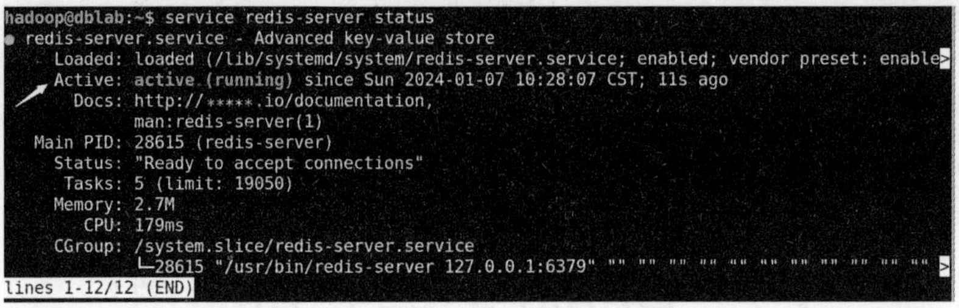

```
hadoop@dblab:~$ service redis-server status
● redis-server.service - Advanced key-value store
     Loaded: loaded (/lib/systemd/system/redis-server.service; enabled; vendor preset: enable>
     Active: active (running) since Sun 2024-01-07 10:28:07 CST; 11s ago
       Docs: http://*****.io/documentation,
             man:redis-server(1)
   Main PID: 28615 (redis-server)
     Status: "Ready to accept connections"
      Tasks: 5 (limit: 19050)
     Memory: 2.7M
        CPU: 179ms
     CGroup: /system.slice/redis-server.service
             └─28615 "/usr/bin/redis-server 127.0.0.1:6379" "" "" "" "" "" "" "" "" "" "" "" >
lines 1-12/12 (END)
```

图 2-66　查看 Redis 服务运行状态

如果 Redis 服务运行状态信息中包含“active(running)”，就说明 Redis 服务正在运行。

可以使用以下命令来关闭 Redis 服务：

```
$ service redis-server stop
```

使用 Redis 客户端连接 Redis 服务器，命令如下：

```
$ redis-cli -h 127.0.0.1 -p 6379
```

客户端连接服务器后，会显示“127.0.0.1:6379>”的命令提示符信息（见图 2-67），表示服务器的 IP 地址为 127.0.0.1，端口为 6379。

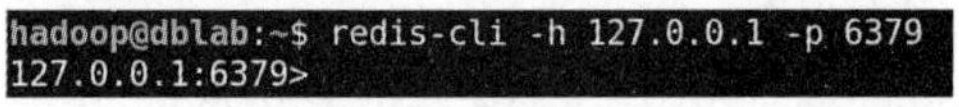

```
hadoop@dblab:~$ redis-cli -h 127.0.0.1 -p 6379
127.0.0.1:6379>
```

图 2-67　Redis 客户端启动后的效果

在命令提示符“127.0.0.1:6379>”后面，可以输入 Redis 操作命令对 Redis 进行各种操作。可以执行以下命令退出客户端：

```
127.0.0.1:6379> exit
```

如果 Redis 需要存储中文字符，为了避免出现乱码，可以使用以下命令启动 Redis 客户端：

```
$ redis-cli -h 127.0.0.1 -p 6379 --raw
```

2.7.3　Redis 操作实例

假设有 3 个数据表，即 Student、Course 和 SC，3 个数据表的字段（列）和数据如图 2-68 所示。

Sno	Sname	Ssex	Sage	Sdept
95001	李勇	男	22	CS
95002	刘晨	女	19	IS
95003	王敏	女	18	MA
95004	张立	男	19	IS

（a）Student 数据表

Cno	Cname	Credit
1	数据库	4
2	数学	2
3	信息系统	4
4	操作系统	3
5	数据结构	4
6	数据处理	2
7	PASCAL语言	4

（b）Course 数据表

Sno	Cno	Grade
95001	1	92
95001	2	85
95001	3	88
95002	2	90
95002	3	80

（c）SC 数据表

图 2-68　3 个数据表的字段和数据

Redis 数据库以<key,value>的形式存储数据，把 3 个数据表的数据存入 Redis 数据库时，key 和 value 的确定方法如下：

```
key=表名:主键值:列名
value=列值
```

例如，把每个数据表的第一条记录保存到 Redis 数据库中，需要使用的命令及命令执行结果如图 2-69 所示。

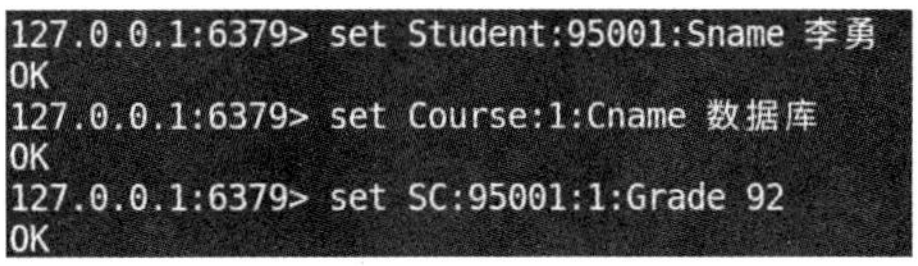

可以执行类似的命令，把 3 个数据表所有数据都插入 Redis 数据库中，完整命令如下：

图 2-69　向 Redis 数据库中插入数据

```
set Student:95001:Sname 李勇
set Student:95001:Ssex 男
set Student:95001:Sage 22
set Student:95001:Sdept CS

set Student:95002:Sname 刘晨
set Student:95002:Ssex 女
set Student:95002:Sage 19
set Student:95002:Sdept IS

set Student:95003:Sname 王敏
set Student:95003:Ssex 女
set Student:95003:Sage 18
set Student:95003:Sdept MA

set Student:95004:Sname 张立
set Student:95004:Ssex 男
set Student:95004:Sage 19
set Student:95004:Sdept IS

set Course:1:Cname 数据库
set Course:1:Credit 4

set Course:2:Cname 数学
set Course:2:Credit 2

set Course:3:Cname 信息系统
set Course:3:Credit 4

set Course:4:Cname 操作系统
set Course:4:Credit 3

set Course:5:Cname 数据结构
set Course:5:Credit 4

set Course:6:Cname 数据处理
set Course:6:Credit 2

set Course:7:Cname PASCAL 语言
```

```
set Course:7:Credit 4

set SC:95001:1:Grade 92
set SC:95001:2:Grade 85
set SC:95001:3:Grade 88
set SC:95002:2:Grade 90
set SC:95002:3:Grade 80
```

针对这些已经录入的数据，下面将简单演示如何进行增、删、改、查操作。Redis 数据库支持 5 种数据类型，对于不同数据类型，增、删、改、查操作的语法格式可能不同，这里用最简单的数据类型字符串进行演示。

1. 插入数据

向 Redis 数据库插入一个数据，只需要先设计好 key 和 value，然后用 set 命令插入数据即可。例如，在 Course 数据表中插入一门新的课程 "算法"，4 学分，操作命令和命令执行结果如图 2-70 所示。

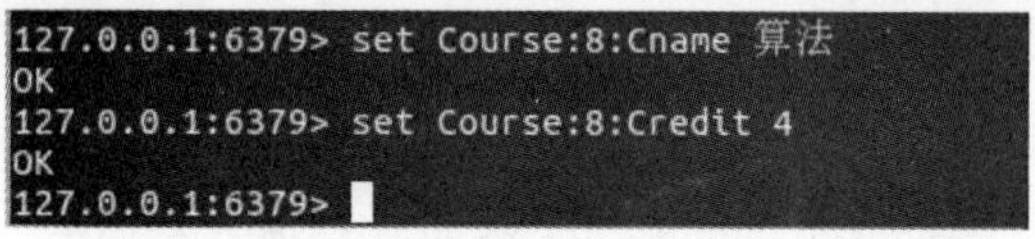

图 2-70　插入数据

2. 修改数据

Redis 数据库并没有提供修改数据的命令，所以，如果在 Redis 数据库中修改一条数据，只能采用变通的方式，即在使用 set 命令时，使用同样的 key，然后用新的 value 值来覆盖旧值。例如，把刚才新添加的 "算法" 课程名称修改为 "编译原理"，操作命令和命令执行结果如图 2-71 所示。

3. 删除数据

Redis 数据库提供有专门删除数据的命令——del 命令，语法格式为 "del 键"。所以，如果要删除之前新增加的课程 "编译原理"，只需输入命令 "del Course:8:Cname"，如图 2-72 所示。当输入 "del Course:8:Cname" 时，返回 "1"，说明成功删除一条记录；当再次输入 get 命令时，输出为空，说明删除成功。

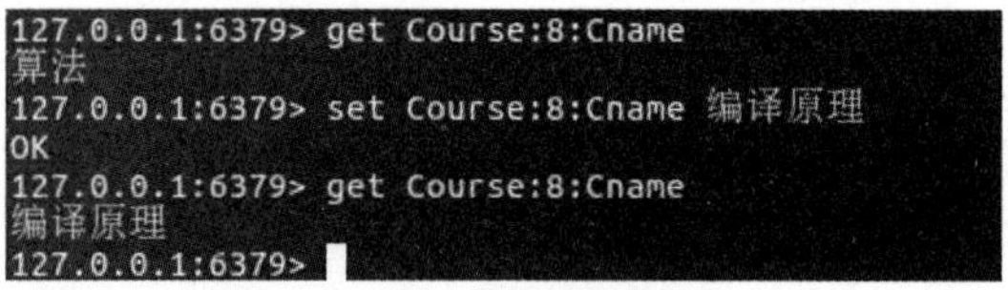

图 2-71　修改数据

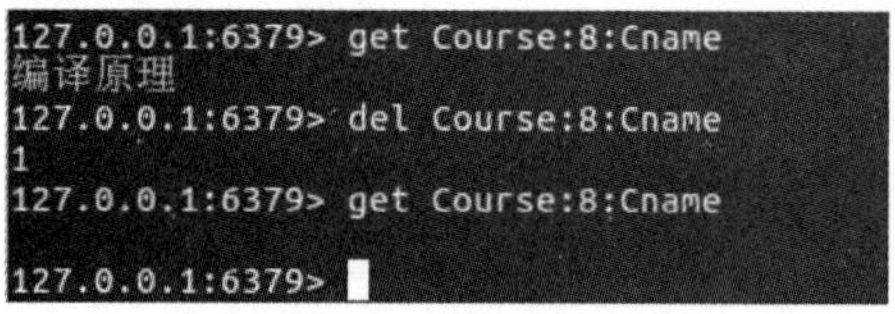

图 2-72　删除数据

4. 查询数据

Redis 数据库最简单的查询方式是使用 get 命令，上面几个操作中已经使用过 get 命令，这里不赘述。

2.7.4　使用 Python 操作 Redis 数据库

要使用 Python 操作 Redis 数据库，需要先安装 Python 的 Redis 组件，安装命令如下：

```
$ pip install redis
```

打开一个终端，输入 "python3" 命令进入 Python 的命令行界面，在命令提示符后面输入以下语句来操作 Redis 数据库：

```
>>> import redis
>>> r = redis.Redis(host='localhost', port=6379, db=0)
```

```
>>> r.set('foo', 'bar')
True
>>> r.get('foo')
b'bar'
```

也可以编写代码文件 python-redis.py 来操作 Redis 数据库，具体代码如下：

```
#python-redis.py
import redis
r = redis.Redis(host='localhost', port=6379, db=0)
r.set('university', 'XMU')
print(str(r.get('university'),"utf-8"))
```

假设 python-redis.py 被存放在 Ubuntu 系统的"/home/hadoop"目录下，可以执行以下命令运行代码文件：

```
$ cd /home/hadoop
$ python3 python-redis.py
```

2.8　本章小结

本章介绍了大数据实验环境（包括 Linux、Python、JDK、MySQL、Hadoop、MongoDB、Redis 等）的搭建方法，这是在后面章节中开展实验操作的基础。在后面章节中，我们还会用到 Kafka、Flume 等大数据软件，这些软件的安装方法会在相应章节给予介绍。

2.9　习题

（1）请阐述 Python 具有的优点。

（2）请阐述如何选择 Python 的版本。

（3）请阐述如何安装 Python 的第三方模块。

（4）请阐述 JDK 的作用。

（5）请阐述关系数据库的特点。

（6）请描述 HDFS 的体系结构。

（7）Hadoop 有哪几种安装模式？

（8）操作 HDFS 可以使用哪几种方法？

（9）请对 MongoDB 与关系数据库的概念进行对比。

（10）Redis 数据库支持存储的数据类型包括哪几种？

实验 1　熟悉 MySQL 和 HDFS 的操作

一、实验目的

（1）熟悉使用 Python 操作 MySQL 数据库的方法。

（2）熟练使用常用的 Shell 命令操作 HDFS。

二、实验平台

（1）操作系统：Ubuntu 22.04。

（2）Hadoop 版本：3.3.5。

（3）JDK 版本：1.8。

（4）MySQL 版本：8.0.35。

（5）Python 版本：3.10.12。

三、实验内容

1. 使用 Python 操作 MySQL 数据库

在 Ubuntu 系统中安装好 MySQL 8.0.35 和 Python 3.10.12，然后完成下面的各项操作。

现有 3 个数据表，如表 2-7～表 2-9 所示。

表 2-7   学生表 Student（主码为 Sno）

学号（Sno）	姓名（Sname）	性别（Ssex）	年龄（Sage）	所在系别（Sdept）
10001	Jack	男	21	CS
10002	Rose	女	20	SE
10003	Michael	男	21	IS
10004	Hepburn	女	19	CS
10005	Lisa	女	20	SE

表 2-8   课程表 Course（主码为 Cno）

课程号（Cno）	课程名（Cname）	学分（Credit）
00001	Database	4
00002	DataStructure	4
00003	Algorithms	3
00004	OperatingSystems	5
00005	ComputerNetwork	4

表 2-9   选课表 SC（主码为 Sno 和 Cno）

学号（Sno）	课程号（Cno）	成绩（Grade）
10002	00003	86
10001	00002	90
10002	00004	70
10003	00001	85
10004	00002	77
10005	00003	88
10001	00005	91
10002	00002	79
10003	00002	83
10004	00003	67

通过编程实现以下操作。

（1）查询学号为"10002"的学生的所有成绩，结果包括学号、姓名、所在系别、课程号、课程名及对应成绩。

（2）查询每位学生成绩大于 85 分的课程，结果包括学号、姓名、所在系别、课程号、课程名及对应成绩。

（3）由于培养计划改变，将课程号为"00001"、课程名为"Database"的课程的学分改为 5 学分。

（4）学号为"10005"的学生 OperatingSystems（00004）课程的成绩为 73 分，将这一记录写入选课表。

（5）将学号为"10003"的学生的相关信息从这 3 个数据表中删除。

2. 使用 Shell 命令操作 HDFS

在 Ubuntu 系统中安装 Hadoop 3.3.5，然后完成下面的各项操作。

（1）使用用户名 hadoop 登录 Ubuntu 系统，启动 Hadoop，为当前登录的用户 hadoop 在 HDFS 中创建用户目录"/user/hadoop"。

（2）在 HDFS 的目录"/user/hadoop"下，创建 test 目录。

（3）将 Windows 操作系统本地的一个文件上传到 HDFS 的 test 目录中，并查看上传后的文件内容。

（4）将 HDFS 的 test 目录复制到 Windows 操作系统本地文件系统的某个目录下。

四、实验报告

"数据采集与预处理"课程实验报告		
题目：	姓名：	日期：
实验环境：		
实验内容与完成情况：		
出现的问题：		
解决方案（列出已解决的问题和解决办法，并列出没有解决的问题）：		

第3章
网络数据采集

网络数据采集是一种重要的数据采集方法。网络爬虫（简称爬虫）是用于网络数据采集的关键技术，它是一种按照一定的规则自动抓取万维网信息的程序或脚本，已经被广泛应用于互联网搜索引擎及其他需要网络数据的应用。网络爬虫可以自动采集所有它能够访问的页面内容。

本章首先给出网络爬虫概述和网页基础知识；然后介绍用 Python 实现 HTTP 请求、定制 requests、解析网页和综合实例；接下来介绍如何使用 Scrapy 框架编写网络爬虫；最后介绍如何通过 JSON 接口爬取网站数据。

3.1 网络爬虫概述

本节将介绍网络爬虫的定义及工作原理、网络爬虫的类型、反爬机制及爬取策略的制订。

3.1.1 网络爬虫的定义及工作原理

网络爬虫是一个自动提取网页内容的程序，它为搜索引擎从万维网上下载网页，是搜索引擎的重要组成部分。网络爬虫从一个或若干个初始网页的 URL 开始，获得初始网页上的 URL，在抓取网页的过程中，不断从当前页面上抽取新的 URL 放入队列，直到满足系统的一定停止条件，网络爬虫的工作原理如图 3-1 所示。实际上，网络爬虫的行为和人们访问网站的行为是类似的。例如，用户平时"逛"天猫商城（PC 端）的整个活动过程通常是打开浏览器→搜索天猫商城→单击链接进入天猫商城→选择所需商品类目（站内搜索）→浏览商品（价格、详情、评论等）→单击链接→进入下一个商品页面……现在，这个过程不再由用户手动完成，而是由网络爬虫自动完成。

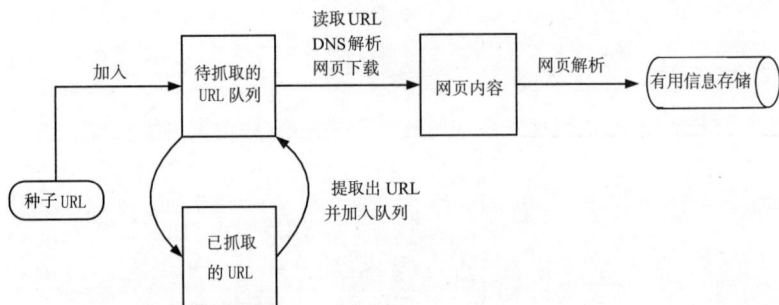

图 3-1 网络爬虫的工作原理

3.1.2　网络爬虫的类型

网络爬虫可以分为通用网络爬虫、聚焦网络爬虫、增量式网络爬虫和深层网络爬虫。

（1）通用网络爬虫。通用网络爬虫又称全网爬虫（Scalable Web Crawler），爬行对象从一些种子 URL 扩充到整个 Web。该架构主要为门户网站搜索引擎和大型 Web 服务提供商采集数据。通用网络爬虫的结构大致包括页面爬行模块、页面分析模块、链接过滤模块、页面数据库、URL 队列和初始 URL 集合。为提高工作效率，通用网络爬虫会采取一定的爬行策略。常用的爬行策略有深度优先策略和广度优先策略。

（2）聚焦网络爬虫。聚焦网络爬虫（Focused Crawler）又称主题网络爬虫（Topical Crawler），是指选择性地爬行那些与预先定义好的主题相关的页面的网络爬虫。和通用网络爬虫相比，聚焦网络爬虫只需要爬行与主题相关的页面，极大地节省了硬件和网络资源，保存的页面也由于数量少而更新快，还可以很好地满足一些特定人群对特定领域信息的需求。聚焦网络爬虫的工作流程较为复杂：首先需要根据一定的网页分析算法过滤与主题无关的链接，保留有用的链接并将其放入待抓取的 URL 队列；然后，它根据一定的搜索策略从队列中选择下一步要抓取的网页的 URL，并重复上述过程，直到达到系统的某一条件时停止。所有被抓取的网页将会被系统存储、分析、过滤，并建立索引，用于将来的查询和检索。对聚焦网络爬虫来说，这一过程所得到的分析结果还可能对以后的抓取过程给予指导。聚焦网络爬虫常用的策略包括基于内容评价的爬行策略、基于链接结构评价的爬行策略、基于增强学习的爬行策略和基于语境图的爬行策略。

（3）增量式网络爬虫。增量式网络爬虫（Incremental Web Crawler）是指对已下载网页采取增量式更新和只爬行新产生或发生变化的网页的网络爬虫，它能够保证所爬行的页面是尽可能新的页面。和周期性爬行和刷新页面的网络爬虫相比，增量式网络爬虫只会在需要的时候爬行新产生或发生变化的网页，并不重新下载没有发生变化的网页，可有效减少数据下载量，及时更新已爬行的网页，减小时间和空间上的耗费。但是这增加了爬行算法的复杂度和实现难度。增量式网络爬虫有两个目标：保持本地页面集中存储的页面为最新页面；提高本地页面集中页面的质量。为了实现第一个目标，增量式网络爬虫需要通过重新访问网页来更新本地页面集中页面的内容。为了实现第二个目标，增量式网络爬虫需要对网页的重要性进行排序，常用的策略包括广度优先策略和 PageRank 优先策略等。

（4）深层网络爬虫。深层网络爬虫将 Web 页面按存在方式分为表层网页（Surface Web）和深层网页（Deep Web，也称 Invisible Web Page 或 Hidden Web）。表层网页是指传统搜索引擎可以索引的页面，即以超链接可以到达的静态网页为主构成的 Web 页面。深层网页是那些大部分内容不能通过静态链接获取的、隐藏在搜索表单后的、只有用户提交一些关键词才能获得的 Web 页面。深层网络爬虫体系结构包括 6 个基本功能模块（爬行控制器、解析器、表单分析器、表单处理器、响应分析器、LVS 控制器）和两个爬虫内部数据结构（URL 列表、LVS 列表）。

3.1.3　反爬虫机制

1. 为什么会有反爬虫机制

原因主要有两点：第一，在大数据时代，数据是十分宝贵的财富，很多企业不愿意让自己的数据被别人免费获取，因此，很多企业都为自己的网站运用了反爬虫机制，防止网页上的数据被

"爬走"；第二，简单低级的网络爬虫，数据采集速度快、伪装度低的特点，如果没有反爬虫机制，它们可以很快地抓取大量数据，甚至因为请求过多，造成网站服务器不能正常工作，影响企业的正常业务开展。

反爬虫机制是一把双刃剑，一方面可以保护企业网站和网站数据；另一方面，如果反爬机制过于严格，可能会误伤到真正的用户请求，即真正用户的请求被错误地当成网络爬虫行为而被拒绝访问。如果既要反爬虫，又要保证很低的误伤率，那么就会增加网站研发的成本。

通常而言，伪装度高的网络爬虫速度慢，对服务器造成的负担相对较小。所以，反爬虫机制的重点是针对那种简单粗暴的数据采集。有时反爬机制也会允许伪装度高的网络爬虫获得数据，毕竟伪装度很高的数据采集与真实用户请求没有太大差别。

2. 反爬虫手段

爬虫行为与普通用户访问网站的行为极为类似，网站所有者在进行反爬虫时会尽可能地减少对普通用户的干扰。网站常用的反爬虫手段主要包括以下几种。

（1）通过 User-Agent 校验反爬虫。User-Agent 校验是一种常见的反爬虫手段，通过检测请求头中的 User-Agent 字段来识别和拒绝来自爬虫的请求。许多网站使用 User-Agent 校验来防止未经授权的爬取和数据抓取。当一个请求发送到服务器时，服务器会检查请求头中的 User-Agent 字段。如果 User-Agent 标识为常见的爬虫或自动化工具，服务器可能会拒绝该请求或返回错误响应。这样，网络爬虫就无法获取网页内容，从而达到反爬虫的目的。User-Agent 校验的优点是简单易行，能够有效地阻止大部分自动化工具和初级的网络爬虫。然而，它也存在一些缺点。一些高级的网络爬虫可以伪造或修改 User-Agent 字段，绕过这种校验。此外，User-Agent 校验也可能误判一些合法的用户请求，影响用户体验。

（2）通过访问频率反爬虫。通过访问频率反爬虫是一种常见的反爬虫手段，旨在防止网络爬虫对网站造成过大的负载和干扰。通常，这种反爬虫手段通过限制单个 IP 地址或用户在单位时间内的访问次数来实现。网站可以设置阈值，规定来自同一 IP 地址的请求频率上限。如果一个 IP 地址在短时间内发送的请求超过了预设的阈值，服务器可能会暂时拒绝该 IP 地址的访问，或者返回错误响应。这样可以防止网络爬虫对服务器造成过大的负载，保护网站正常运行。访问频率限制的优点是简单有效，能够有效地遏制恶意网络爬虫和攻击。然而，它也存在一些局限性。一些合法的用户可能在短时间内产生大量的请求，如使用代理或 VPN 的用户，这些用户可能会被误判为网络爬虫。此外，一些高级的网络爬虫可以伪造或修改 IP 地址，绕过访问频率限制。

（3）通过验证码校验反爬虫。这种反爬虫手段是通过要求用户输入特定的验证码来验证请求的合法性。验证码可以是图片中的字符、数字或逻辑问题，用户需要输入正确的答案才能继续访问。验证码校验的原理是增加自动化请求的难度，使网络爬虫难以自动识别和输入验证码。通过验证码校验，可以有效地阻止恶意网络爬虫和自动化工具的访问，保障网站的数据安全和正常运行。验证码校验的优点是简单易行，能够有效地遏制恶意网络爬虫和攻击。但是，它也存在一些缺点。对人类用户来说，验证码可能会造成不便和困扰，影响用户体验。此外，一些高级的网络爬虫可以识别或破解验证码，绕过验证码校验。

（4）通过变换网页结构反爬虫。通过变换网页结构进行反爬虫是一种有效的手段，通过不断改变网页的布局和结构，使网络爬虫难以跟踪和抓取数据。通常，这种反爬虫手段包括动态加载内容、使用 AJAX 或 WebSocket 等技术实现实时数据交互等方式。通过动态加载内容，网站可以将重要数据隐藏在 JavaScript 代码中，或者通过后端接口返回数据。网络爬虫无法直接获取 HTML 页面内容，而是需要模拟浏览器行为，解析 JavaScript 代码或调用后端接口来获取数据。这增加了网络爬虫获取页面内容的难度和成本，降低了网站被爬取的风险。使用 AJAX 或 WebSocket 等技术可以实现实时数据交互，使网页内容能够动态更新而不需要重新加载整个页面。这使网络爬虫难以跟踪页面的变化，因为每次请求返回的内容可能不同。变换网页结构的优点是能够有效地防止网络爬虫抓取数据，保护网站的安全和隐私。但是，它也存在一些局限性。对于一些持续跟踪和获取网页内容的合法请求（如搜索引擎网络爬虫），这种手段可能会造成干扰和误判。此外，频繁变换网页结构也可能影响用户体验，因为用户需要适应不断变化的页面布局和功能。

（5）通过账号授权反爬虫。账号授权反爬虫是一种通过要求用户登录或授权访问特定资源的方式来防止网络爬虫抓取数据的方法。这种方法要求用户提供账号和密码或其他身份验证方式，以确保请求来自合法用户。通过账号授权，网站可以控制对敏感数据的访问权限，仅允许已授权的用户访问。当用户尝试访问需要授权的资源时，网站会要求用户登录或完成其他身份验证步骤。只有成功通过验证的用户才能获得访问权限。账号授权的优点是能够提供较高的安全性和隐私保护，有效地防止未经授权的爬取和数据泄露。但是，它也存在一些缺点。对于一些公开或不需要身份验证的信息，账号授权可能会造成不必要的麻烦和额外的工作量。此外，对合法用户来说，频繁地进行身份验证可能会影响使用体验。

3.1.4　爬取策略制订

针对上面介绍的网站常用的反爬虫手段，可以制订以下相对应的爬取策略。

（1）发送模拟 User-Agent。User-Agent 是请求头中的一项信息，用于标识发出请求的浏览器类型、版本和操作系统等。一些网站会根据 User-Agent 来判断请求是否来自真实的浏览器，从而拒绝或限制网络爬虫的访问。为了绕过这种反爬虫机制，可以使用模拟 User-Agent 的方法。开发者可以编写代码来模拟常见的浏览器 User-Agent，如 Chrome、Firefox 等，这样网络爬虫发出的请求头中的 User-Agent 就会与真实用户发出的请求相似。通过伪装成真实浏览器的 User-Agent，网络爬虫能够更顺利地获取网页内容，避免被网站的反爬机制识别和拦截。

（2）调整访问频率。应对网站反爬机制的方法之一是通过调整访问频率来避免被识别和限制。一些网站会检测单个 IP 地址在单位时间内的访问次数，如果超出预设的阈值，可能会被视为恶意网络爬虫而拒绝访问。为了规避这种反爬机制，开发者可以控制网络爬虫的访问频率，降低单位时间内发送请求的次数。通过合理安排发送请求的时间间隔和数量，可以降低被网站识别和限制的风险。例如，可以使用定时器控制网络爬虫在特定时间段内发起请求，避免过于集中地发送请求。此外，还可以使用代理 IP 地址来分散访问次数，使单个 IP 地址的访问频率减小。

（3）通过验证码校验。对于一定要输入验证码才能进行操作的网站，可以通过算法识别验证码或使用 Cookie 绕过验证码，然后进行后续的操作。需要注意的是，Cookie 有可能会过期且过期的 Cookie 无法使用。

（4）应对网站结构变化。可以使用脚本对网站结构进行监测，若网络结构发生变化，则发出警告并及时停止网络爬虫，避免爬取过多的无效数据。

（5）通过模拟登录规避账号授权限制。对于需要登录的网站，可以通过模拟登录的方法进行规避。当模拟登录时，除了需要提交账号和密码外，往往还需要通过验证码校验。

3.2　网页基础知识

在学习网络爬虫相关知识之前，读者需要了解一些基本的网页知识，包括超文本、HTML、HTTP等。

3.2.1　超文本和 HTML

超文本（Hypertext）是指使用超链接的方法，把文字和图片相互联结，形成具有相关信息的体系。超文本的格式有很多，目前最常使用的是超文本标记语言（Hypertext Markup Language，HTML）。我们平时在浏览器里面看到的网页就是由 HTML 解析而成的。下面是网页文件web_demo.html 的 HTML 源代码：

```html
<html>
    <head><title>搜索指数</title></head>
    <body>
        <table>
            <tr><td>排名</td><td>关键词</td><td>搜索指数</td></tr>
            <tr><td>1</td><td>大数据</td><td>187767</td></tr>
            <tr><td>2</td><td>云计算</td><td>178856</td></tr>
            <tr><td>3</td><td>物联网</td><td>122376</td></tr>
        </table>
    </body>
</html>
```

使用浏览器（如 IE、Firefox 等）打开这个网页文件，就会看到图 3-2 所示的网页内容。

排名	关键词	搜索指数
1	大数据	187767
2	云计算	178856
3	物联网	122376

图 3-2　网页文件显示效果

3.2.2　HTTP

超文本传输协议（Hypertext Transfer Protocol，HTTP）是由万维网协会（World Wide Web Consortium，WWWC）和互联网工程任务组（Internet Engineering Task Force，IETF）共同制定的规范。HTTP 用于从网络传输超文本数据到本地浏览器，它能保证高效而准确地传输超文本内容。

HTTP 是基于"客户端/服务器"架构进行通信的，HTTP 的服务器实现程序有 httpd、nginx 等，客户端的实现程序主要是 Web 浏览器，如 Firefox、Chrome、Safari、Opera 等。Web 浏览器和 Web 服务器之间可以通过 HTTP 进行通信。

一个典型的 HTTP 请求过程包括以下几个步骤，示意图如图 3-3 所示。

（1）用户在浏览器中输入网址，浏览器向 Web 服务器发起请求。

（2）Web 服务器接收用户访问请求，处理请求，产生响应（即把处理结果以 HTML 形式发送给浏览器）。

（3）浏览器接收来自 Web 服务器的 HTML 内容，进行渲染以后展示给用户。

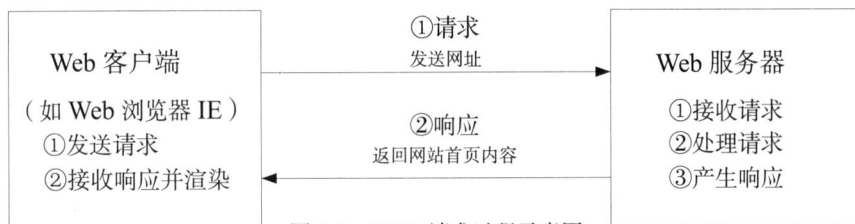

图 3-3　HTTP 请求过程示意图

3.3　用 Python 实现 HTTP 请求

在网络数据采集中，读取 URL、下载网页是网络爬虫必备而又关键的功能，而这两个功能都离不开 HTTP。本节介绍用 Python 实现 HTTP 请求的 3 种常见方式：urllib 模块、urllib3 模块和 requests 模块。

3.3.1　urllib 模块

urllib 是 Python 自带模块，该模块提供了一个 urlopen( )方法，通过该方法可指定 URL，发送 HTTP 请求来获取数据。urllib 有多个子模块，子模块名称与功能如表 3-1 所示。

表 3-1　　　　　　　　　　　　　　urllib 的子模块名称与功能

子模块名称	功能
urllib.request	该模块定义了打开 URL（主要是 HTTP）的方法和类，如身份验证、重定向和 Cookie 等
urllib.error	该模块主要包含异常类，基本的异常类是 URLError
urllib.parse	该模块定义的功能分为 URL 解析和 URL 引用两大类
urllib.robotparser	该模块用于解析 robots.txt 文件

下面是通过 urllib.request 子模块实现发送 GET 请求获取网页内容的实例：

```
>>> import urllib.request
>>> response=urllib.request.urlopen("http://www.*****.com")
>>> html=response.read()
>>> print(html)
```

下面是通过 urllib.request 子模块实现发送 POST 请求获取网页内容的实例：

```
>>> import urllib.parse
>>> import urllib.request
>>> #1.指定 url
>>> url = 'https://fanyi.*****.com/sug'
>>> #2.发起 POST 请求之前，要处理 POST 请求携带的参数
>>> #(1)将 POST 请求封装到字典
>>> data = {'kw':'苹果',}
>>> #(2)使用 parse 子模块中的 urlencode（返回值类型是字符串类型）进行编码处理
>>> data = urllib.parse.urlencode(data)
>>> #将步骤(2)的编码结果转换成 byte 类型
```

```
>>> data = data.encode()
>>> #3.发起 POST 请求：urlopen()函数的 data 参数表示的就是经过处理之后的 POST 请求携带的参数
>>> response = urllib.request.urlopen(url=url,data=data)
>>> data = response.read()
>>> print(data)
b'{"errno":0,"data":[{"k":"\\u82f9\\u679c","v":"\\u540d.
        apple"},{"k":"\\u82f9\\u679c\\u56ed","v":"apple grove"},
        {"k":"\\u82f9\\u679c\\u5934","v":"apple head"},
        {"k":"\\u82f9\\u679c\\u5e72","v":"[\\u533b]dried apple"},
        {"k":"\\u82f9\\u679c\\u6728","v":"applewood"}]}'
```

把上面 print(data)的执行结果拿到 JSON 在线格式校验网站进行处理，使用"Unicode 转中文"功能可以得到以下结果：

```
b'{"errno":0,"data":[{"k":"\苹\果","v":"\名. apple"},{"k":"\苹\果\园","v":" apple grove"},
{"k":"\苹\果\头", "v":"apple head"},{"k":"\苹\果\干","v":"[\医]dried apple"},{"k":"\苹\果\木",
"v":"applewood"}]}'
```

3.3.2　urllib3 模块

urllib3 是一个功能强大、条理清晰、用于 HTTP 客户端的 Python 库，Python 的许多原生系统已经开始使用 urllib3。urllib3 提供了很多 Python 标准库里所没有的重要特性，包括线程安全、连接池、客户端 SSL/TLS 验证、文件分部编码上传、协助处理重复请求和 HTTP 重定位、支持压缩编码、支持 HTTP 和 SOCKS 代理、100%测试覆盖率等。

在使用 urllib3 之前，需要在 Ubuntu 系统中打开一个终端，使用以下命令进行安装：

```
$ pip install urllib3
```

下面是通过 GET 请求获取网页内容的实例：

```
>>> import urllib3
>>> #需要一个 PoolManager 实例来生成请求，由该实例对象处理与线程池的连接及线程安全的所有细节，不
需要任何人为操作
>>> http = urllib3.PoolManager()
>>> response = http.request('GET','http://www.*****.com')
>>> print(response.status)
>>> print(response.data)
```

下面是通过 POST 请求获取网页内容的实例：

```
>>> import urllib3
>>> http = urllib3.PoolManager()
>>> response = http.request('POST',
                'https://fanyi.*****.com/sug',
                fields={'kw':'苹果',})
>>> print(response.data)
```

3.3.3　requests 模块

requests 是一个非常好用的 HTTP 请求库，可用于网络请求和网络爬虫等。

在使用 requests 之前，需要在 Ubuntu 系统中打开一个终端，使用以下命令进行安装：

```
$ pip install requests
```

当我们使用 requests 模块向一个网页发起请求后，其会返回一个 HttpResponse 响应对象，该对象具有表 3-2 所示的常见属性。

表 3-2　　　　　　　　　　　　　　HttpResponse 响应对象的常见属性

常见属性	说明
encoding	查看或指定响应字符编码
status_code	返回 HTTP 响应码
url	查看请求的 URL 地址
headers	查看请求头信息
cookies	查看 Cookie 信息
text	以字符串形式输出
content	以字节流形式输出（若要保存下载的图片，则需要使用该属性）

以 GET 请求方式为例，输出多种请求信息的代码如下：

```
>>> import requests
>>> response = requests.get('http://www.*****.com')        #对需要爬取的网页发送请求
>>> print('状态码:',response.status_code)                    #输出状态码
>>> print('url:',response.url)                              #输出请求 url
>>> print('header:',response.headers)                       #输出头部信息
>>> print('cookie:',response.cookies)                       #输出 cookie 信息
>>> print('text:',response.text)                            #以文本形式输出网页源代码
>>> print('content:',response.content)                      #以字节流形式输出网页源代码
```

以 POST 请求方式发送 HTTP 网页请求的示例代码如下：

```
>>> #导入模块
>>> import requests
>>> #表单参数
>>> data = {'kw':'苹果',}
>>> #对需要爬取的网页发送请求
>>> response = requests.post('https://fanyi.baidu.com/sug',data=data)
>>> #以字节流形式输出网页源代码
>>> print(response.content)
```

3.4　定制 requests

通过前面的学习，我们已经可以爬取网页的 HTML 代码数据了，但有时候需要对 requests 进行相关设置才能顺利获取我们需要的数据，包括传递 URL 参数、定制请求头和网络超时处理等。

3.4.1　传递 URL 参数

为了请求特定的数据，我们需要在 URL 的查询字符串中加入一些特定数据。这些数据一般会跟在一个问号后面，并且以键值对的形式放在 URL 中。在 requests 中，我们可以直接把这些参数保存在字典里，用 params 构建到 URL 中。具体实例如下：

```
>>> import requests
>>> base_url = 'http://http***.org'
```

```
>>> param_data = {'user':'xmu','password':'123456'}
>>> response = requests.get(base_url+'/get',params=param_data)
>>> print(response.url)
http://http***.org/get?user=xmu&password=123456
>>> print(response.status_code)
200
```

3.4.2   定制请求头

在爬取网页的时候，输出的信息中有时会出现"抱歉，无法访问"等文字，这就是禁止爬取，需要通过定制请求头 Headers 来解决这个问题。定制 Headers 是解决 requests 请求被拒绝的方法之一，相当于我们进入这个网页的服务器，假装自己本身在爬取数据。请求头 Headers 提供了关于请求、响应或其他发送实体的消息，如果没有定制请求头或请求的请求头和实际网页不一致，就可能无法返回正确的结果。

Headers 中有很多内容，常用的是"User-Agent"和"Host"，它们是以键值对的形式呈现的，如果把"User-Agent"以字典键值对形式作为 Headers 的内容，往往就可以顺利爬取网页内容。

User-Agent 是 HTTP 请求头中的一部分，用于标识发送请求的客户端应用或设备，它包含关于客户端的信息，如操作系统、浏览器、设备型号等。通过解析 User-Agent 关键词，服务器可以根据客户端的特征，提供适合的响应内容，或者进行设备兼容性的优化。User-Agent 也可以用于安全验证和防止恶意行为。User-Agent 校验是一种常见的反爬虫手段，通过检测请求头中的 User-Agent 字段来识别和拒绝来自网络爬虫的请求。许多网站使用 User-Agent 校验来防止未经授权的爬取和数据抓取。为了绕过这种反爬机制，可以使用模拟 User-Agent 的方法，在编写代码时，可以在代码中模拟常见的浏览器 User-Agent，这样网络爬虫发出的请求头中的 User-Agent 就会与真实用户发出的请求相似，从而顺利爬取网页内容。

下面是添加了 Headers 信息的网页请求代码：

```
>>>import requests
>>>url='http://http***.org'
>>>#创建头部信息
>>>headers={'User-Agent':'Mozilla/5.0 (X11; U; Linux x86_64; zh-CN; rv:1.9.2.10)
Gecko/20100922 Ubuntu/10.10 (maverick) Firefox/3.6.10'}
>>>response=requests.get(url,headers=headers)
>>>print(response.content)
```

3.4.3   网络超时处理

网络请求难免遇上请求超时的情况，此时，网络数据采集程序会一直运行等待进程，导致网络数据采集程序不能很好地顺利执行。因此，可以为 requests 的 timeout 参数设定等待秒数，如果服务器在指定时间内没有应答就返回异常。示例代码如下：

```
#time_out.py
import requests
from requests.exceptions import ReadTimeout,ConnectTimeout
try:
    response=requests.get("http://www.*****.com",timeout=0.5)
    print(response.status_code)
except ReadTimeout or ConnectTimeout:
    print('Timeout')
```

3.5　解析网页

爬取到一个网页之后，需要对网页数据进行解析，才能获得我们需要的数据内容。BeautifulSoup 是一个 HTML/XML 解析器，主要功能是解析和提取 HTML/XML 数据。本节对BeautifulSoup 进行详细介绍。

3.5.1　BeautifulSoup 简介

BeautifulSoup 提供一些简单的、Python 式的函数来处理导航、搜索、修改分析树等。BeautifulSoup 通过解析文档为用户提供需要抓取的数据，因为方法简单，所以不需要太多代码，用户就可以写出一个完整的应用程序。BeautifulSoup 自动将输入文档转换为 Unicode 编码，将输出文档转换为 UTF-8 编码。BeautifulSoup3 已经停止开发，目前推荐使用 BeautifulSoup4，不过它已经被移植到 bs4 库中了，所以在使用 BeautifulSoup4 之前，需要安装 bs4 库，命令如下：

```
$ pip install bs4
```

使用 BeautifulSoup 解析 HTML 文档比较简单，API 非常人性化，支持 CSS 选择器、Python标准库的 HTML 解析器，也支持 lxml 库的 XML 解析器和 HTML 解析器，此外还支持 html5lib解析器。表 3-3 列出了不同解析器的优缺点。

表 3-3　　　　　　　　　　　　　不同解析器的优缺点

解析器	用法	优点	缺点
Python 标准库的 HTML 解析器	BeautifulSoup(markup,"html.parser")	Python 标准库；执行速度适中	文档容错能力差
lxml 库的 HTML 解析器	BeautifulSoup(markup,"lxml")	速度快；文档容错能力强	需要安装 C 语言库
lxml 库的 XML 解析器	BeautifulSoup(markup, "lxml-xml"), BeautifulSoup(markup,"xml")	速度快；唯一支持 XML 的解析器	需要安装 C 语言库
html5lib 解析器	BeautifulSoup(markup, "html5lib")	兼容性好；以浏览器的方式解析文档；生成 HTML5 格式的文档	速度慢，不依赖外部扩展

总体而言，如果需要快速解析网页，建议使用 lxml 库的解析器；如果使用的 Python 2.x 是 2.7.3之前的版本，或者使用的 Python 3.x 是 3.2.2 之前的版本，则必须使用 html5lib 解析器或 lxml 库的解析器，因为 Python 内建的 HTML 解析器不能很好地适应这些老版本。

下面给出一个 BeautifulSoup 解析网页的简单实例，其中使用了 lxml 库的解析器。在使用之前，需要执行以下命令安装 lxml 库：

```
$ pip install lxml
```

下面是实例代码：

```
>>> html_doc = """
<html><head><title>BigData Software</title></head>
```

```
<p class="title"><b>BigData Software</b></p>
<p class="bigdata">There are three famous bigdata softwares; and their names are
    <a href="http://example.com/hadoop" class="software" id="link1">Hadoop</a>,
    <a href="http://example.com/spark" class="software" id="link2">Spark</a> and
    <a href="http://example.com/flink" class="software" id="link3">Flink</a>;
    and they are widely used in real applications.</p>
<p class="bigdata">…</p>
"""
>>> from bs4 import BeautifulSoup
>>> soup = BeautifulSoup(html_doc,"lxml")
>>> content = soup.prettify()
>>> print(content)
<html>
 <head>
  <title>
   BigData Software
  </title>
 </head>
 <body>
  <p class="title">
   <b>
    BigData Software
   </b>
  </p>
  <p class="bigdata">
   There are three famous bigdata softwares; and their names are
   <a class="software" href="http://example.com/hadoop" id="link1">
    Hadoop
   </a>,
   <a class="software" href="http://example.com/spark" id="link2">
    Spark
   </a>
   and
   <a class="software" href="http://example.com/flink" id="link3">
    Flink
   </a>;
   and they are widely used in real applications.
  </p>
  <p class="bigdata">
   ...
  </p>
 </body>
</html>
```

如果要更换解析器，比如要使用 Python 标准库的解析器，把上面的"soup = BeautifulSoup
(html_doc,"lxml")"这行代码替换成以下代码即可：

```
soup = BeautifulSoup(html_doc,"html.parser")
```

3.5.2　BeautifulSoup 四大对象

BeautifulSoup 将复杂的 HTML 文档转换成一个复杂的树形结构，每个节点都是 Python 对象，
所有对象可以归纳为 Tag 对象、NavigableString 对象、BeautifulSoup 对象、Comment 对象四大类。

1. Tag 对象

Tag 对象就是 HTML 中的标签及其包含的内容，例如：

```
<title>BigData Software</title>
<a href="http://example.com/hadoop" class="software" id="link1">Hadoop</a>
```

上面的<title></title>、<a></a>等标签加上里面包含的内容就是 Tag 对象。用 soup 加标签名可以轻松地获取这些标签的内容。作为演示，我们继续执行以下代码：

```
>>> print(soup.a)
<a class="software" href="http://example.com/hadoop" id="link1">Hadoop</a>
>>> print(soup.title)
<title>BigData Software</title>
```

Tag 对象有两个重要的属性，即 name 属性和 attrs 属性。下面继续执行代码：

```
>>> print(soup.name)
[document]
>>> print(soup.p.attrs)
{'class': ['title']}
```

如果想要单独获取某个属性的值，比如要获取 class 属性的值，可以执行以下代码：

```
>>> print(soup.p['class'])
['title']
```

还可以利用 get( )方法获取属性的值，代码如下：

```
>>> print(soup.p.get('class'))
['title']
```

2．NavigableString 对象

NavigableString 对象用于操纵字符串。在已经通过网页解析得到标签的内容后，如果想获取标签内部的文字，则可以使用.string 属性，其返回值就是一个 NavigableString 对象。具体实例如下：

```
>>> print(soup.p.string)
BigData Software
>>> print(type(soup.p.string))
<class 'bs4.element.NavigableString'>
```

3．BeautifulSoup 对象

BeautifulSoup 对象表示的是一个文档的全部内容，大部分时候，可以把它当作一个特殊的 Tag 对象。例如，使用以下代码可以获取它的类型、名称及属性：

```
>>> print(type(soup.name))
<class 'str'>
>>> print(soup.name)
[document]
>>> print(soup.attrs)
{}
```

4．Comment 对象

Comment 对象是一种特殊类型的 NavigableString 对象，其输出内容不包括注释符号（如果处理不好，可能会给文本处理造成意想不到的麻烦）。为了演示 Comment 对象，这里重新创建一个代码文件 bs4_example.py：

```
#bs4_example.py
html_doc = """
<html><head><title>The Dormouse's story</title></head>
<p class="title"><b>The Dormouse's story</b></p>
<p class="story">Once upon a time there were three little sisters; and their names
were
    <a href="http://example.com/elsie" class="sister" id="link1"><!-- Elsie --></a>,
    <a href="http://example.com/lacie" class="sister" id="link2">Lacie</a> and
```

```
        <a href="http://example.com/tillie" class="sister" id="link3">Tillie</a>;
        and they lived at the bottom of a well.</p>
<p class="story">…</p>
"""
from bs4 import BeautifulSoup
soup = BeautifulSoup(html_doc,"lxml")
print(soup.a)
print(soup.a.string)
print(type(soup.a.string))
```

该代码文件的执行结果如下：

```
<a class="sister" href="http://example.com/elsie" id="link1"><!-- Elsie --></a>
Elsie
<class 'bs4.element.Comment'>
```

从上面的执行结果可以看出，`<a></a>`标签里的内容"`<!-- Elsie -->`"实际上是注释，但是使用语句 print(soup.a.string)输出它的内容后会发现，注释符号被去掉了，只输出了"Elsie"，这可能会给我们带来不必要的麻烦。另外，输出它的类型时，我们发现它是 Comment 类型。

通过上面的介绍，我们已经了解了 BeautifulSoup 的基本概念，现在的问题：如何从 HTML 中找到我们关心的数据？BeautifulSoup 提供了两种方式：一种是遍历文档树；另一种是搜索文档树。我们通常把二者结合起来以完成查找任务。

3.5.3 遍历文档树

遍历文档树就是从根节点`<html></html>`标签开始遍历，直到找到目标元素为止。

1. 直接子节点

（1）.contents 属性

Tag 对象的.contents 属性可以将某个 Tag 对象的子节点以列表的方式输出，当然，列表会允许用索引的方式来获取列表中的元素。下面是示例代码：

```
>>> html_doc = """
<html><head><title>BigData Software</title></head>
<p class="title"><b>BigData Software</b></p>
<p class="bigdata">There are three famous bigdata softwares; and their names are
    <a href="http://example.com/hadoop" class="software" id="link1">Hadoop</a>,
    <a href="http://example.com/spark" class="software" id="link2">Spark</a> and
    <a href="http://example.com/flink" class="software" id="link3">Flink</a>;
    and they are widely used in real applications.</p>
<p class="bigdata">…</p>
"""
>>> from bs4 import BeautifulSoup
>>> soup = BeautifulSoup(html_doc,"lxml")
>>> print(soup.body.contents)
[<p class="title"><b>BigData Software</b></p>, '\n', <p class="bigdata">There are
three famous bigdata softwares; and their names are
    <a class="software" href="http://example.com/hadoop" id="link1">Hadoop</a>,
    <a class="software" href="http://example.com/spark" id="link2">Spark</a> and
    <a class="software" href="http://example.com/flink" id="link3">Flink</a>;
    and they are widely used in real applications.</p>, '\n', <p class="bigdata">
…</p>, '\n']
```

可以使用索引的方式来获取列表中的元素，代码如下：

```
>>> print(soup.body.contents[0])
<p class="title"><b>BigData Software</b></p>
```

（2）.children 属性

Tag 对象的.children 属性是一个迭代器，可以使用 for 循环进行遍历，代码如下：

```
>>> for child in soup.body.children:
        print(child)
```

上面代码的执行结果如下：

```
<p class="title"><b>BigData Software</b></p>


<p class="bigdata">There are three famous bigdata softwares; and their names are
    <a class="software" href="http://example.com/hadoop" id="link1">Hadoop</a>,
    <a class="software" href="http://example.com/spark" id="link2">Spark</a> and
    <a class="software" href="http://example.com/flink" id="link3">Flink</a>;
    and they are widely used in real applications.</p>


<p class="bigdata">…</p>
```

2. 所有子孙节点

在获取所有子孙节点时，可以使用.descendants 属性。与 Tag 对象的.children 属性和.contents 属性仅包含 Tag 对象的直接子节点不同，该属性是将 Tag 对象的所有子孙节点进行递归循环，然后得到生成器。示例代码如下：

```
>>>for child in soup.descendants:
        print(child)
```

上面代码的执行结果较长，因此这里没有给出。在执行结果中可以发现，所有的节点都被输出出来了，先生成最外层的<html></html>标签，再从<head></head>标签一个个剥离，依次类推。

3. 节点内容

（1）Tag 对象内没有标签的情况

```
>>> print(soup.title)
<title>BigData Software</title>
>>> print(soup.title.string)
BigData Software
```

（2）Tag 对象内有一对标签的情况

```
>>> print(soup.head)
<head><title>BigData Software</title></head>
>>> print(soup.head.string)
BigData Software
```

（3）Tag 对象内有多对标签的情况

```
>>> print(soup.body)
<body><p class="title"><b>BigData Software</b></p>
<p class="bigdata">There are three famous bigdata softwares; and their names are
    <a class="software" href="http://example.com/hadoop" id="link1">Hadoop</a>,
    <a class="software" href="http://example.com/spark" id="link2">Spark</a> and
    <a class="software" href="http://example.com/flink" id="link3">Flink</a>;
    and they are widely used in real applications.</p>
<p class="bigdata">…</p>
</body>
```

从上面的执行结果中可以看出，<body></body>标签包含多对<p></p>标签，这时如果使用.string 属性获取子节点内容，就会返回 None，代码如下：

```
>>> print(soup.body.string)
None
```

也就是说，如果 Tag 对象包含多个子节点，就无法确定.string 属性应该调用哪个子节点的内容，因此，.string 属性的输出结果是 None。这时应该使用.strings 属性或.stripped_strings 属性，它们获得的都是一个生成器。示例代码如下：

```
>>> print(soup.strings)
<generator object Tag._all_strings at 0x0000000002C4D190>
```

可以用 for 循环对生成器进行遍历，代码如下：

```
>>> for string in soup.strings:
        print(repr(string))
```

上面代码的执行结果如下：

```
'BigData Software'
'\n'
'BigData Software'
'\n'
'There are three famous bigdata softwares; and their names are\n'
'Hadoop'
',\n'
'Spark'
' and\n'
'Flink'
';\nand they are widely used in real applications.'
'\n'
'...'
'\n'
```

使用 Tag 对象的.stripped_strings 属性，可以获得去掉空白行的标签内的众多内容，示例代码如下：

```
>>> for string in soup.stripped_strings:
        print(string)
```

上面代码的执行结果如下：

```
BigData Software
BigData Software
There are three famous bigdata softwares; and their names are
Hadoop
,
Spark
and
Flink
;
and they are widely used in real applications.
...
```

4. 直接父节点

使用 Tag 对象的.parent 属性可以获得父节点，使用 Tag 对象的.parents 属性可以获得从父节点到根节点的所有节点。

下面输出的是<p></p>标签的父节点：

```
>>> p = soup.p
>>> print(p.parent.name)
Body
```

下面输出的是标题内容的父节点：

```
>>> content = soup.head.title.string
>>> print(content)
BigData Software
>>> print(content.parent.name)
title
```

使用 Tag 对象的.parents 属性，得到的也是一个生成器，代码如下：

```
>>> content = soup.head.title.string
>>> print(content)
BigData Software
>>> for parent in content.parents:
            print(parent.name)
```

上面代码中最后两行语句的执行结果如下：

```
title
head
html
[document]
```

5. 兄弟节点

可以使用 Tag 对象的.next_sibling 属性和.previous_sibling 属性分别获取下一个兄弟节点和上一个兄弟节点。需要注意的是，实际文档中 Tag 对象的.next_sibling 属性和.previous_sibling 属性通常是字符串或空白串（空白串和换行符也可以被视作节点）。示例代码如下：

```
>>> print(soup.p.next_sibling)
#此处返回空白串
>>> print(soup.p.previous_sibling)
None    #没有前一个兄弟节点，返回 None
>>> print(soup.p.next_sibling.next_sibling)
```

上面代码中最后一行语句的执行结果如下：

```
<p class="bigdata">There are three famous bigdata softwares; and their names are
    <a class="software" href="http://example.com/hadoop" id="link1">Hadoop</a>,
    <a class="software" href="http://example.com/spark" id="link2">Spark</a> and
    <a class="software" href="http://example.com/flink" id="link3">Flink</a>;
    and they are widely used in real applications.</p>
```

6. 全部兄弟节点

可以使用 Tag 对象的.next_siblings 属性和.previous_siblings 属性对当前的兄弟节点迭代输出。示例代码如下：

```
>>> for next in soup.a.next_siblings:
            print(repr(next))
```

上面代码的执行结果如下：

```
',\n'
<a class="software" href="http://example.com/spark" id="link2">Spark</a>
' and\n'
```

```
<a class="software" href="http://example.com/flink" id="link3">Flink</a>
';\nand they are widely used in real applications.'
```

7. 前后节点

Tag 对象的.next_element 属性和.previous_element 属性用于获得不分层次的前后元素。示例代码如下：

```
>>> print(soup.head.next_element)
<title>BigData Software</title>
```

8. 所有前后节点

使用 Tag 对象的.next_elements 属性和.previous_elements 属性可以向前或向后解析文档内容。示例代码如下：

```
>>> for element in soup.a.next_elements:
        print(repr(element))
```

上面代码的执行结果如下：

```
'Hadoop'
',\n'
<a class="software" href="http://example.com/spark" id="link2">Spark</a>
'Spark'
' and\n'
<a class="software" href="http://example.com/flink" id="link3">Flink</a>
'Flink'
';\nand they are widely used in real applications.'
'\n'
<p class="bigdata">…</p>
'...'

'\n'
```

3.5.4　搜索文档树

搜索文档树是通过指定标签名来搜索元素的，另外还可以通过指定标签的属性值来精确定位某节点元素。最常用的两个方法就是 find_all( )和 find( )，这两个方法在 BeatifulSoup 对象和 Tag 对象上都可以被调用。

1. find_all( )

find_all( )方法用于搜索当前 Tag 对象的所有子节点，并判断是否符合过滤器的条件。其原型如下：

```
find_all(name=None, attrs={}, recursive=True, string=None, limit=None, **kwargs)
```

find_all( )的返回值是一个 Tag 对象列表，方法调用非常灵活，所有的参数都是可选的。

（1）name 参数

name 参数用于查找所有名字为 name 的 Tag 对象，字符串对象会被自动忽略。

① 传入字符串

查找所有名字为 a 的 Tag 对象，示例代码如下：

```
>>> print(soup.find_all('a'))
[<a class="software" href="http://example.com/hadoop" id="link1">Hadoop</a>,
<a class="software" href="http://example.com/spark" id="link2">Spark</a>,
<a class="software" href="http://example.com/flink" id="link3">Flink</a>]
```

② 传入正则表达式

如果传入正则表达式作为参数，BeautifulSoup 会通过正则表达式的 match( )来匹配内容。下面代码的功能是找出所有以 b 开头的标签，这表示<body>标签和<b>标签都应该被找到。

```
>>> import re
>>> for tag in soup.find_all(re.compile("^b")):
            print(tag)
```

上面代码的执行结果如下：

```
<body><p class="title"><b>BigData Software</b></p>
<p class="bigdata">There are three famous bigdata softwares; and their names are
    <a class="software" href="http://example.com/hadoop" id="link1">Hadoop</a>,
    <a class="software" href="http://example.com/spark" id="link2">Spark</a> and
    <a class="software" href="http://example.com/flink" id="link3">Flink</a>;
    and they are widely used in real applications.</p>
<p class="bigdata">…</p>
</body>
<b>BigData Software</b>
```

③ 传入列表

如果传入的参数是列表，BeautifulSoup 会将与列表中任一元素匹配的内容返回。下面代码的功能是找到文档中所有<a>标签和<b>标签。

```
>>> print(soup.find_all(["a", "b"]))
[<b>BigData Software</b>, <a class="software" href="http://example.com/hadoop"
id="link1">Hadoop</a>, <a class="software" href="http://example.com/spark"
id="link2">Spark</a>, <a class="software" href="http://example.com/flink"
id="link3">Flink</a>]
```

④ 传入 True

传入 True 可以找到所有的标签。下面代码的功能是在文档树中查找所有包含 id 属性的标签，无论 id 的值是什么。

```
>>> print(soup.find_all(id=True))
[<a class="software" href="http://example.com/hadoop" id="link1">Hadoop</a>,
<a class="software" href="http://example.com/spark" id="link2">Spark</a>,
<a class="software" href="http://example.com/flink" id="link3">Flink</a>]
```

⑤ 传入方法

如果没有合适的过滤器，那么可以定义一个方法。方法只接受一个元素参数，如果这个方法返回 True，则表示当前元素匹配且标签被找到；否则返回 False。下面代码中的方法对当前元素进行校验，如果其包含 class 属性却不包含 id 属性，那么将返回 True。

```
>>> def has_class_but_no_id(tag):
            return tag.has_attr('class') and not tag.has_attr('id')
```

将这个方法作为参数传入 find_all( )方法，将得到所有 p 标签，代码如下：

```
>>> print(soup.find_all(has_class_but_no_id))
[<p class="title"><b>BigData Software</b></p>, <p class="bigdata">There are three
famous bigdata softwares; and their names are
<a class="software" href="http://example.com/hadoop" id="link1">Hadoop</a>,
<a class="software" href="http://example.com/spark" id="link2">Spark</a> and
<a class="software" href="http://example.com/flink" id="link3">Flink</a>;
and they are widely used in real applications.</p>, <p class="bigdata">…</p>]
```

（2）keyword 参数

通过 name 参数可搜索标签名称，如 a、head、title 等。如果要通过标签内属性的值来搜索，则要通过键值对的形式来指定，示例代码如下：

```
>>> import re
>>> print(soup.find_all(id='link2'))
[<a class="software" href="http://example.com/spark" id="link2">Spark</a>]
>>> print(soup.find_all(href=re.compile("spark")))
[<a class="software" href="http://example.com/spark" id="link2">Spark</a>]
```

使用多个 keyword 参数可以同时过滤 Tag 对象的多个属性，示例代码如下：

```
>>> soup.find_all(href=re.compile("hadoop"), id='link1')
[<a class="software" href="http://example.com/hadoop" id="link1">Hadoop</a>]
```

如果指定的 key 是 Python 的关键词，则后面需要加下画线，示例代码如下：

```
>>> print(soup.find_all(class_="software"))
[<a class="software" href="http://example.com/hadoop" id="link1">Hadoop</a>,
<a class="software" href="http://example.com/spark" id="link2">Spark</a>,
<a class="software" href="http://example.com/flink" id="link3">Flink</a>]
```

也可以寻找指定的标签，示例代码如下：

```
>>> print(soup.find_all("a",class_="software"))
[<a class="software" href="http://example.com/hadoop" id="link1">Hadoop</a>,
<a class="software" href="http://example.com/spark" id="link2">Spark</a>,
<a class="software" href="http://example.com/flink" id="link3">Flink</a>]
>>> print(soup.find_all("a",id="link1"))
[<a class="software" href="http://example.com/hadoop" id="link1">Hadoop</a>]
```

还可以采用大括号的形式，示例代码如下：

```
>>>print(soup.find_all("a",{"class":"software"}))
[<a class="software" href="http://example.com/hadoop" id="link1">Hadoop</a>,
<a class="software" href="http://example.com/spark" id="link2">Spark</a>,
<a class="software" href="http://example.com/flink" id="link3">Flink</a>]
>>> print(soup.find_all("a",{"id":"link1"}))
[<a class="software" href="http://example.com/hadoop" id="link1">Hadoop</a>]
```

（3）text 参数

text 参数的作用和 name 参数类似，但是 text 参数的搜索范围是文档中的字符串内容（不包含注释），并要求完全匹配，当然也接受正则表达式、列表、True。示例代码如下：

```
>>> import re
>>> print(soup.a)
<a class="software" href="http://example.com/hadoop" id="link1">Hadoop</a>
>>> print(soup.find_all(text="Hadoop"))
['Hadoop']
>>> print(soup.find_all(text=["Hadoop", "Spark", "Flink"]))
['Hadoop', 'Spark', 'Flink']
>>> print(soup.find_all(text="bigdata"))
[]
>>> print(soup.find_all(text="BigData Software"))
['BigData Software', 'BigData Software']
>>> print(soup.find_all(text=re.compile("bigdata")))
['There are three famous bigdata softwares; and their names are\n']
```

（4）limit 参数

可以通过 limit 参数来限制使用 name 属性或 attrs 属性过滤出来的条目的数量。示例代码如下：

```
>>> print(soup.find_all("a"))
[<a class="software" href="http://example.com/hadoop" id="link1">Hadoop</a>,
<a class="software" href="http://example.com/spark" id="link2">Spark</a>,
<a class="software" href="http://example.com/flink" id="link3">Flink</a>]
>>> print(soup.find_all("a",limit=2))
[<a class="software" href="http://example.com/hadoop" id="link1">Hadoop</a>,
<a class="software" href="http://example.com/spark" id="link2">Spark</a>]
```

（5）recursive 参数

调用 Tag 对象的 find_all( )方法时，BeautifulSoup 会检索当前 Tag 对象的所有子孙节点，如果只想搜索 Tag 对象的直接子节点，可以使用参数 recursive=False。示例代码如下：

```
>>> print(soup.body.find_all("a",recursive=False))
[]
```

在这个例子中，<a></a>标签都是在<p></p>标签内的，所以在 body 的直接子节点下搜索<a>标签是无法匹配到<a>标签的。

2. find( )

find( )与 find_all( )的区别是，find_all( )将所有匹配的条目组合成一个列表，而 find( )仅返回第一个匹配的条目。除此以外，二者的用法相同。

3.5.5 CSS 选择器

BeautifulSoup 支持大部分的 CSS 选择器，在 Tag 对象或 BeautifulSoup 对象的 select( )方法中传入字符串参数，即可使用 CSS 选择器的语法找到标签。

（1）通过标签名查找

```
>>> print(soup.select('title'))
[<title>BigData Software</title>]
>>> print(soup.select('a'))
[<a class="software" href="http://example.com/hadoop" id="link1">Hadoop</a>,
<a class="software" href="http://example.com/spark" id="link2">Spark</a>,
<a class="software" href="http://example.com/flink" id="link3">Flink</a>]
>>> print(soup.select('b'))
[<b>BigData Software</b>]
```

（2）通过类名查找

```
>>> print(soup.select('.software'))
[<a class="software" href="http://example.com/hadoop" id="link1">Hadoop</a>,
<a class="software" href="http://example.com/spark" id="link2">Spark</a>,
<a class="software" href="http://example.com/flink" id="link3">Flink</a>]
```

（3）通过 id 名查找

```
>>> print(soup.select('#link1'))
[<a class="software" href="http://example.com/hadoop" id="link1">Hadoop</a>]
```

（4）组合查找

```
>>> print(soup.select('p #link1'))
[<a class="software" href="http://example.com/hadoop" id="link1">Hadoop</a>]
>>> print(soup.select("head > title"))
```

```
[<title>BigData Software</title>]
>>> print(soup.select("p > a:nth-of-type(1)"))
[<a class="software" href="http://example.com/hadoop" id="link1">Hadoop</a>]
>>> print(soup.select("p > a:nth-of-type(2)"))
[<a class="software" href="http://example.com/spark" id="link2">Spark</a>]
>>> print(soup.select("p > a:nth-of-type(3)"))
[<a class="software" href="http://example.com/flink" id="link3">Flink</a>]
```

在上面的语句中，""p > a:nth-of-type(2)""的含义：a 元素是某个父元素 p 的子元素，选择子元素 a，并且子元素 a 必须是其父元素 p 下的第二个 a 元素。

（5）属性查找

查找时还可以加入属性。属性需要用方括号括起来。注意：属性和标签属于同一节点，所以中间不能加空格，否则无法匹配到。示例代码如下。

```
>>> print(soup.select('a[class="software"]'))
[<a class="software" href="http://example.com/hadoop" id="link1">Hadoop</a>,
<a class="software" href="http://example.com/spark" id="link2">Spark</a>,
<a class="software" href="http://example.com/flink" id="link3">Flink</a>]
>>> print(soup.select('a[href="http://example.com/hadoop"]'))
[<a class="software" href="http://example.com/hadoop" id="link1">Hadoop</a>]
>>> print(soup.select('p a[href="http://example.com/hadoop"]'))
[<a class="software" href="http://example.com/hadoop" id="link1">Hadoop</a>]
```

以上代码中的 select( )方法返回的结果都是列表形式，也可以以遍历的形式输出，然后用 get_text( )方法来获取它的内容。示例代码如下：

```
>>> print(type(soup.select('title')))
<class 'bs4.element.ResultSet'>
>>> print(soup.select('title')[0].get_text())
BigData Software
>>> for title in soup.select('title'):
        print(title.get_text())
```

上面代码中最后两行语句的执行结果如下：

```
BigData Software
```

3.6　综合实例

为了帮助读者深化对前面知识的理解，这里给出 4 个综合实例：采集网页数据保存到文本文件、采集网页数据保存到 MySQL 数据库、采集网页数据保存到 MongoDB 数据库、采集网页数据保存到 Redis 数据库。

3.6.1　实例1：采集网页数据保存到文本文件

访问古诗文网站，可看到图 3-4 所示的页面，页面上列出了很多名句。单击某一个名句，如"山有木兮木有枝，心悦君兮君不知"，就会出现完整的古诗，如图 3-5 所示。

下面编写网络爬虫程序，爬取名句页面的内容，保存到一个文本文件中；再爬取每个名句的完整古诗页面，把完整古诗保存到一个文本文件中。打开浏览器，访问要爬取的网页，然后在浏览器中查看网页源代码，找到诗句内容所在的位置，总结出它们共同的特征，接着就可以将它们

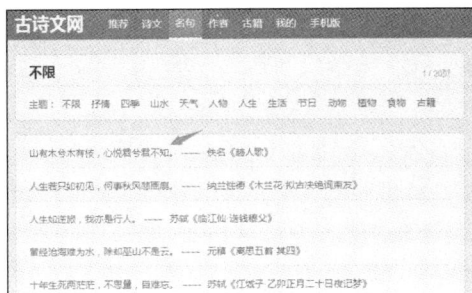

图 3-4　名句页面

图 3-5　完整古诗页面

全部提取出来了。具体实现代码如下：

```python
#crawl_poem.py
import requests
from bs4 import BeautifulSoup

#函数1：请求网页
def page_request(url, ua):
    response = requests.get(url, headers=ua)
    html = response.content.decode('utf-8')
    return html

#函数2：解析网页
def page_parse(html):
    soup = BeautifulSoup(html, 'lxml')
    title = soup('title')
    #诗句内容：诗句+出处+链接
    info = soup.select('body > div.main3 > div.left > div.sons > div.cont')
    #诗句链接
    sentence = soup.select('div.left > div.sons > div.cont > a:nth-of-type(1)')
    sentence_list = []
    href_list = []
    for i in range(len(info)):
        curInfo = info[i]
        poemInfo = ''
        poemInfo = poemInfo.join(curInfo.get_text().split('\n'))
        sentence_list.append(poemInfo)
        href = sentence[i].get('href')
        href_list.append("https://www.gushiwen.cn" + href)
    return [href_list, sentence_list]

def save_txt(info_list):
    import json
    with open(r'sentence.txt', 'a', encoding='utf-8') as txt_file:
        for element in info_list[1]:
            txt_file.write(json.dumps(element, ensure_ascii=False) + '\n\n')

#子网页处理函数：请求子网页
def sub_page_request(info_list):
    subpage_urls = info_list[0]
    ua = {
        'User-Agent': 'Mozilla/5.0 (Windows NT 6.1; WOW64) AppleWebKit/537.36 (KHTML,
```

97

```
like Gecko) Chrome/46.0.2490.86 Safari/537.36'}
        sub_html = []
        for url in subpage_urls:
            html = page_request(url, ua)
            sub_html.append(html)
        return sub_html

    #子网页处理函数：解析子网页，爬取诗句内容
    def sub_page_parse(sub_html):
        poem_list = []
        for html in sub_html:
            soup = BeautifulSoup(html, 'lxml')
            poem = soup.select('div.left > div.sons > div.cont > div.contson')
            if len(poem) == 0:
                continue
            poem = poem[0].get_text()
            poem_list.append(poem.strip())
        return poem_list

    #子网页处理函数：保存诗句到文本文件
    def sub_page_save(poem_list):
        import json
        with open(r'poems.txt', 'a', encoding='utf-8') as txt_file:
            for element in poem_list:
                txt_file.write(json.dumps(element, ensure_ascii=False) + '\n\n')

    if __name__ == '__main__':
        print("**************开始爬取古诗文网站******************")
        ua = {
            'User-Agent': 'Mozilla/5.0 (Windows NT 6.1; WOW64) AppleWebKit/537.36 (KHTML,
like Gecko) Chrome/46.0.2490.86 Safari/537.36'}
        poemCount = 0
        for i in range(1, 3):   #一共爬取2页
            url = 'https://www.gushiwen.cn/mingjus/default.aspx?page=%d' % i
            print(url)
            html = page_request(url, ua)
            info_list = page_parse(html)
            save_txt(info_list)
            #开始处理子网页
            print("开始解析第%d" % i + "页")
            #开始解析名句子网页
            sub_html = sub_page_request(info_list)
            poem_list = sub_page_parse(sub_html)
            sub_page_save(poem_list)
            poemCount += len(info_list[0])
        print("**************爬取完成*********************")
        print("共爬取%d" % poemCount + "个古诗词名句")
        print("共爬取%d" % poemCount + "首古诗词")
```

假设代码文件 crawl_poem.py 被保存在 Ubuntu 系统的 "/home/hadoop" 目录下，我们可以在该目录下执行以下命令来运行程序代码：

```
$cd /home/hadoop
$python3 crawl_poem.py
```

程序运行结束后，就可以在"/home/hadoop"目录下看到新生成的两个文件 sentence.txt 和 poems.txt，里面包含从网站爬取到的古诗词。我们可以使用 cat 命令来查看文件中的内容，示例如下：

```
$cd /home/hadoop
$cat sentence.txt
```

3.6.2　实例 2：采集网页数据保存到 MySQL 数据库

由于很多网站设计了反爬机制，会导致爬取网页失败，因此这里直接采集一个本地网页文件 web_demo.html，它被存放到"/home/hadoop"目录下，里面记录了不同关键词的搜索次数排名。其内容如下：

```
<html>
    <head><title>搜索次数</title></head>
    <body>
    <table>
        <tr><td>排名</td><td>关键词</td><td>搜索次数</td></tr>
        <tr><td>1</td><td>大数据</td><td>187767</td></tr>
        <tr><td>2</td><td>云计算</td><td>178856</td></tr>
        <tr><td>3</td><td>物联网</td><td>122376</td></tr>
    </table>
    </body>
</html>
```

进入 MySQL Shell 界面，执行以下 SQL 语句创建数据库和数据表：

```
mysql > CREATE DATABASE webdb;
mysql > USE webdb;
mysql > CREATE TABLE search_index(
    -> id int,
    -> keyword char(20),
    -> number int);
```

编写网络爬虫程序，读取网页内容进行解析，并把解析后的数据保存到 MySQL 数据库中，具体代码如下：

```
#html_to_mysql.py
import requests
from bs4 import BeautifulSoup

#读取本地 HTML 文档
def get_html():
    path = 'C:/web_demo.html'
    htmlfile= open(path,'r')
    html = htmlfile.read()
    return html

#解析 HTML 文档
def parse_html(html):
    soup = BeautifulSoup(html,'html.parser')
```

```
        all_tr=soup.find_all('tr')[1:]
        all_tr_list = []
        info_list = []
        for i in range(len(all_tr)):
                all_tr_list.append(all_tr[i])
        for element in all_tr_list:
                all_td = element.find_all('td')
                all_td_list = []
                for j in range(len(all_td)):
                        all_td_list.append(all_td[j].string)
                info_list.append(all_td_list)
        return info_list

#保存数据库
def save_mysql(info_list):
        import pymysql.cursors
        #连接数据库
        connect = pymysql.Connect(
            host='localhost',
            port=3306,
            user='root',          #数据库用户名
            passwd='123456',      #密码
            db='webdb',
            charset='utf8'
        )

        #获取游标
        cursor = connect.cursor()

        #插入数据
        for item in info_list:
                id = int(item[0])
                keyword = item[1]
                number = int(item[2])
                sql = "INSERT INTO search_index(id,keyword,number) VALUES('%d','%s',%d)"
                data = (id,keyword,number)
                cursor.execute(sql % data)
                connect.commit()
        print('成功插入数据')

        #关闭数据库连接
        connect.close()

if __name__ =='__main__':
        html = get_html()
        info_list = parse_html(html)
        save_mysql(info_list)
```

在 Ubuntu 系统中启动 MySQL 服务，并进入 MySQL Shell。

假设代码文件 html_to_mysql.py 被保存在 Ubuntu 系统的 "/home/hadoop" 目录下，我们可以在该目录下执行以下命令来运行程序代码：

```
$cd /home/hadoop
$python3 html_to_mysql.py
```

程序运行结束后，我们可以到 MySQL Shell 界面中执行以下 SQL 语句以查看数据：

```
mysql> select * from search_index;
```

执行该 SQL 语句后，我们将看到有 3 条记录被成功插入数据库。

3.6.3　实例 3：采集网页数据保存到 MongoDB 数据库

这里直接采集一个本地网页文件 web_demo1.html，它被保存到 "/home/hadoop" 目录下，里面记录了不同关键词的搜索次数排名。其内容如下：

```
<html>
    <head><title>Search Index</title></head>
    <body>
    <table>
        <tr><td>RANK</td><td>KEY WORD</td><td>SEARCH INDEX</td></tr>
        <tr><td>1</td><td>Big Data</td><td>187767</td></tr>
        <tr><td>2</td><td>Cloud Computing</td><td>178856</td></tr>
        <tr><td>3</td><td>Internet of Things</td><td>122376</td></tr>
    </table>
    </body>
</html>
```

编写网络爬虫程序，读取网页内容进行解析，并把解析后的数据保存到 MongoDB 数据库中，具体代码如下：

```python
#html_to_mongodb.py
import requests
from bs4 import BeautifulSoup
import requests
import pymongo

#读取本地 HTML 文件
def get_html():
    path = 'web_demo1.html'
    htmlfile= open(path,'r')
    html = htmlfile.read()
    return html

#解析 HTML 文件
def parse_html(html):
    soup = BeautifulSoup(html,'html.parser')
    all_tr=soup.find_all('tr')[1:]
    all_tr_list = []
    info_list = []
    for i in range(len(all_tr)):
        all_tr_list.append(all_tr[i])
    for element in all_tr_list:
        all_td = element.find_all('td')
        all_td_list = []
        for j in range(len(all_td)):
            all_td_list.append(all_td[j].string)
        #print(all_td_list)
        info_list.append(all_td_list)
    return info_list
```

```
#保存数据库
def save_mongodb(info_list):
    myclient = pymongo.MongoClient(host = 'localhost',port = 27017)
    mydb = myclient['mydatabase']
    mycol = mydb['searchindex']
    for item in info_list:
        data = {
            '_id':item[0],
            'keyword':item[1],
            'index':item[2]
        }
        mycol.insert_one(data)
        print("插入数据")


if __name__ == '__main__':
    html = get_html()
    info_list = parse_html(html)
    save_mongodb(info_list)
```

在 Ubuntu 系统中启动 MongoDB 服务，并进入 MongoDB Shell。

假设代码文件 html_to_mongodb.py 被保存在 Ubuntu 系统的 "/home/hadoop" 目录下，我们可以在该目录下执行以下命令来运行程序代码：

```
$cd /home/hadoop
$python3 html_to_mongodb.py
```

程序运行结束后，我们可以到 MongoDB Shell 中执行以下语句以查看数据：

```
>use mydatabase
>show collections
>db.searchindex.find()
```

上面语句的执行结果如图 3-6 所示，可以看到有 3 条记录被成功插入数据库。

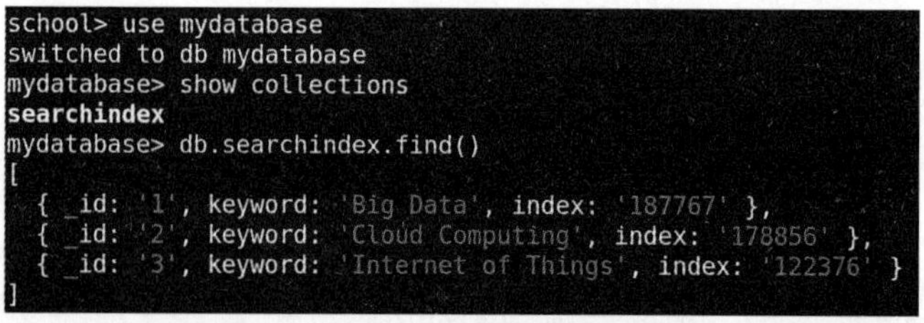

图 3-6　查询数据

3.6.4　实例 4：采集网页数据保存到 Redis 数据库

这里直接采集一个本地网页文件 web_demo1.html，它记录了不同关键词的搜索次数排名。其内容如下：

```
<html>
    <head><title>Search Index</title></head>
    <body>
    <table>
        <tr><td>RANK</td><td>KEY WORD</td><td>SEARCH INDEX</td></tr>
        <tr><td>1</td><td>Big Data</td><td>187767</td></tr>
        <tr><td>2</td><td>Cloud Computing</td><td>178856</td></tr>
```

```
        <tr><td>3</td><td>Internet of Things</td><td>122376</td></tr>
    </table>
    </body>
</html>
```

编写网络爬虫程序，读取网页内容进行解析，并把解析后的数据保存到 Redis 数据库中，具体代码如下：

```python
#html_to_redis.py
import requests
from bs4 import BeautifulSoup
import requests
import redis

#读取本地 HTML 文件
def get_html():
    path = 'web_demo1.html'
    htmlfile= open(path,'r')
    html = htmlfile.read()
    return html

#解析 HTML 文件
def parse_html(html):
    soup = BeautifulSoup(html,'html.parser')
    all_tr = soup.find_all('tr')[1:]
    all_tr_list = []
    info_list = []
    for i in range(len(all_tr)):
        all_tr_list.append(all_tr[i])
    for element in all_tr_list:
        all_td = element.find_all('td')
        all_td_list = []
        for j in range(len(all_td)):
            all_td_list.append(all_td[j].string)
        #print(all_td_list)
        info_list.append(all_td_list)
    return info_list

#保存数据库
def save_redis(info_list):
    print("store to redis")
    r = redis.Redis(host = 'localhost',port = 6379,db=0)
    for item in info_list:
        r.set("Web:" + item[0] + ":KeyWord",item[1])
        r.set("Web:" + item[0] + ":SearchIndex",item[2])

if __name__ == '__main__':
    html = get_html()
    info_list = parse_html(html)
    save_redis(info_list)
```

在 Ubuntu 系统中新建一个终端，输入以下命令启动 Redis 服务和客户端：

```
$ service redis-server start
$ redis-cli -h 127.0.0.1 -p 6379
```

假设代码文件 html_to_redis.py 被保存在 Ubuntu 系统的 "/home/hadoop" 目录下，我们可以在该目录下执行以下命令来运行程序代码：

```
$cd /home/hadoop
$python3 html_to_redis.py
```

程序运行结束后，在 Redis 客户端中使用 keys 和 get 命令查找数据，就可以看到新插入 Redis 数据库的数据，如图 3-7 所示。

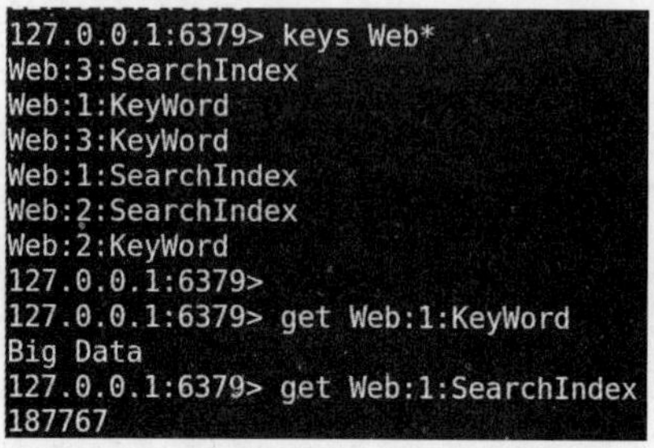

```
127.0.0.1:6379> keys Web*
Web:3:SearchIndex
Web:1:KeyWord
Web:3:KeyWord
Web:1:SearchIndex
Web:2:SearchIndex
Web:2:KeyWord
127.0.0.1:6379>
127.0.0.1:6379> get Web:1:KeyWord
Big Data
127.0.0.1:6379> get Web:1:SearchIndex
187767
```

图 3-7　查看新插入 Redis 数据库的数据

3.7　Scrapy 框架

网络爬虫框架是一些爬虫项目的半成品，它已经将一些爬虫常用的功能写好，并留下了一些接口。不同的爬虫项目调用适合自己的接口，再编写少量代码，就可以实现需要的功能。因为网络爬虫框架中已经实现了网络爬虫常用的功能，所以它为开发人员节省了很多时间和精力。常用的网络爬虫框架包括 Scrapy、Crawley、PySpider 等，这里简要介绍 Scrapy 框架。在使用 Scrapy 框架编写网络爬虫程序时，通常会用到 XPath 语言，因此，本节也会介绍 XPath 语言的相关知识。

3.7.1　Scrapy 框架概述

Scrapy 是一套基于 Twisted 的异步处理框架，是用 Python 实现的网络爬虫框架，用户只需要定制开发几个模块，就可以轻松地实现一个网络爬虫程序，用来抓取网页内容。Scrapy 可运行于 Linux/Windows/macOS 等多种环境中，具有速度快、扩展性强、使用简便等特点。即便是新手，也能迅速学会使用 Scrapy 编写所需要的网络爬虫程序。Scrapy 可以在本地运行，也能部署到云端实现真正的生产级数据采集系统。Scrapy 用途广泛，可以用于数据挖掘、监测和自动化测试。Scrapy 最吸引人的地方在于它是一个框架，任何人都可以根据需求对它进行修改。当然，Scrapy 只是 Python 的一个主流网络爬虫框架，除了 Scrapy 外，还有其他基于 Python 的网络爬虫框架，包括 Crawley、Portia、Newspaper、Python-goose、BeautifulSoup、Mechanize、Selenium 和 Cola 等。

1. Scrapy 体系架构

Scrapy 体系架构示意图如图 3-8 所示，其主要包括以下组成部分。

（1）Scrapy 引擎（Scrapy Engine）。Scrapy 引擎相当于一个中枢站，负责调度器、项目管道、下载器和爬虫 4 个组件之间的通信。例如，Scrapy 引擎将接收到的爬虫发来的 URL 发送给调度器，将爬虫的存储请求发送给项目管道；调度器发送的请求会被 Scrapy 引擎提交给下载器进行处理，而下载器处理完成后会发送响应给 Scrapy 引擎，Scrapy 引擎将其发送给爬虫进行处理。

（2）爬虫（Spiders）。爬虫相当于一个解析器，负责接收 Scrapy 引擎发送过来的响应，对其进行解析，开发人员可以在其内部编写解析规则。爬虫解析好后可以发送存储请求给 Scrapy 引擎。爬虫解析出新的 URL 后，可以向 Scrapy 引擎发送。注意，入口 URL 也存储在爬虫中。

（3）下载器（Downloader）。下载器用于下载搜索引擎发送的所有请求，并将网页内容返回给爬虫。下载器建立在 Twisted 这个高效的异步模型之上。

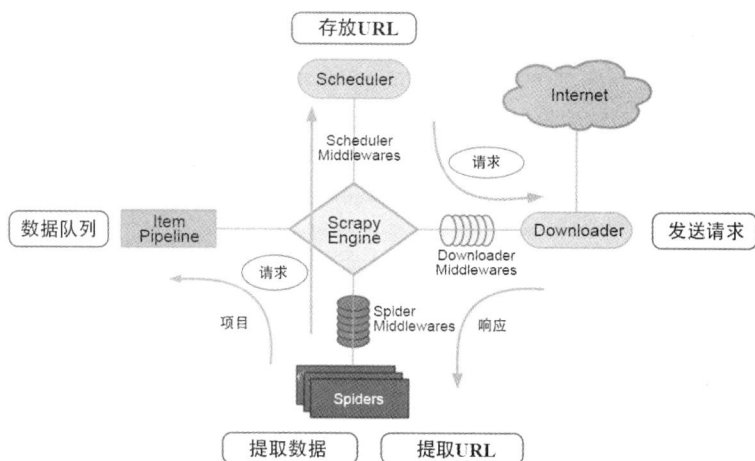

图 3-8　Scrapy 体系架构示意图

（4）调度器（Scheduler）。调度器可以理解成一个队列，存储 Scrapy 引擎发送过来的 URL，并按顺序取出 URL 发送给 Scrapy 引擎进行请求操作。

（5）项目管道（Item Pipeline）。项目管道是保存数据用的，它负责处理爬虫获取的项目，并进行处理，包括去重、持久化存储（如存入数据库或写入文件）等。

（6）下载器中间件（Downloader Middlewares）。下载器中间件是位于 Scrapy 引擎和下载器之间的框架，主要用于处理 Scrapy 引擎与下载器之间的请求及响应，类似于自定义扩展下载功能的组件。

（7）爬虫中间件（Spider Middlewares）。爬虫中间件是介于 Scrapy 引擎和爬虫之间的框架，主要工作是处理爬虫的响应输入和请求输出。

（8）调度器中间件（Scheduler Middlewares）。调度器中间件是介于 Scrapy 引擎和调度器之间的中间件，用于处理从 Scrapy 引擎发送到调度器的请求和响应。

2. Scrapy 工作流

Scrapy 工作流也称为运行流程或数据处理流程，由 Scrapy 引擎控制。其主要步骤如下。

（1）Scrapy 引擎从调度器中取出一个 URL 用于接下来的抓取过程。

（2）Scrapy 引擎把 URL 封装成一个请求并传输给下载器。

（3）下载器把资源下载下来，并封装成应答包。

（4）爬虫解析应答包。

（5）如果解析出的是项目，则 Scrapy 引擎将其交给项目管道进行进一步的处理。

（6）如果解析出的是 URL，则 Scrapy 引擎把 URL 交给调度器等待抓取。

3.7.2　XPath 语言

XPath（XML Path）是一门在 XML 文档和 HTML 文档中查找信息的语言，可用来在 XML 文档和 HTML 文档中对元素和属性进行遍历。简单来说，网页数据是以超文本的形式呈现的，想要获取这些数据，就要按照一定的规则进行数据处理，这种规则就是 XPath。XPath 提供了超过 100 个内置函数，几乎所有要定位的节点都可以用 XPath 来定位，在使用网络爬虫抓取网页时可以使用 XPath 提取所需的信息。

1. 基本术语

XML 文档通常可以看作一棵节点树。XML 文档中有元素、属性、文本、命名空间、处理指令、注释及文档共 7 种类型的节点。其中元素节点是较常用的节点。下面给出的是一个 HTML 文档中的代码：

```
<html>
    <head><title>BigData Software</title></head>
    <p class="title"><b>BigData Software</b></p>
    <p class="bigdata">There are three famous bigdata software;and their names are
        <a href="http://example.com/hadoop" class="hadoop" id="link1">Hadoop</a>,
        <a href="http://example.com/spark" class="spark" id="link2">Spark</a>and
        <a href="http://example.com/flink" class="flink" id="link3"><!--Flink--></a>;
        and they are widely used in real application.</p>
    <p class="bigdata">…</p>
</html>
```

上面的 HTML 文档中，<html>是文档节点，<title>BigData Software</title>是元素节点，class="title"是属性节点。节点之间存在下面几种关系。

（1）父节点。每个元素节点和属性节点都有一个父节点。例如，html 节点是 head 节点和 p 节点的父节点；head 节点是 title 节点的父节点；第二个 p 节点是中间 3 个 a 节点的父节点。

（2）子节点。每一个元素节点的下一个直接节点是该元素节点的子节点。每个元素节点可以有 0 个、1 个或多个子节点。例如，title 节点是 head 节点的子节点。

（3）兄弟节点。拥有相同父节点的节点，就是兄弟节点。例如，第二个 p 节点中的 3 个 a 节点就是兄弟节点；head 节点和中间 3 个 p 节点也是兄弟节点；title 节点和 a 节点就不是兄弟节点，因为父节点不同。

（4）祖先节点。节点的父节点及父节点的父节点等，称为祖先节点。例如，html 节点和 head 节点是 title 节点的祖先节点。

（5）后代节点。节点的子节点及子节点的子节点等，称为后代节点。例如，html 节点的后代节点有 head 节点、title 节点、b 节点、p 节点及 a 节点。

2. 基本语法

XML/HTML 文档是由标签构成的，标签之间都有很强的层级关系。基于这种层级关系，XPath 语法能够准确定位用户所需要的信息。XPath 使用路径表达式来选取 XML/HTML 文档中的节点，这个路径表达式和普通计算机文件系统中的路径表达式非常相似。在 XPath 语法中，用户可以直接使用路径来选取节点，再加上适当的谓语或函数进行指定，就可以准确定位到节点。

（1）节点选取。XPath 选取节点时是沿着路径到达目标的。表 3-4 列出了常用的路径表达式。

表 3-4　　　　　　　　　　　　　　常用的路径表达式

路径表达式	描述
nodename	选取 nodename 节点的所有子节点
/	从根节点开始选取
//	从当前文档选取所有匹配的节点，而不考虑它们的位置
@	选取属性
./	选取当前节点
../	选取当前节点的父节点

　　"/"可以理解为绝对路径,从根节点开始;"./"是相对路径,可以从当前节点开始;"../"则是先返回上一节点,从上一节点(父节点)开始。这与普通计算机的文件系统类似。下面给出测试这些路径表达式的简单实例,这里需要用到 lxml 库中的 etree 模块,因此,我们先执行以下命令安装 lxml 库。

```
$ pip install lxml
```

下面是实例代码:

```
>>> html_text ="""
<html>
  <body>
    <head><title>BigData Software</title></head>
    <p class="title"><b>BigData Software</b></p>
    <p class="bigdata">There are three famous bigdata software;and their names are
        <a href="http://example.com/hadoop" class="bigdata Hadoop" id="link1">Hadoop
</a>,
        <a href="http://example.com/spark" class="bigdata Spark" id="link2">Spark<
/a>and
        <a href="http://example.com/flink" class="bigdata Flink" id="link3"><!--Fli
nk--> </a>;
        and they are widely used in real application.</p>
    <p class="bigdata">others</p>
    <p>…</p>
    </body>
</html>
"""
>>> from lxml import etree
>>> html = etree.HTML(html_text)
>>> html_data = html.xpath('body')
>>> print(html_data)
[<Element body at 0x1608dda2d80>]
```

可以看出,html.xpath('body')的输出结果不是 HTML 文档里显示的标签。其实这就是我们所要的元素,只不过我们还需要再进行一步操作,也就是使用 etree 模块中的.tostring( )方法对其进行转换。此外,html.xpath('body')的输出结果是一个列表,因此,我们可以使用 for 循环来遍历列表,具体代码如下:

```
>>> for element in html_data:
        print(etree.tostring(element))
```

由于输出结果比较繁杂,这里没有给出,但是观察结果可以发现,它是标签<body>的子节点。

　　"//"表示全局搜索,例如,"//p"可以将所有的<p></p>标签搜索出来。"/"表示在某标签下进行搜索,只能搜索子节点,不能搜索子节点的子节点。简单来说,"//"可以进行跳级搜索,"/"只能在本级上进行搜索,不能跳跃。下面给出具体实例。

① 逐级搜索:

```
>>> html_data = html.xpath('/html/body/p/a')
>>> for element in html_data:
            print(etree.tostring(element))
```

② 跳级搜索:

```
>>> html_data = html.xpath('//a')
>>> for element in html_data:
            print(etree.tostring(element))
```

上面两段代码的执行结果相同，具体结果如下：

```
b'<a href="http://example.com/hadoop" class="bigdata Hadoop" id="link1">Hadoop</a>,\n  '
b'<a href="http://example.com/spark" class="bigdata Spark" id="link2">Spark</a>and\n  '
b'<a href="http://example.com/flink" class="bigdata Flink" id="link3"><!--Flink-->
</a>;\n and they are widely used in real application.'
```

在方括号内添加"@"，将标签属性填进去，就可以准确地将含有该标签属性的部分提取出来。示例代码如下：

```
>>> html_data = html.xpath('//p/a[@class="bigdata Spark"]')
>>> for element in html_data:
            print(etree.tostring(element))
```

上面代码的执行结果如下：

```
b'<a href="http://example.com/spark" class="bigdata Spark" id="link2">Spark</a>and\n  '
```

（2）谓语。直接使用前面介绍的方法可以定位到多数我们需要的节点，但是有时候我们需要查找某个特定的节点或包含某个指定值的节点，这时就要用到谓语。谓语是被嵌在方括号中的。表3-5列出了一些带有谓语的路径表达式。

表3-5　　　　　　　　　　　带有谓语的路径表达式

路径表达式	描述
//body/p[k]	选取 body 下第 k 对<p></p>标签（k 的取值从 1 开始）
//body/p[last( )]	选取 body 下最后一对<p></p>标签
//body/p[last( ) - 1]	选取 body 下倒数第二对<p></p>标签
//body/p[position( )<3]	选取 body 下的前两对<p></p>标签
//body/p[@class]	选取 body 下带有 class 属性的<p></p>标签
//body/p[@class="bigdata"]	选取 body 下 class 为 bigdata 的<p></p>标签

下面演示表 3-5 中最后一个路径表达式，选取 body 下 class 为 bigdata 的<p></p>标签，代码如下：

```
>>> html_data = html.xpath('//body/p[@class="bigdata"]')
>>> for element in html_data:
        print(etree.tostring(element))
```

上面代码的执行结果如下：

```
b'<p class="bigdata">There are three famous bigdata software;and their names are\n
    <ahref="http://example.com/hadoop"class="bigdata Hadoop" id="link1">Hadoop</a
>,\n
    <a href="http://example.com/spark" class="bigdata Spark" id="link2">Spark</a>
 and\n
    <a href="http://example.com/flink" class="bigdata Flink" id="link3"><!--Flink
--> </a>;\n
    and they are widely used in real application.</p>\n  '
b'<p class="bigdata">…</p>\n  '
```

（3）函数。XPath 提供了超过 100 个内置函数用于字符串值、数值、日期和时间比较、序列处理等操作，极大地方便了用户定位获取所需要的信息。表 3-6 列出了 XPath 的常用函数。

表 3-6　　　　　　　　　　　　　　　　　XPath 的常用函数

函数名	描述	示例	说明
contains( )	选取属性或文本，包含某些字符	//p[contains(@class, "bigdata")]	选取所有 class 属性包含 bigdata 的 <p></p>标签
starts-with( )	选取属性或文本，以某些字符开头	//a[starts-with (@class, "bigdata")]	选取所有 class 属性以 bigdata 开头的<a></a>标签
ends-with( )	选取属性或文本，以某些字符结尾	//a[ends-with (@class, "Flink")]	选取所有 class 属性以 Flink 结尾的<a></a>标签
text( )	获取元素节点包含的文本内容	//a[contains(@class, "Hadoop")]/text( )	获取所有 class 属性包含 Hadoop 的 <a></a>标签中的文本内容

下面是示例代码，获取所有 class 属性包含 bigdata 的<a></a>标签中的文本内容：

```
>>> html = etree.HTML(html_text)
>>> html_data = html.xpath('//a[contains(@class, "bigdata")]/text()')
>>> print(html_data)
['Hadoop', 'Spark']
```

演示的 HTML 文档中还有一对<a></a>标签也符合代码的要求，但是因为其文本内容是注释的，所以不会被抽取出来显示。

3.7.3　Scrapy 框架应用实例

访问古诗文网站，使用 Scrapy 框架编写网络爬虫程序，爬取每个名句及其对应的完整古诗内容，并把爬取到的数据分别保存到文本文件和 MySQL 数据库中。本实例需要使用开发工具 PyCharm（Community Edition），请读者到 PyCharm 官网或本书官网的 "下载专区" 中下载 PyCharm 安装文件 pycharm-community-2023.3.2.tar.gz，然后执行以下命令进行安装：

```
$cd /home/hadoop/Downloads    #假设安装文件在该目录下
$sudo tar -zxvf pycharm-community-2023.3.2.tar.gz -C /usr/local
$sudo mv pycharm-community-2023.3.2 pycharm
$sudo chown -R hadoop ./pycharm
```

安装完成后，可以使用以下命令启动 PyCharm：

```
$cd /usr/local/pycharm
$./bin/pycharm.sh
```

启动进入 PyCharm 后，默认界面颜色是黑色的，可以通过 "File->Settings" 菜单进入设置界面，在 "Appearance" 右侧的 "Theme" 下拉列表中选择 "Light" 选项，界面颜色就会更改为白色，如图 3-9 所示。

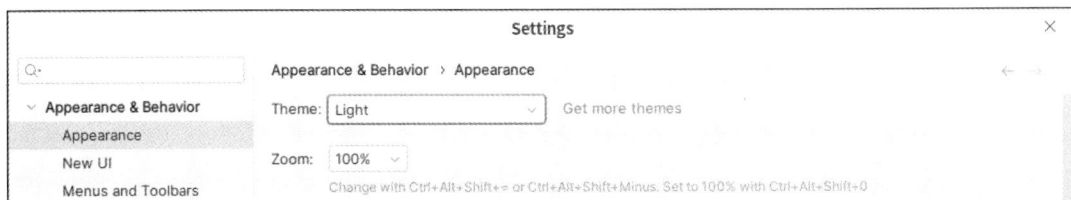

图 3-9　设置界面颜色

本实例包括以下几个步骤：新建工程、编写代码文件 items.py、编写爬虫文件、编写代码文件 pipelines.py、编写代码文件 settings.py、运行程序、把数据保存到数据库中。

1. 新建工程

在 PyCharm 中新建一个名称为"scrapyProject"的工程。如图 3-10 所示，单击界面左下角的终端按钮，打开终端窗口。

在 PyCharm 的终端窗口（注意，不是 Ubuntu 系统的终端窗口）的命令提示符后面输入命令"pip install scrapy"，下载 Scrapy 框架所需的文件。

下载完成后，继续输入命令"scrapy startproject poemScrapy"，创建 Scrapy 框架相关目录和文件。创建完成后的具体目录结构如图 3-11 所示。这些目录和文件都是由 Scrapy 框架自动创建的，不需要手动创建。

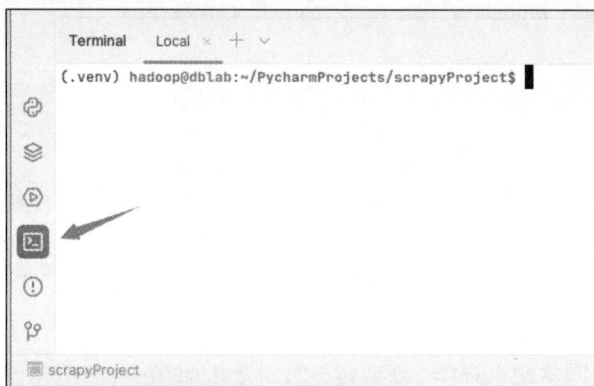

图 3-10　打开终端窗口

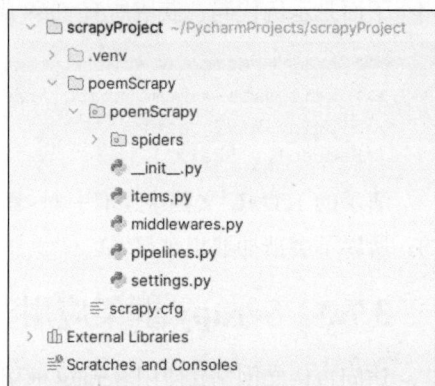

图 3-11　Scrapy 框架目录结构

在 Scrapy 框架目录结构中，各目录和文件的作用如下。

① spiders：该目录包含爬虫文件，需要编写代码实现爬取过程。

② __init__.py：为 Python 模块初始化目录，可以什么都不写，但是必须要有。

③ items.py：模型文件，存放需要爬取的字段。

④ middlewares.py：中间件（爬虫中间件、下载器中间件）。本例不需要用此文件。

⑤ pipelines.py：管道文件，用于配置数据持久化，如写入数据库。

⑥ settings.py：爬虫配置文件。

⑦ scrapy.cfg：项目基础设置文件。本例不需要用此文件。

2. 编写代码文件 items.py

我们可以在 items.py 中定义字段用于保存数据。items.py 中的具体代码如下：

```python
import scrapy

class PoemscrapyItem(scrapy.Item):
        #名句
        sentence = scrapy.Field()
        #出处
        source = scrapy.Field()
        #全文链接
        url = scrapy.Field()
```

```
            #名句详细信息
            content = scrapy.Field()
```

3. 编写爬虫文件

在终端窗口中输入命令 "cd poemScrapy"，进入对应的爬虫工程；再输入命令 "scrapy genspider poemSpider gushiwen.cn"，这时，在 spiders 目录下会出现一个新的 Python 文件 poemSpider.py，该文件就是我们要用来编写爬虫程序的。下面是 poemSpider.py 中的具体代码：

```python
import scrapy
from scrapy import Request
from ..items import PoemscrapyItem

class PoemspiderSpider(scrapy.Spider):
    name = 'poemSpider'    #用于区别不同的爬虫
    allowed_domains = ['gushiwen.cn']   #允许访问的域
    start_urls = ['http://www.gushiwen.cn/mingjus/']    #爬取的网址

    def parse(self,response):
        #先获取每个名句的 div
        for box in response.xpath('//*[@id = "html"]/body/div[3]/div[1]/div[2]/div'):
            #获取每个名句的链接
            url = 'https://www.gushiwen.cn' + box.xpath('.//@href').get()
            #获取每个名句的内容
            sentence = box.xpath('.//a[1]/text()').get()
            #获取每个名句的出处
            source = box.xpath('.//a[2]/text()').get()
            #实例化容器
            item = PoemscrapyItem()
            #将收集到的信息封装起来
            item['url'] = url
            item['sentence'] = sentence
            item['source'] = source
            #处理子页
            yield scrapy.Request(url = url,meta = {'item':item},
            callback = self.parse_detail)
        #翻页
        next = response.xpath('//a[@class = "amore"]/@href').get()
        if next is not None:
            next_url = 'https://so.gushiwen.cn' + next
            #处理下一页内容
            yield Request(next_url)

    def parse_detail(self, response):
        #获取名句的详细信息
        item = response.meta['item']
        content_list = response.xpath('//div[@class = "contson"]//text()').getall()
        content = "".join(content_list).strip().replace('\n','').replace('\u3000','')
        item['content'] = content
        yield item
```

在上面的代码中，response.xpath( )返回的是 scrapy.selector.unified.SelectorList 对象，例如，

response.xpath('//div[@class="contson"]//text( )')返回的部分结果如下：

```
[<Selector xpath='//div[@class="contson"]//text()' data='\n 日日望乡国，空歌白苧词。'>,
<Selector xpath='//div[@class="contson"]//text()' data='长因送人处，忆得别家时。'>,
<Selector xpath='//div[@class="contson"]//text()' data='失意还独语，多愁只自知。'>,
<Selector xpath= '//div[@class="contson"]//text()' data='客亭门外柳，折尽向南枝。\n'>]
```

这时，response.xpath('//div[@class="contson"]//text( )').get( )返回的结果如下：

```
#注意，这里会输出一个空行
'日日望乡国，空歌白苧词。'
```

response.xpath('//div[@class="contson"]//text( )').getall( )返回的结果如下：

```
['\n 日日望乡国，空歌白苧词。', '长因送人处，忆得别家时。', '失意还独语，多愁只自知。', '客亭门外
柳，折尽向南枝。\n']
```

4. 编写代码文件 pipelines.py

我们在成功获取需要的信息后，要对信息进行存储。在 Scrapy 框架中，item 被爬虫收集完后，将会被传递到 pipelines。要将爬取到的数据保存到文本文件中，可以使用以下 pipelines.py 代码：

```python
import json

class PoemscrapyPipeline:
    def __init__(self):
        #打开文件
        self.file = open('data.txt', 'w', encoding = 'utf-8')

    def process_item(self, item, spider):
        #读取 item 中的数据
        line = json.dumps(dict(item), ensure_ascii = False) + '\n'
        #写入文件
        self.file.write(line)
        return item
```

5. 编写代码文件 settings.py

settings.py 的具体代码内容如下：

```python
BOT_NAME = 'poemScrapy'

SPIDER_MODULES = ['poemScrapy.spiders']
NEWSPIDER_MODULE = 'poemScrapy.spiders'

USER_AGENT = 'Mozilla/5.0 (Windows NT 10.0; WOW64) AppleWebKit/537.36 (KHTML, like
Gecko) Chrome/90.0.4421.5 Safari/537.36'

#Obey robots.txt rules
ROBOTSTXT_OBEY = False

#设置日志输出的等级
LOG_LEVEL = 'WARNING'

ITEM_PIPELINES = {
    'poemScrapy.pipelines.PoemscrapyPipeline': 1,
}
```

其中，更改 USER-AGENT 和 ROBOTSTXT_OBEY 是为了避免访问被拦截或出错；设置 LOG_LEVEL 是为了避免在爬取过程中显示过多的日志信息；设置 ITEM_PIPELINES 是因为本例使用到 pipeline，需要先注册 pipeline，右侧的数字 1 为该 pipeline 的优先级，范围为 1～1000，数值越小优先级越高。读者也可以根据实际需求，适当更改 settings.py 的代码内容。

6. 运行程序

运行 Scrapy 爬虫程序的方法有以下两种。第一种是在 PyCharm 的终端窗口中输入命令"scrapy crawl poemSpider"，然后按 Enter 键运行，等待几秒后即可完成数据的爬取。第二种是在 poemScrapy 目录下新建 Python 文件 run.py（run.py 应与 scrapy.cfg 文件在同一层目录下），并输入以下代码：

```
from scrapy import cmdline
cmdline.execute("scrapy crawl poemSpider".split())
```

在 run.py 代码区域单击鼠标右键，在弹出的快捷菜单中单击"Run"选项，就可以运行 Scrapy 爬虫程序。运行成功以后，到 PyCharm 的终端窗口中，就可以看到生成的数据文件 data.txt，如图 3-12 所示。

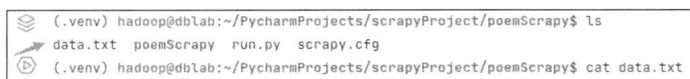

```
(.venv) hadoop@dblab:~/PycharmProjects/scrapyProject/poemScrapy$ ls
data.txt  poemScrapy  run.py  scrapy.cfg
(.venv) hadoop@dblab:~/PycharmProjects/scrapyProject/poemScrapy$ cat data.txt
```

图 3-12　在 PyCharm 的终端窗口中查看爬虫生成的数据文件

data.txt 的内容举例如下：

{"url":"https://so.gushiwen.cn/mingju/juv_2f9cf2c444f2.aspx", "sentence":"人道恶盈而好谦。", "source":"《易传·象传上·谦》", "content":"解释：做人之道，最怕自满而最喜谦虚。"}

7. 把数据保存到数据库中

为了把爬取到的数据保存到 MySQL 数据库中，需要首先安装 PyMySQL 模块。

在 PyCharm 开发界面中单击"File"→"Settings"，在打开的设置界面中，先单击"Project: scrapyProject"，再单击"Python Interpreter"，如图 3-13 所示。然后，单击界面上方的"+"，如图 3-14 所示。

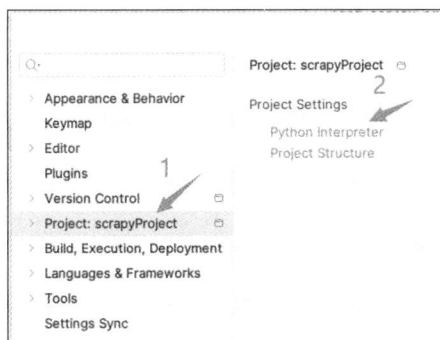

图 3-13　设置界面

如图 3-15 所示，在弹出的模块安装界面中，先在搜索框中输入"pymysql"，然后在搜索到的结果中单击"pymysql"条目，最后单击界面底部的"Install Package"按钮，开始安装 PyMySQL 模块。如果安装成功，会出现图 3-16 所示的信息。

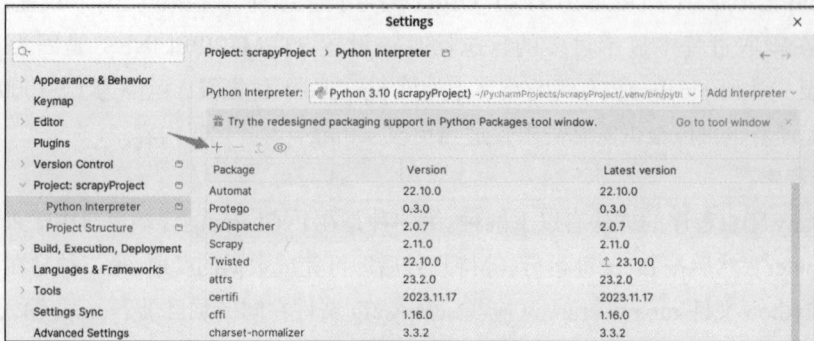

图 3-14　在设置界面中单击"+"

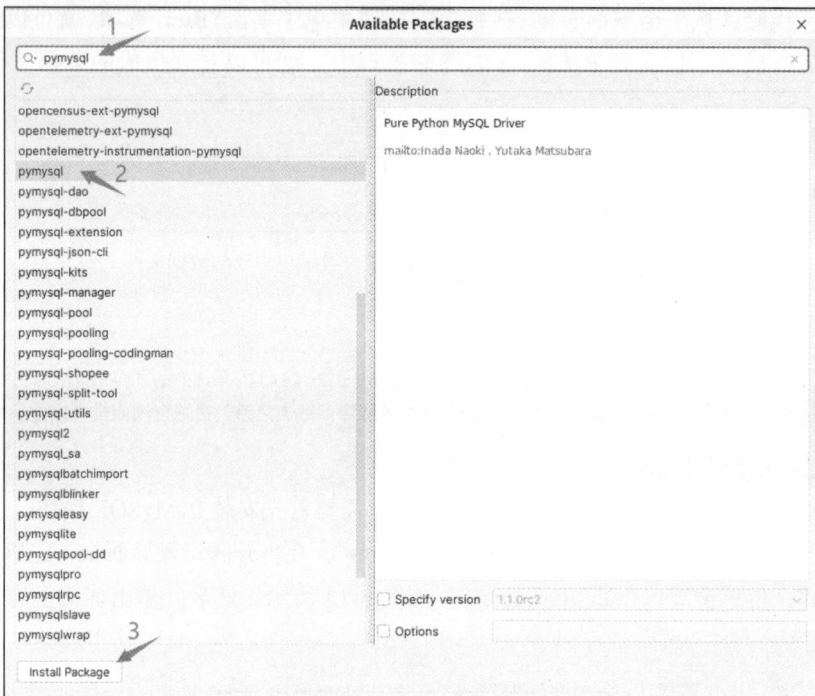

图 3-15　模块安装界面

在 Ubuntu 系统中启动 MySQL 服务进程，进入 MySQL Shell 界面，执行以下 SQL 语句创建一个名称为"poem"的数据库：

```
mysql> CREATE DATABASE poem;
mysql> USE poem;
```

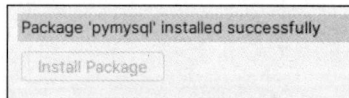

图 3-16　模块安装成功

在 poem 数据库中创建一个名称为"beautifulsentence"的数据表，具体 SQL 语句如下：

```
DROP TABLE IF EXISTS beautifulsentence;
CREATE TABLE beautifulsentence(
    source varchar(255) NOT NULL,
    sentence varchar(255) NOT NULL,
    content text NOT NULL,
    url varchar(255) NOT NULL
) ENGINE=InnoDB DEFAULT CHARSET=utf8;
```

修改 pipelines.py，修改后的 pipelines.py 代码如下：

```
from itemadapter import ItemAdapter
import json
import pymysql

class PoemscrapyPipeline:
    def __init__(self):
        #连接 MySQL 数据库
        self.connect=pymysql.connect(
            host='localhost',
            port=3306,
            user='root',
            passwd='123456',    #设置成用户自己的数据库密码
            db='poem',
            charset='utf8'
        )
        self.cursor=self.connect.cursor()

    def process_item(self,item,spider):
        #写入数据库
        self.cursor.execute('INSERT INTO beautifulsentence(source,sentence,
content,url) VALUES("{}","{}","{}","{}")'.format(item['source'],item['sentence'], item
['content'],item['url']))
        self.connect.commit()
        return item
    def close_spider(self,spider):
        #关闭数据库连接
        self.cursor.close()
        self.connect.close()
```

执行 Scrapy 爬虫程序。执行结束后，如果执行成功，可以到 MySQL 数据库中使用以下命令查看数据：

```
mysql> USE poem;
mysql> SELECT * FROM beautifulsentence;
```

3.8 通过 JSON 接口爬取网站数据

爬取数据的方式有两种：一种是通过模拟浏览器操作来实现爬取数据，另一种是通过 JSON 接口爬取数据。前面介绍的方法都是通过模拟浏览器操作来实现网页数据爬取的，本节介绍如何通过 JSON 接口爬取数据。

3.8.1 为什么选择 JSON 接口

JSON（JavaScript Object Notation，JavaScript 对象表示法）是一种轻量级的数据交换格式，它基于 JavaScript 语言标准，可以被各种编程语言解析和生成。JSON 格式具有易读、易解析、易生成等特点，因此在 Web 应用中被广泛使用。而 JSON 接口是一种基于 HTTP 协议进行通信的接口，通常用于 Web 应用程序之间的数据交换。通过调用 JSON 接口，可以获取到需要的数据，这些数据通常以 JSON 格式返回。

选择 JSON 接口作为数据获取方式主要有以下几个原因。

（1）速度快。与传统 HTML 页面相比，通过 JSON 接口获取数据速度更快。这是因为 HTML 页面通常包含大量无用的数据，而通过 JSON 接口获取数据只需要返回所需的数据，不需要传输无用信息。

（2）数据规范。通过 JSON 接口获取到的数据都是按照规范格式返回的，因此处理起来更加方便。

（3）易于扩展。通过 JSON 接口获取到的数据可以方便地进行扩展。

3.8.2 通过 JSON 接口爬取数据的步骤

通过 JSON 接口爬取数据主要包括以下几个步骤。

（1）分析目标网站。首先需要分析目标网站的数据结构，确定需要抓取的数据，并找到对应的 API。

（2）获取 API。一般情况下，API 可以通过浏览器开发者工具或第三方抓包工具来获取。在请求 API 时，需要注意参数的传递方式和格式。

（3）解析 JSON 数据。获取到 API 返回的 JSON 数据后，需要对其进行解析。常见的解析方式有使用编程语言自带的 JSON 库或第三方 JSON 库。

（4）存储数据。解析完成后，可以将数据存储到数据库中或写入文件中进行保存。

3.8.3 实例

Scrape 网站是一个图书网站，整个网站有数千本图书信息，网站数据是用 JavaScript 渲染得到的，数据可以通过 JSON 接口获得，而且该网站没有设置反爬机制。可以编写以下爬虫代码来获取图书的链接、书名、作者、主题等信息，并写入数据库和文本文件。

```python
#crawl_json.py
#导入必要的包
import json
import pandas as pd
import requests
import urllib3
import pymysql

#初始化
name, authors, url, content, theme, id = [], [], [], [], [], []
headers ={'User-Agent':'Mozilla/5.0 (X11; U; Linux x86_64; zh-CN; rv:1.9.2.10) Gecko/
20100922 Ubuntu/10.10 (maverick) Firefox/3.6.10'}
urllib3.disable_warnings()

#数据库连接参数
MYSQL_HOST = 'localhost'
MYSQL_DBNAME = 'datacollection'          #需要首先在 MySQL 中手动创建该数据库
MYSQL_USER = 'root'
MYSQL_PASSWORD = '123456'
MYSQL_PORT = 3306                        #默认为 3306

#连接到 MySQL
```

```
        connection = pymysql.connect(host=MYSQL_HOST,
                                      user=MYSQL_USER,
                                      password=MYSQL_PASSWORD,
                                      db=MYSQL_DBNAME,
                                      charset='utf8mb4',
                                      cursorclass=pymysql.cursors.DictCursor)
        cursor = connection.cursor()

        #创建数据表，如果不存在的话
        create_table_query = """
        CREATE TABLE IF NOT EXISTS books (
            id INT PRIMARY KEY,
            name VARCHAR(255),
            authors TEXT,
            url TEXT,
            theme TEXT
        )
        """
        cursor.execute(create_table_query)
        connection.commit()

        RECORDS_PER_PAGE = 10
        page = 0

        while page<3:   #一共爬取 3 页
            offset = page * RECORDS_PER_PAGE
            the_url = f'https://spa5.******.center/api/book/?limit = {RECORDS_PER_PAGE}&off
set = {offset}'
            response = requests.get(the_url, headers = headers, verify = False)
            data = json.loads(response.text)

            #如果没有结果，则跳出循环
            if not data['results']:
                break
            for i in range(len(data['results'])):
                book_id = data['results'][i]['id']
                book_name = data['results'][i]['name']
                book_authors = str(data['results'][i]['authors']).replace('[', '').replace
("\\n", "").replace("'", "").replace(']', '').strip()

                #输出爬取的内容
                print(f"ID: {book_id}, Name: {book_name}, Authors: {book_authors}")

                id.append(book_id)
                name.append(book_name)
                authors.append(book_authors)

                detail_url = 'https://spa5.******.center/api/book/' + book_id + '/'
                detail_response = requests.get(detail_url, headers = headers, verify = Fal
se)
                detail_data = json.loads(detail_response.text)
                book_url = detail_data['url']
                book_theme = str(detail_data['tags']).replace('[', '').replace("'", "").
replace(']', '').strip()

                #输出详细信息
```

```
            print(f"URL: {book_url}, Theme: {book_theme}\n")

            url.append(book_url)
            theme.append(book_theme)

            #将数据保存到 MySQL
            insert_query = "INSERT INTO books(id, name, authors, url, theme) VALUES
(%s, %s, %s, %s, %s)"
            cursor.execute(insert_query, (book_id, book_name, book_authors, book_url,
book_theme))
            connection.commit()

        page += 1

    #在所有数据都插入后，确保关闭数据库连接
    connection.close()

    bt = {
        "链接": url,
        "书名": name,
        "作者": authors,
        "主题": theme,
    }
    work = pd.DataFrame(bt)
    work.to_csv('books_list.txt', sep = '\t', index = False)
```

进入 MySQL Shell 命令行界面，执行以下命令创建数据库：

```
mysql>create database datacollection;
```

假设代码文件 crawl_json.py 被保存在 Ubuntu 系统的"/home/hadoop"目录下，我们可以在该目录下执行以下命令来运行程序代码：

```
$cd /home/hadoop
$python3 crawl_json.py
```

程序运行结束后，可以到 MySQL 数据库中使用以下命令查询数据：

```
mysql>USE datacollection;
mysql>SELECT * FROM books;
```

同时，在"/home/hadoop"目录下可以看到新生成的文件 books_list.txt，里面包含爬取到的数据，可以使用 cat 命令查看文件中的数据。

3.9　本章小结

网络爬虫的功能是下载网页数据，为搜索引擎或需要网络数据的企业提供数据来源。本章介绍了网络爬虫程序的编写方法，主要包括如何请求网页及如何解析网页两方面。在网页请求环节，需要注意的是，一些网站设置了反爬机制，会导致我们爬取网页失败。在网页解析环节，我们可以灵活运用 BeautifulSoup 提供的各种方法来获取需要的数据。同时，为了减少程序开发的工作量，我们可以利用包括 Scrapy 在内的网络爬虫框架来编写网络爬虫程序。

3.10　习题

（1）什么是网络爬虫？

（2）网络爬虫有哪些类型？

（3）什么是反爬虫机制？

（4）请阐述用 Python 实现 HTTP 请求的 3 种常见方式。

（5）如何定制 requests？

（6）使用 BeautifulSoup 解析 HTML 文档可以用哪些解析器？各有什么优缺点？

（7）Scrapy 体系架构包括哪几个组成部分？每个组成部分的功能是什么？

（8）Scrapy 工作流的主要步骤有哪些？

（9）在 XPath 中，节点之间存在哪几种关系？

（10）在 XPath 中，contains( )和 text( )的具体功能分别是什么？

实验 2　网络爬虫初级实践

一、实验目的

（1）理解网络爬虫的相关概念及执行流程。

（2）熟练使用 requests 库、bs4 库中的常用方法。

（3）能够独立编写网络爬虫程序并获取所需的信息。

二、实验平台

（1）操作系统：Ubuntu 22.04。

（2）Python 版本：3.10.12。

（3）PyCharm 版本：PyCharm Community Edition 2023.3.2。

三、实验内容

1．显示影片基本信息

编写网络爬虫程序，访问豆瓣电影 Top 250，获取每部电影的中文片名、排名、评分及其对应的链接，按照"排名-中文片名-评分-链接"的格式显示在屏幕上。

2．存储影片详细信息

编写网络爬虫程序，访问豆瓣电影 Top250，在上面实验内容的基础上，获取每部电影的导演、编剧、主演、类型、上映时间、片长、评分人数及剧情简介等信息，并将获取到的信息保存至本地文件中。

3．访问热搜榜并发送邮件

编写网络爬虫程序，访问微博热搜榜，获取微博热搜榜前 50 条热搜名称、链接及其实时热度，并将获取到的数据通过邮件的方式每 20s 一次发送到个人邮箱中。

四、实验报告

"数据采集与预处理"课程实验报告

题目：		姓名：		日期：	

实验环境：

实验内容与完成情况：

出现的问题：

解决方案（列出已解决的问题和解决办法，并列出没有解决的问题）：

第4章
分布式消息系统 Kafka

分布式消息订阅分发系统在数据采集中扮演着重要的角色。Kafka 是由 LinkedIn 公司开发的一种高吞吐量的分布式消息订阅分发系统，用户通过 Kafka 系统可以发布大量的消息，同时也能实时订阅和消费消息。在 Kafka 之前，市场上已经存在 RabbitMQ、Apache ActiveMQ 等传统的消息系统，Kafka 与这些传统的消息系统相比，有以下特点。

（1）Kafka 是分布式系统，易于向外扩展。

（2）Kafka 同时为发布和订阅提供高吞吐量。

（3）Kafka 支持多订阅者，当节点失败时能自动平衡消费者。

（4）Kafka 支持将消息持久化到磁盘，因此可用于批量消费，如 ETL 及实时应用程序。

本章首先简要介绍 Kafka，并阐述 Kafka 在大数据生态系统中的作用，以及 Kafka 和 Flume 的区别与联系；然后介绍 Kafka 的相关概念、Kafka 的安装和使用，以及如何使用 Python 操作 Kafka；最后介绍 Kafka 与 MySQL 的组合使用，以及如何使用 Kafka 采集数据并保存到 MongoDB 中。

4.1　Kafka 简介

本节介绍 Kafka 的特性、应用场景和消息传递模式。

4.1.1　Kafka 的特性

Kafka 具有以下良好的特性。

（1）高吞吐量、低延迟。Kafka 每秒可以处理几十万条消息，它的延迟最低只有几毫秒。

（2）可扩展性。Kafka 集群具有良好的可扩展性。

（3）持久性、可靠性。消息被持久化到本地磁盘，并且支持数据备份，防止数据丢失。

（4）容错性。允许集群中节点失败。若副本数量为 N，则允许 $N–1$ 个节点失败。

（5）高并发性。支持数千个客户端同时读写。使用消息队列使关键组件能支撑突发的访问压力，不会因为突发的超负荷请求而系统中断。

（6）顺序保证。在大多数使用场景下，数据处理的顺序都很重要。大部分消息队列本来就是排序的，并且能保证数据按照特定的顺序被处理。Kafka 保证一个分区内消息的有序性。

（7）异步通信。很多时候，用户不想也不需要立即处理消息。消息队列提供了异步处理机制，允许用户把一条消息放入队列，但并不立即处理它。允许用户向队列中放任意条消息，然后在需要它们的时候再去处理。

4.1.2　Kafka 的主要应用场景

Kafka 的主要应用场景如下。

（1）日志收集。一个公司可以用 Kafka 收集各种日志。这些日志被 Kafka 收集后，可以通过 Kafka 的统一接口服务开放给各种消费者，如 Hadoop、HBase、Solr 等。

（2）消息系统。Kafka 可以对生产者和消费者实现解耦，并可以缓存消息。

（3）用户活动跟踪。Kafka 经常被用来记录 Web 用户或 App 用户的各种活动，如浏览网页、搜索、单击等。这些活动信息被各服务器发布到 Kafka 的主题（Topic）中，然后订阅者通过订阅这些主题来做实时监控分析，或者将数据加载到 Hadoop、数据仓库中做离线分析和挖掘。

（4）运营指标。Kafka 也经常被用来记录运营监控数据，包括收集各种分布式应用的数据，记录生产环节各种操作的集中反馈，如报警和报告。

（5）流式处理。Kafka 实时采集的数据可以传递给流计算框架（如 Spark Streaming 和 Storm）进行实时处理。

4.1.3　Kafka 的消息传递模式

消息系统负责将数据从一个应用传递到另一个应用，应用只需关注数据本身，无须关注数据在两个或多个应用间是如何传递的。分布式消息传递基于可靠的消息队列，在客户端应用和消息系统之间异步传递消息。对消息系统而言，一般有两种主要的消息传递模式：点对点消息传递模式和发布订阅消息传递模式。大部分消息系统选用发布订阅消息传递模式，包括 Kafka。

1．点对点消息传递模式

如图 4-1 所示，在点对点消息传递模式中，消息被持久化到一个队列中。有一个或多个消费者消费队列中的消息，但是一条消息只能被消费一次。在一个消费者消费了队列中的某条消息之后，该条消息被从队列中删除。在该模式下，即使有多个消费者同时消费消息，也能保证消息按顺序处理。

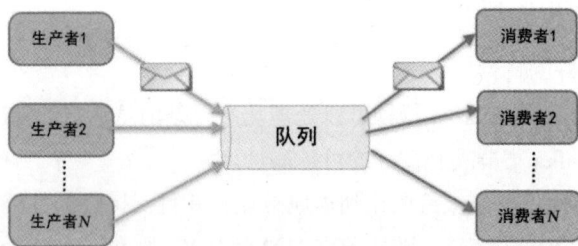

图 4-1　点对点消息传递模式的架构

2．发布订阅消息传递模式

如图 4-2 所示，在发布订阅消息传递模式中，消息被持久化到一个主题中。与点对点消息传递模式不同的是，消费者可以订阅一个或多个主题，消费该主题中所有的消息，而同一条消息可以被多个消费者消费，消息被消费后不会立刻删除。在发布订阅消息传递模式中，消息的生产者称为"发布者"（Publisher），消费者称为"订阅者"（Subscriber）。

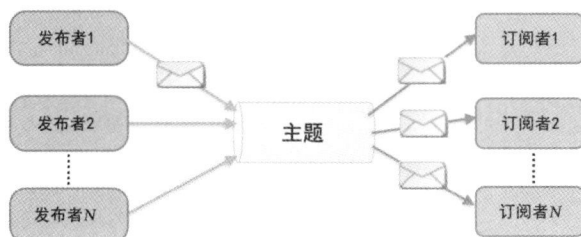

图 4-2　发布订阅消息传递模式的架构

4.2　Kafka 在大数据生态系统中的作用

最近几年，Kafka 在大数据生态系统中发挥着越来越重要的作用，在 Uber、Twitter、Netflix、LinkedIn、Yahoo、Cisco、Goldman Sachs 等公司得到了大量应用。目前，在很多公司的大数据平台中，Kafka 通常扮演数据交换枢纽的角色。

传统的关系数据库一直是企业关键业务系统的首选数据库产品，能够较好地满足企业对数据一致性和高效复杂查询的需求。但是，关系数据库只支持规范的结构化数据存储，无法有效应对各种不同类型的数据，如各种非结构化的日志记录、图结构数据等；面对海量大规模数据也显得"捉襟见肘"。因此，关系数据库无法实现"一种产品满足所有应用场景"的需求。在这样的大背景下，专用的分布式系统纷纷涌现，包括离线批处理系统（如 MapReduce、Spark）、NoSQL 数据库（如 Redis、MongoDB、HBase、Cassandra）、流计算框架（如 Storm、S4、Spark Streaming、Samza）、图计算框架（如 Pregel、Hama）、搜索系统（如 Elasticsearch、Solr）等。这些系统不追求"大而全"，而是专注于满足企业某一方面的业务需求，因此实现了很好的性能。但是，随之而来的问题是如何实现这些专用系统与 Hadoop 系统各组件之间数据的导入导出。一种普遍的想法是，为各专用系统单独开发数据导入导出工具。这种解决方案在技术上没有实现难度，但有较高的实现代价，因为每当有一款新的产品加入企业的大数据生态系统时，就需要为这款产品开发与 Hadoop 各组件的数据交换工具。因此，有必要设计一种通用工具，使其起到数据交换枢纽的作用，其他工具加入大数据生态系统后，只需要开发和这种通用工具的数据交换方案，就可以通过这个数据交换枢纽轻松实现和 Hadoop 组件的数据交换。Kafka 就是一款可以实现这种功能的产品。

如图 4-3 所示，在企业的大数据生态系统中，可以把 Kafka 作为数据交换枢纽，不同类型的分布式系统（关系数据库、NoSQL 数据库、流处理系统、批处理系统等）统一接入 Kafka，实现和 Hadoop 各组件之间的不同类型数据的实时高效交换，较好地满足各种企业应用需求。同时，以 Kafka 作为数据交换枢纽，也可以很好地解决不同系统之间的数据生产/消费速率不同的问题。例如，在线上实时数据需要写入 HDFS 的场景中，线上数据不仅生成快，而且具有突发性，如果直接把线上数据写入 HDFS，可能会导致高峰时间 HDFS 写入失败。在这种情况下，就可以先把线上数据写入 Kafka，然后借助 Kafka 将数据导入 HDFS。

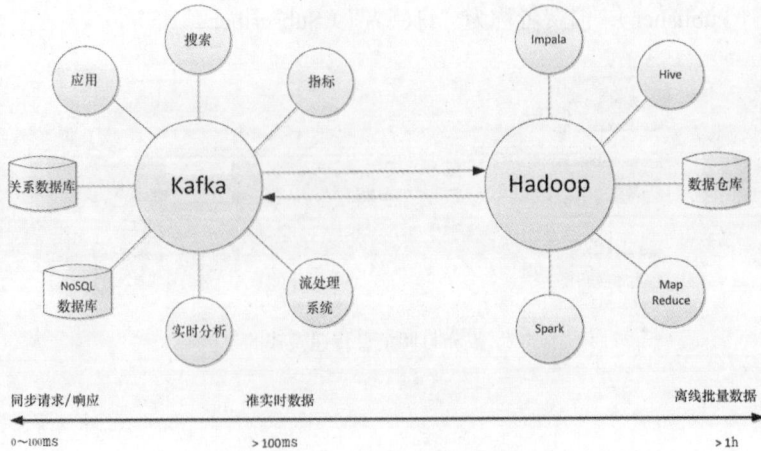

图 4-3　Kafka 作为数据交换枢纽

4.3　Kafka 和 Flume 的区别与联系

　　Kafka 和 Flume 的很多功能确实是重叠的，二者的联系与区别如下。

　　（1）Kafka 是一个通用型系统，可以有许多的生产者和消费者分享多个主题。相反，Flume 被设计成特定用途的系统，只向 HDFS 和 HBase 发送数据。Flume 为了更好地为 HDFS 服务而做了特定的优化，并且与 Hadoop 的安全体系整合在一起。因此，如果数据需要被多个应用程序消费，推荐使用 Kafka；如果数据只面向 Hadoop，推荐使用 Flume。

　　（2）Flume 拥有各种配置的数据源（Source）和数据槽（Sink），而 Kafka 拥有的是非常小的生产者和消费者环境体系。如果数据来源已经确定，不需要额外的编码，那么推荐使用 Flume 提供的数据源和数据槽。反之，如果需要准备自己的生产者和消费者，那么就适合使用 Kafka。

　　（3）Flume 可以在拦截器里面实时处理数据，这个特性对于过滤数据非常有用。Kafka 需要一个外部系统帮助处理数据。

　　（4）无论是 Kafka 还是 Flume，都可以保证不丢失数据。

　　（5）Flume 和 Kafka 可以一起工作。Kafka 是分布式消息中间件，自带存储空间，更适合做日志缓存。Flume 数据采集部分做得很好，可用于采集日志，然后把采集到的日志发送到 Kafka 中，再由 Kafka 把数据传送给 Hadoop、Spark 等消费者。

4.4　Kafka 相关概念

　　Kafka 是一种高吞吐量的分布式消息订阅分发系统。为了更好地理解和使用 Kafka，我们需要了解 Kafka 的相关概念。

　　（1）Broker：Kafka 集群包含一个或多个服务器，这些服务器称为 Broker。

　　（2）Topic：每条发布到 Kafka 集群的消息都有一个类别，这个类别称为 Topic（主题）。物理上不同 Topic 的消息分开存储，逻辑上一个 Topic 的消息虽然保存于一个或多个 Broker 上，但用户只需指定消息的 Topic，即可生产或消费数据，而不必关心数据存于何处。

（3）Partition：物理上的概念，每个 Topic 包含一个或多个 Partition。

（4）Producer：消息生产者，负责发布消息到 Kafka 的 Broker。

（5）Consumer：消息消费者，从 Kafka 的 Broker 读取消息的客户端。

（6）Consumer Group：每个 Consumer 属于一个特定的 Consumer Group，可为每个 Consumer 指定 Group Name，若不指定，则该 Consumer 属于默认的 Group。同一个 Topic 的一条消息只能被同一个 Consumer Group 内的一个 Consumer 消费，但多个 Consumer Group 可同时消费这一消息。

图 4-4 所示为 Kafka 的总体架构。一个典型的 Kafka 集群包含若干 Producer、若干 Broker、若干 Consumer 及一个 Zookeeper 集群。Kafka 通过 Zookeeper 管理集群配置。Producer 使用推（push）模式将消息发布到 Broker，Consumer 使用拉（pull）模式从 Broker 订阅并消费消息。

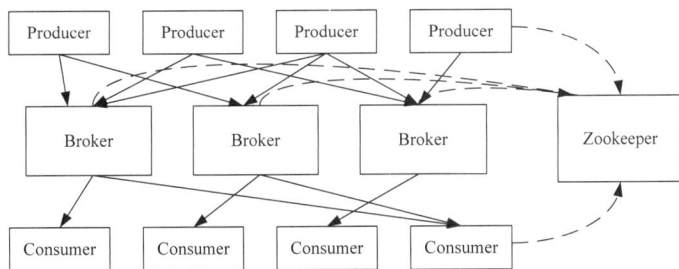

图 4-4　Kafka 总体架构

图 4-5 所示为 Kafka 中的 Topic 与其他组件的关系。Producer 在发布消息时，会发布到特定的 Topic，Consumer 从特定的 Topic 获取消息。每个 Topic 包含一个或多个 Partition。

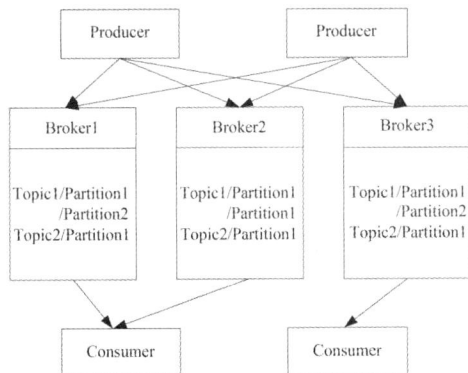

图 4-5　Kafka 中的 Topic 与其他组件的关系

4.5　Kafka 的安装和使用

4.5.1　安装 Kafka

Kafka 的运行需要 Java 环境的支持，因此，安装 Kafka 前需要在 Ubuntu 系统中安装 JDK。请参照第 2.3 节内容完成 JDK 的安装。

读者可访问 Kafka 官网，下载 Kafka 3.6.1 的安装文件 kafka_2.12-3.6.1.tgz；也可以到本书官网的"下载专区"的"软件"目录下获取安装文件。在 Ubuntu 系统的终端中执行以下命令安装 Kafka：

```
$ cd /home/hadoop/Downloads  #假设安装文件在该目录下
$ sudo tar -zxvf kafka_2.12-3.6.1.tgz -C /usr/local
$ cd /usr/local
$ sudo mv kafka_2.12-3.6.1 kafka
$ sudo chown -R hadoop ./kafka
```

因为 Kafka 的运行依赖于 Zookeeper，所以在企业实际环境中，还需要下载并安装 Zookeeper。当然，Kafka 也内置了 Zookeeper 服务，因此，也可以不额外安装 Zookeeper，直接使用内置的 Zookeeper 服务。为简单起见，这里直接使用 Kafka 内置的 Zookeeper 服务。

4.5.2　使用 Kafka

首先需要启动 Kafka。请在 Ubuntu 系统中打开一个终端，在里面输入下列命令启动 Zookeeper 服务：

```
$ cd /usr/local/kafka
$ ./bin/zookeeper-server-start.sh config/zookeeper.properties
```

注意，执行上述命令后，终端窗口会返回一系列信息，然后就停住不动了，没有回到 Shell 命令提示符状态。这时，不要误以为系统中断了，实际上是 Zookeeper 服务器已经启动，正处于服务状态。所以，不要关闭这个终端窗口，一旦关闭，Zookeeper 服务就真的停止了。

请另外打开第二个终端，然后在里面输入下列命令启动 Kafka 服务：

```
$ cd /usr/local/kafka
$ ./bin/kafka-server-start.sh config/server.properties
```

同样，执行上述命令后，终端窗口会返回一系列信息，然后就会停住不动，没有回到 Shell 命令提示符状态。这时，同样不要误以为系统中断了，而是 Kafka 服务器已经启动，正处于服务状态。所以，不要关闭这个终端窗口，一旦关闭，Kafka 服务就真的停止了。

当然，还有一种方式是采用下面加了"&"的命令：

```
$ cd /usr/local/kafka
$ ./bin/kafka-server-start.sh config/server.properties &
```

这样，Kafka 就会在后台运行，即使关闭了这个终端，Kafka 也会一直在后台运行。不过，采用这种方式时，有时候我们会忘记还有 Kafka 在后台运行，所以建议暂时不要用这种方式。

下面先测试 Kafka 能否正常使用。再打开第三个终端，然后在里面输入下列命令创建一个自定义名称为"wordsendertest"的 Topic：

```
$ cd /usr/local/kafka
$ ./bin/kafka-topics.sh --create --topic wordsendertest \
> --bootstrap-server localhost:9092
#可以用 list 列出所有创建的 Topic，来查看上面创建的 Topic 是否存在
$ ./bin/kafka-topics.sh --list --bootstrap-server localhost:9092
```

上面命令中的"\"表示换行，在输入"\"后按 Enter 键就会换行，可以在下一行继续输入命令。这个名称为"wordsendertest"的 Topic，就是专门负责采集、发送一些单词的。

下面用生产者（Producer）来产生一些数据，请在当前终端内继续输入下列命令：

```
$ ./bin/kafka-console-producer.sh --bootstrap-server localhost:9092 \
> --topic wordsendertest
```

执行上述命令后，就可以在当前终端（假设名称为"生产者终端"）内用键盘输入一些英文单词，比如可以输入以下单词：

```
hello hadoop
hello kafka
```

这些单词就是数据源，会被 Kafka 捕捉到后发送给消费者。现在可以启动一个消费者来查看刚才生产者所产生的数据。请另外打开第四个终端，在里面输入下列命令：

```
$ cd /usr/local/kafka
$ ./bin/kafka-console-consumer.sh --bootstrap-server localhost:9092 \
> --topic wordsendertest --from-beginning
```

屏幕上会显示以下结果，也就是刚才在另外一个终端里面输入的内容。

```
hello hadoop
hello kafka
```

4.6　使用 Python 操作 Kafka

在使用 Python 操作 Kafka 之前，需要安装第三方模块 kafka-python，命令如下：

```
$ pip install kafka-python
```

安装结束以后，可以使用以下命令查看已经安装的 kafka-python 的版本信息：

```
$ pip list
```

执行这个命令后会显示已经安装的 Python 第三方模块，以及每个模块的版本信息。

编写一个生产者程序 producer_test.py 用来生成消息：

```
from kafka import KafkaProducer

producer = KafkaProducer(bootstrap_servers='localhost:9092')    #连接 Kafka

msg="Hello World".encode('utf-8')    #发送内容，必须是 bytes 类型
producer.send('test', msg)           #发送的 Topic 为 test
producer.close()
```

编写一个消费者程序 consumer_test.py 用来消费消息：

```
from kafka import KafkaConsumer

consumer=KafkaConsumer('test', bootstrap_servers=['localhost:9092'], group_id=None,
auto_offset_reset='smallest')
    for msg in consumer:
        recv="%s:%d:%d: key=%s value=%s" % (msg.topic, msg.partition, msg.offset,
msg.key, msg.value)
        print(recv)
```

在 Ubuntu 系统的终端中启动 Zookeeper 服务和 Kafka 服务，然后执行 producer_test.py，再执行 consumer_test.py，具体命令如下：

```
$ cd /home/hadoop  #假设代码在该目录下
$ python3 producer_test.py
$ python3 consumer_test.py
```

如果程序执行成功，将看到屏幕上显示"Hello World"。

下面再给出一个稍微复杂的实例。假设"/home/hadoop"目录下有一个文件 score.csv，其内容如下：

```
"Name","Score"
"Zhang San",99.0
"Li Si",45.5
"Wang Hong",82.5
"Liu Qian",76.0
"Ma Li",62.5
"Shen Teng",78.0
"Pu Wen",86.5
```

要求完成的任务：Kafka 生产者读取文件中的所有内容，然后将其以 JSON 字符串的形式发送给 Kafka 消费者；消费者获得消息以后将其转换成表格形式显示到屏幕上。结果显示如下：

```
        Name     Score
0   Zhang San    99.0
1      Li Si     45.5
2   Wang Hong    82.5
3    Liu Qian    76.0
4      Ma Li     62.5
5   Shen Teng    78.0
6     Pu Wen     86.5
```

为了完成上述任务，编写代码文件 kafka_demo.py（要求和文件 score.csv 在同一个目录下），其内容如下：

```
#kafka_demo.py
import sys
import json
import pandas as pd
import os
from kafka import KafkaProducer
from kafka import KafkaConsumer
from kafka.errors import KafkaError

KAFKA_HOST = "localhost"  #服务器地址
KAFKA_PORT = 9092         #端口号
KAFKA_TOPIC = "topic0"    #Topic

data = pd.read_csv("score.csv")
key_value = data.to_json()

class Kafka_producer():
    def __init__(self, kafkahost, kafkaport, kafkatopic, key):
        self.kafkaHost = kafkahost
        self.kafkaPort = kafkaport
        self.kafkatopic = kafkatopic
        self.key = key
        self.producer = KafkaProducer(bootstrap_servers = '{kafka_host}:
{kafka_port}'.format(
                kafka_host = self.kafkaHost,
```

```
                        kafka_port = self.kafkaPort)
                )
        def sendjsondata(self, params):
                try:
                        params_message = params
                        producer = self.producer
                        producer.send(self.kafkatopic,key = self.key, value = params_message.
encode('utf-8'))
                        producer.flush()
                except KafkaError as e:
                        print(e)


    class Kafka_consumer():
        def __init__(self, kafkahost, kafkaport, kafkatopic, groupid, key):
            self.kafkaHost = kafkahost
            self.kafkaPort = kafkaport
            self.kafkatopic = kafkatopic
            self.groupid = groupid
            self.key = key
            self.consumer = KafkaConsumer(self.kafkatopic, group_id = self.groupid,
                auto_offset_reset = 'earliest',
                bootstrap_servers = '{kafka_host}:{kafka_port}'.format(
                kafka_host = self.kafkaHost,
                kafka_port = self.kafkaPort)
                )
        def consume_data(self):
            try:
                    for message in self.consumer:
                            yield message
            except KeyboardInterrupt as e:
                            print(e)


def sortedDictValues(adict):
    items = adict.items()
    items = sorted(items,reverse = False)
    return [value for key, value in items]


def main(xtype, group, key):
    if xtype == "p":
            #生产者模块
            producer = Kafka_producer(KAFKA_HOST, KAFKA_PORT, KAFKA_TOPIC, key)
            print("============> producer:", producer)
            params = key_value
            producer.sendjsondata(params)
    if xtype == 'c':
            #消费者模块
            consumer = Kafka_consumer(KAFKA_HOST, KAFKA_PORT, KAFKA_TOPIC, group, key)
            print("============> consumer:", consumer)
            message = consumer.consume_data()
        for msg in message:
                msg = msg.value.decode('utf-8')
                python_data = json.loads(msg) #字符串转换成字典
                key_list = list(python_data)
                test_data = pd.DataFrame()
                for index in key_list:
                        if index == 'Name':
                                a1 = python_data[index]
                                data1 = sortedDictValues(a1)
```

```
                            test_data[index] = data1
                    else:
                        a2 = python_data[index]
                        data2 = sortedDictValues(a2)
                        test_data[index] = data2
                print(test_data)

if __name__ == '__main__':
    main(xtype = 'p', group = 'py_test', key = None)
    main(xtype = 'c', group = 'py_test', key = None)
```

在终端中执行以下命令运行程序，运行结果如图 4-6 所示。

```
$ cd /home/hadoop
$ python3 kafka_demo.py
```

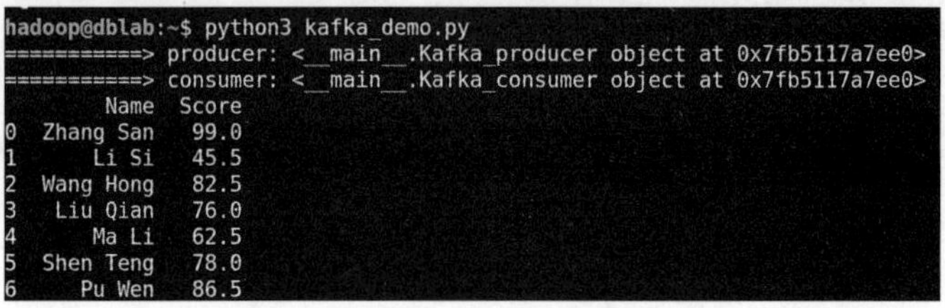

图 4-6　kafka_demo.py 程序运行结果

4.7　Kafka 与 MySQL 的组合使用

本节通过一个实例演示 Kafka 与 MySQL 的组合使用。需要完成的任务：把 JSON 格式数据放入 Kafka 并发送出去；然后从 Kafka 中获取 JSON 格式数据，对其进行解析并写入 MySQL 数据库。请参照第 2 章的内容完成 MySQL 的安装，并学习其使用方法。

编写一个生产者程序 producer_json.py，具体代码如下：

```
#producer_json.py
from kafka import KafkaProducer
import json

producer=KafkaProducer(bootstrap_servers='localhost:9092',value_serializer=lambda
v:json.dumps(v).encode('utf-8'))    #连接 Kafka

data={
  "sno":"95001",
  "name":"John",
  "sex":"M",
  "age":23
 }

producer.send('json_topic',data)    #发送的 Topic 为 json_topic
producer.close()
```

编写一个消费者程序 consumer_json.py，具体代码如下：

```
#consumer_json.py
from kafka import KafkaConsumer
```

```
import json
import pymysql.cursors

consumer = KafkaConsumer('json_topic',bootstrap_servers=['localhost:9092'],group_i
d =None,auto_offset_reset='earliest')
for msg in consumer:
        msg1=str(msg.value,encoding="utf-8")        #字节数组转换成字符串
        dict=json.loads(msg1)                        #字符串转换成字典
        #连接数据库
        connect=pymysql.Connect(
            host='localhost',
            port=3306,
            user='root',          #数据库用户名
            passwd='123456',    #密码
            db='school',
            charset='utf8'
        )

        #获取游标
        cursor=connect.cursor()

        #插入数据
        sql="INSERT INTO student(sno,sname,ssex,sage) VALUES('%s','%s','%s',%d)"
        data=(dict['sno'],dict['name'],dict['sex'],dict['age'])
        cursor.execute(sql % data)
        connect.commit()
        print('成功插入数据')

        #关闭数据库连接
        connect.close()
```

在 Ubuntu 系统中启动 MySQL 服务进程，然后进入 MySQL Shell 界面，输入以下 SQL 语句创建数据库 school：

```
mysql>CREATE DATABASE school;
```

创建好数据库 school 后，可以使用以下 SQL 语句打开数据库：

```
mysql>USE school;
```

使用以下 SQL 语句创建一个数据表 student：

```
mysql>CREATE TABLE student(
    -> sno char(5),
    -> sname char(10),
    -> ssex char(2),
    -> sage int);
```

使用以下 SQL 语句查看已经创建的数据表：

```
mysql>SHOW TABLES;
```

在 Ubuntu 系统终端中启动 Zookeeper 服务和 Kafka 服务。然后执行 producer_json.py，再执行 consumer_json.py，具体命令如下：

```
$ cd /home/hadoop    #假设代码在该目录下
$ python3 producer_json.py
$ python3 consumer_json.py
```

执行成功后，使用以下命令查看 MySQL 数据库中新插入的记录：

```
mysql>SELECT * FROM student;
```

我们将看到一条记录已经被成功插入 MySQL 数据库中了。

4.8　Kafka 采集数据保存到 MongoDB 中

4.8.1　任务描述

在 Ubuntu 系统的"/home/hadoop"目录下有一个 stat.csv 文件，里面包含以下两行内容：

```
1,2025-1-21,Ziyu,Lin
2,2025-1-22,Shufan,Lin
```

现在需要编写程序，使用 Kafka 采集 stat.csv 中的数据，并对数据进行解析，然后保存到 MongoDB 数据库中。

4.8.2　实现代码

在"/home/hadoop"目录下新建一个代码文件 producer.py，其内容如下：

```python
from kafka import KafkaProducer

print("this is producer")
producer = KafkaProducer(bootstrap_servers = ['localhost:9092'], api_version = (0, 10))
csvFilePath = 'stat.csv'

data = []
with open(csvFilePath, "rb") as csvfile:
    data = csvfile.readlines()
    for rec in data:
        #Topic 为 csvDataTopic，消息内容为读取的 CSV 文件的一行
        producer.send('csvDataTopic', rec)
        print(rec)
        print("发送消息成功")
producer.close()
```

在"/home/hadoop"目录下新建一个代码文件 consumer.py，其内容如下：

```python
from kafka import KafkaConsumer
from pymongo import MongoClient

print("this is consumer")
consumer = KafkaConsumer('csvDataTopic',bootstrap_servers = ['localhost:9092'],auto
_offset_reset = 'earliest')
client = MongoClient(host = 'localhost', port = 27017)
db = client.db

result = {}
csv_data = []
header_arr = ['id','timestamp','first_name','last_name']

for message in consumer:
```

```
#收到的订阅消息处理
msg_str = message.value.decode('utf-8').strip().replace('\n', '')
csv_data = msg_str.split(',')
print(csv_data)
data = {header_arr[i] : str(csv_data[i]) for i in range(len(header_arr))}
result = db.csvstats.insert_one(data)
```

4.8.3　执行过程

在 Ubuntu 系统中启动 Zookeeper 服务和 Kafka 服务（参考 4.5.2 小节内容），启动 MongoDB 服务（参考 2.6 节内容）。

新建一个终端，在里面执行以下命令启动生产者和消费者：

```
$ cd /home/hadoop
$ python3 producer.py
$ python3 consumer.py
```

新建一个终端，在里面执行以下命令进入 MongoDB Shell 环境：

```
$ mongosh
```

然后，在 MongoDB Shell 环境中执行以下命令查看数据：

```
>show dbs;
>use db;
>show collections;
>db.csvstats.find();
```

查询结果如图 4-7 所示。

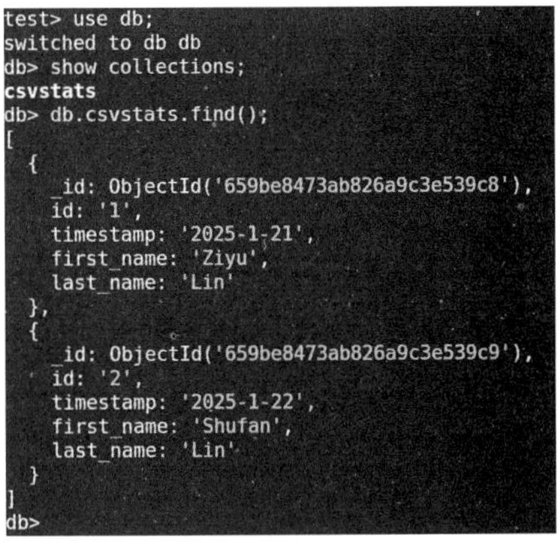

```
test> use db;
switched to db db
db> show collections;
csvstats
db> db.csvstats.find();
[
  {
    _id: ObjectId('659be8473ab826a9c3e539c8'),
    id: '1',
    timestamp: '2025-1-21',
    first_name: 'Ziyu',
    last_name: 'Lin'
  },
  {
    _id: ObjectId('659be8473ab826a9c3e539c9'),
    id: '2',
    timestamp: '2025-1-22',
    first_name: 'Shufan',
    last_name: 'Lin'
  }
]
db>
```

图 4-7　MongoDB 数据库查询结果

4.9　本章小结

Kafka 是一个分布式、分区、多副本、多订阅者、基于 Zookeeper 协调的分布式消息系统，主要应用场景是日志收集和消息订阅分发。LinkedIn 于 2010 年把 Kafka 贡献给 Apache 基金会，之后 Kafka 成为顶级开源项目。Kafka 即使对太字节级以上数据也能保证常数时间复杂度的访问性能。Kafka 还支持高吞吐量，即使在非常廉价的商用机器上，也能做到单机支持每秒 10 万条消息的传输。本章介绍了 Kafka 的概念，以及安装和使用方法。本章介绍的 Kafka 使用方法较为基础，若读者想要了解更多高级的使用方法，可以参考相关书籍或网络资料。

4.10　习题

（1）Kafka 与传统的消息系统有何区别？

（2）Kafka 有哪些优良特性？

（3）请阐述 Kafka 的主要应用场景。

（4）请阐述 Kafka 在大数据生态系统中的作用。

（5）请阐述 Kafka 和 Flume 的联系与区别。

（6）请阐述 Kafka 总体架构中各组件的功能。

实验 3　熟悉 Kafka 的基本使用方法

一、实验目的

（1）熟悉 Kafka 操作的常用命令。

（2）熟练使用 Python 编写 Kafka 的生产者程序和消费者程序。

（3）熟练完成 Kafka 与 MySQL 的交互。

（4）熟悉消费者订阅分区和手动提交偏移量的 API。

二、实验平台

（1）操作系统：Ubuntu 22.04。

（2）Kafka 版本：3.6.1。

（3）MySQL 版本：8.0.35。

三、实验内容

1. Kafka 与 MySQL 的组合使用

假设有一个学生表 student，如表 4-1 所示，编写 Python 程序完成以下操作。

（1）读取学生表 student 的数据内容，将其转为 JSON 格式，发送给 Kafka。

（2）从 Kafka 中获取 JSON 格式数据并输出。

表 4-1　　　　　　　　　　　　　　　　学生表 student

sno	sname	ssex	sage
95001	John	M	23
95002	Tom	M	23

2. Kafka 消费者手动提交

生成一个 data.json 文件，内容如下：

```
[
{"name":"Tony","age":"21","hobbies" : ["basketball","tennis"]},
{"name":"Lisa","age":"20","hobbies" : ["sing","dance"]}
]
```

根据上面给出的 data.json 文件，执行以下操作。

（1）编写生产者程序，将 JSON 文件数据发送给 Kafka。

（2）编写消费者程序，读取 Kafka 的 JSON 格式数据，并手动提交偏移量。

3. Kafka 消费者订阅分区

在命令行窗口中启动 Kafka 后，手动创建主题 assginTopic，分区数量为 2。具体命令如下：

```
$ cd /usr/local/kafka
$ ./bin/kafka-topics.sh --create --topic assginTopic \
> --bootstrap-server localhost:9092 --replication-factor 1 --partitions 2
```

根据上面给出的主题，完成以下操作。

（1）编写生产者程序，以通用唯一识别码（Universally Unique Identifier，UUID）作为消息，发送给主题 assignTopic。

（2）编写消费者程序 1，订阅主题的分区 0，只消费分区 0 的数据。

（3）编写消费者程序 2，订阅主题的分区 1，只消费分区 1 的数据。

四、实验报告

"数据采集与预处理"课程实验报告

题目：		姓名：		日期：	

实验环境：

实验内容与完成情况：

出现的问题：

解决方案（列出已解决的问题和解决办法，并列出没有解决的问题）：

第5章
日志采集系统 Flume

Flume 是 Cloudera 提供的一个高可用、高可靠、分布式的海量日志采集、聚合和传输系统，Flume 支持在日志系统中定制各类数据发送方，用于收集数据；同时，Flume 提供对数据进行简单处理并写到各种数据接收方（可定制）的能力。

本章首先简要介绍 Flume，然后介绍 Flume 的安装和使用方法，以及 Kafka 和 Flume 的组合使用方法；接下来介绍采集日志文件到 HDFS 及采集 MySQL 数据库中数据到 HDFS 的方法；最后介绍 Flume 多数据源应用实例。

5.1 Flume 简介

Flume 运行的核心是 Agent。Flume 以 Agent 为最小的独立运行单位，一个 Agent 就是一个 Java 虚拟机（Java Virtual Machine，JVM），它是一个完整的数据采集工具，包含三大核心组件，分别是数据源（Source）、数据通道（Channel）和数据槽（Sink），如图 5-1 所示。通过这些组件，事件（Event）可以从一个地方流向另一个地方。每个组件的具体功能如下。

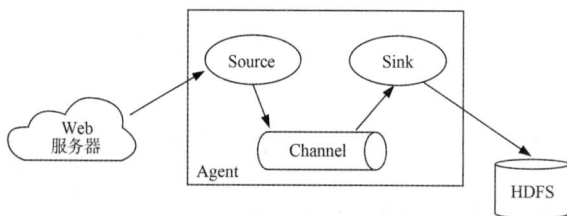

图 5-1　Flume 的技术架构

（1）数据源是数据的收集端，负责将数据捕获后进行特殊的格式化，将数据封装到事件里，然后将事件推入数据通道。常用的数据源类型包括 Avro、Thrift、Exec、JMS（Java Message Service，Java 消息服务）、Spooling Directory、Taildir、Kafka、NetCat、Syslog、HTTP 等。

（2）数据通道是连接数据源和数据槽的组件，可以看作数据的缓冲区（数据队列），它可以将事件暂存到内存中，也可以将事件持久化到本地磁盘上，直到数据槽处理完该事件。常用的数据通道类型包括 Memory、JDBC（Java Database Connectivity，Java 数据库互连）、Kafka、File、Custom 等。

（3）数据槽取出数据通道中的数据，将其存储到文件系统和数据库，或者提交到远程服务器。

常用的数据槽类型包括 HDFS、Hive、Logger、Avro、Thrift、IRC、File Roll、HBase、Elasticsearch、Kafka、HTTP 等。

Flume 提供了大量内置的数据源、数据通道和数据槽类型。不同类型的数据源、数据通道和数据槽可以自由组合。组合方式基于用户设置的配置文件，非常灵活。例如，数据通道可以把事件暂存在内存里，也可以将事件持久化到本地硬盘上；数据槽可以把日志写入 HDFS、HBase，甚至另外一个数据源。

5.2 Flume 的安装和使用

本节介绍 Flume 的安装和使用方法。

5.2.1 Flume 的安装

Flume 的运行需要 Java 环境的支持，因此，我们需要在 Ubuntu 系统中安装 JDK。请参照第 2 章内容完成 JDK 的安装。

读者可以访问 Flume 官网，下载 Flume 安装文件 apache-flume-1.11.0-bin.tar.gz；也可以到本书官网"下载专区"的"软件"目录下获取 Flume 安装文件。打开一个 Ubuntu 系统终端，执行以下命令安装 Flume：

```
$ cd /home/hadoop/Downloads  #假设 Flume 安装文件在该目录下
$ sudo tar -zxvf apache-flume-1.11.0-bin.tar.gz -C /usr/local
$ cd /usr/local
$ sudo mv apache-flume-1.11.0-bin flume
$ sudo chown -R hadoop ./flume  #hadoop 是当前登录 Ubuntu 系统的用户名
```

执行以下命令测试是否安装成功：

```
$ cd /usr/local/flume
$ ./bin/flume-ng version
```

如果能够返回类似以下代码的信息，则表示安装成功：

```
Flume 1.11.0
Source code repository: https://git.******.org/repos/asf/flume.git
Revision: 1a15927e594fd0d05a59d804b90a9c31ec93f5e1
Compiled by rgoers on Sun Oct 16 14:44:15 MST 2022
From source with checksum bbbca682177262aac3a89defde369a37
```

执行以下命令设置 Flume 运行时的日志显示级别：

```
$ cd /usr/local/flume/conf
$ vim log4j2.xml
```

使用 vim 编辑器打开 log4j2.xml 文件后，在文件中找到 "<Root level="INFO">" 这个配置项的位置，并配置为以下内容：

```
<Root level="INFO">
    <AppenderRef ref="Console" />
    <AppenderRef ref="LogFile" />
</Root>
```

在上面的配置信息中，"<AppenderRef ref="Console" />" 这行是新增的内容，其他内容是 log4j2.xml 文件中原本就存在的。

5.2.2　Flume 的使用

使用 Flume 的核心是设置配置文件，在配置文件中，需要详细定义 Source、Sink 和 Channel 的相关信息。这里通过两个实例来介绍如何设置配置文件。

1. 采集 NetCat 数据显示到控制台

这里给出一个简单的实例，假设 Source 为 NetCat 类型，使用 Ubuntu 系统自带的 nc 命令连接 Source 写入数据，产生的日志数据输出到控制台（屏幕）。

在 Ubuntu 系统的 "/usr/local/flume/conf" 目录下，新建一个配置文件 example.conf，内容如下：

```
#设置 Agent 上的各组件名称
a1.sources = r1
a1.sinks = k1
a1.channels = c1

#配置 Source
a1.sources.r1.type = netcat
a1.sources.r1.bind = localhost
a1.sources.r1.port = 44444

#配置 Sink
a1.sinks.k1.type = logger

#配置 Channel
a1.channels.c1.type = memory
a1.channels.c1.capacity = 1000
a1.channels.c1.transactionCapacity = 100

#把 Source 和 Sink 绑定到 Channel 上
a1.sources.r1.channels = c1
a1.sinks.k1.channel = c1
```

配置文件设置了 Source 的类型为 NetCat，Channel 的类型为 Memory，Sink 的类型为 Logger。

然后，新建一个终端（这里称为 "Flume 窗口"），在里面执行以下命令：

```
$ cd /usr/local/flume
$ ./bin/flume-ng agent --conf ./conf --conf-file ./conf/example.conf --name a1 -Dflume.root.logger = INFO,console
```

再新建一个终端，在里面执行以下 nc 命令：

```
$ nc localhost 44444
```

这时就可以从键盘输入一些英文单词，比如 "Hello World"（见图 5-2）。

图 5-2　使用 nc 命令发送信息

切换到 Flume 窗口，就可以看到屏幕上显示了 "Hello World"，如图 5-3 所示。这说明 Flume 成功接收到了信息。

图 5-3　Flume 窗口中显示接收到的信息

2. 采集目录下的数据显示到控制台

假设 Ubuntu 系统中有一个目录 "/home/hadoop/mylogs"，这个目录下不断有新的文件生成。使用 Flume 采集这个目录下的文件，并把文件内容显示到控制台（屏幕）。

在 Flume 安装目录的 conf 子目录下，新建一个名称为 example1.conf 的配置文件，该文件的内容如下：

```
#设置Agent上的各组件名称
a1.sources = r1
a1.channels = c1
a1.sinks = k1

#配置Source
a1.sources.r1.type = spooldir
a1.sources.r1.spoolDir = /home/hadoop/mylogs

#配置Channel
a1.channels.c1.type = memory
a1.channels.c1.capacity = 10000
a1.channels.c1.transactionCapacity = 100

#配置Sink
a1.sinks.k1.type = logger

#把Source和Sink绑定到Channel上
a1.sources.r1.channels = c1
a1.sinks.k1.channel = c1
```

清空 "/home/hadoop/mylogs" 目录（即删除该目录下的所有内容），然后新建一个终端（这里称为 "Flume 窗口"），在里面执行以下命令：

```
$ cd /usr/local/flume
$ ./bin/flume-ng agent --conf ./conf --conf-file ./conf/example1.conf --name a1 -D flume.root.logger=INFO,console
```

然后，在 "/home/hadoop" 目录下新建一个文件 mylog.txt，输入一些内容，如 "I love Flume"。保存该文件，并把该文件复制到 "/home/hadoop/mylogs" 目录下，可以看到，该目录下的 mylog.txt 很快变成 mylog.txt.COMPLETED，这时，在 Flume 窗口中就可以看到 mylog.txt 中的内容，如图 5-4 所示。

图 5-4　Flume 窗口中显示采集到的信息

5.3　Flume 和 Kafka 的组合使用

5.3.1　Flume 采集 NetCat 数据到 Kafka

在 Ubuntu 系统中打开第 1 个终端，在里面执行以下命令启动 Zookeeper 服务：

```
$ cd /usr/local/kafka
$ ./bin/zookeeper-server-start.sh config/zookeeper.properties
```

打开第 2 个终端，在里面执行以下命令启动 Kafka 服务：

```
$ cd /usr/local/kafka
$ ./bin/kafka-server-start.sh config/server.properties
```

打开第 3 个终端，在里面执行以下命令创建一个名为 test 的 Topic：

```
$ cd /usr/local/kafka
$ ./bin/kafka-topics.sh --create --topic test \
> --bootstrap-server localhost:9092
```

在 Flume 安装目录的 conf 子目录下创建一个配置文件 kafka.conf，其内容如下：

```
#设置 Agent 上的各组件名称
a1.sources = r1
a1.sinks = k1
a1.channels = c1

#配置 Source
a1.sources.r1.type = netcat
a1.sources.r1.bind = localhost
a1.sources.r1.port = 44444

#配置 Sink
a1.sinks.k1.type = org.apache.flume.sink.kafka.KafkaSink
a1.sinks.k1.kafka.topic = test
a1.sinks.k1.kafka.bootstrap.servers = localhost:9092
a1.sinks.k1.kafka.flumeBatchSize = 20
a1.sinks.k1.kafka.producer.acks = 1
a1.sinks.k1.kafka.producer.linger.ms = 1
a1.sinks.k1.kafka.producer.compression.type = snappy

#配置 Channel
a1.channels.c1.type = memory
a1.channels.c1.capacity = 1000
a1.channels.c1.transactionCapacity = 100

#把 Source 和 Sink 绑定到 Channel 上
a1.sources.r1.channels = c1
a1.sinks.k1.channel = c1
```

打开第 4 个终端，在里面执行以下命令启动 Flume：

```
$ cd /usr/local/flume
$ ./bin/flume-ng agent --conf ./conf --conf-file ./conf/kafka.conf --name a1 -Dflume.
root.logger = INFO,console
```

打开第 5 个终端，在里面执行以下命令：

```
$ nc localhost 44444
```

执行上面的命令后，在该终端内用键盘输入一些单词，如"hadoop"。这个单词会发送给 Flume，然后由 Flume 发送给 Kafka。

打开第 6 个终端，在里面执行以下命令启动 Kafka 消费者：

```
$ cd /usr/local/kafka
$ ./bin/kafka-console-consumer.sh --bootstrap-server localhost:9092 \
> --topic test --from-beginning
```

上面的命令执行后，我们就可以在屏幕上看到 "hadoop"，这说明 Kafka 成功接收到了数据。

5.3.2　Flume 采集文件数据到 Kafka

1．方案设计

如图 5-5 所示，设置两个 Agent，即 Agent1 和 Agent2，二者的组件配置如下。

（1）Agent1：Exec Source + Memory Channel + Avro Sink。

（2）Agent2：Avro Source + Memory Channel + Kafka Sink。

在 Agent1 中，各组件的功能如下。

（1）Exec Source：监控文件内容是否有增加。

（2）Memory Channel：基于内存的数据通道。

（3）Avro Sink：用于跨节点传输，把捕捉到的数据传递给 Agent2。

在 Agent2 中，各组件的功能如下。

（1）Avro Source：接收来自 Agent1 的数据。

（2）Memory Channel：基于内存的数据通道。

（3）Kafka Sink：消费数据。

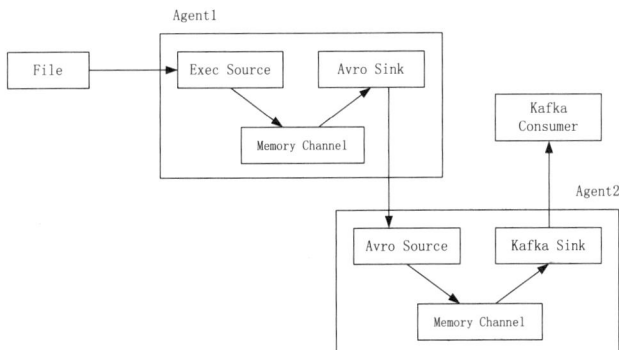

图 5-5　方案设计

2．配置 Flume

为 Agent1 创建一个配置文件 flume_kafka1.conf，其内容如下：

```
#设置各组件名称
a1.sources = exec-source
a1.sinks = avro-sink
a1.channels = memory-channel

#配置 Source
a1.sources.exec-source.type = exec
a1.sources.exec-source.command = tail -F /home/hadoop/data.txt

#配置 Sink
a1.sinks.avro-sink.type = avro
a1.sinks.avro-sink.hostname = localhost
a1.sinks.avro-sink.port = 44444

#配置 Channel
```

```
a1.channels.memory-channel.type = memory
a1.channels.memory-channel.capacity = 1000
a1.channels.memory-channel.transactionCapacity = 100
```

#把 Source 和 Sink 绑定到 Channel
```
a1.sources.exec-source.channels = memory-channel
a1.sinks.avro-sink.channel = memory-channel
```

为 Agent2 创建一个配置文件 flume_kafka2.conf，其内容如下：

#设置各组件名称
```
a2.sources = avro-source
a2.sinks = kafka-sink
a2.channels = memory-channel
```

#配置 Source
```
a2.sources.avro-source.type = avro
a2.sources.avro-source.bind = localhost
a2.sources.avro-source.port = 44444
```

#配置 Sink
```
a2.sinks.kafka-sink.type = org.apache.flume.sink.kafka.KafkaSink
a2.sinks.kafka-sink.kafka.bootstrap.servers = localhost:9092
a2.sinks.kafka-sink.kafka.topic = myTestTopic
a2.sinks.kafka-sink.serializer.class = kafka.serializer.StringEncoder
a2.sinks.kafka-sink.kafka.producer.acks = 1
a2.sinks.kafka-sink.custom.encoding = UTF-8
a2.sinks.kafka-sink.flumeBatchSize=1
```

#配置 Channel
```
a2.channels.memory-channel.type = memory
a2.channels.memory-channel.capacity = 1000
a2.channels.memory-channel.transactionCapacity = 100
```

#把 Source 和 Sink 绑定到 Channel
```
a2.sources.avro-source.channels = memory-channel
a2.sinks.kafka-sink.channel = memory-channel
```

注意，在配置文件 flume_kafka1.conf 中，"tail -F /home/hadoop/data.txt" 这个配置信息中一定要使用大写 F。

3. 执行过程

在 Ubuntu 系统中打开第 1 个终端，在里面执行以下命令启动 Zookeeper 服务：

```
$ cd /usr/local/kafka
$ ./bin/zookeeper-server-start.sh config/zookeeper.properties
```

打开第 2 个终端，在里面执行以下命令启动 Kafka 服务：

```
$ cd /usr/local/kafka
$ ./bin/kafka-server-start.sh config/server.properties
```

打开第 3 个终端，在里面执行以下命令创建一个名为 myTestTopic 的 Topic：

```
$ cd /usr/local/kafka
$ ./bin/kafka-topics.sh  --create --topic myTestTopic \
> --bootstrap-server localhost:9092
```

下面启动两个 Agent，需要先启动 Agent2，再启动 Agent1，否则 Agent1 启动会被拒绝连接。

12

打开第 4 个终端，在里面执行以下命令启动 Agent2：

```
$ cd /usr/local/flume
$ ./bin/flume-ng agent --conf ./conf --conf-file ./conf/flume_kafka2.conf --name a2
-Dflume.root.logger=INFO,console
```

打开第 5 个终端，在里面执行以下命令启动 Agent1：

```
$ cd /usr/local/flume
$ ./bin/flume-ng agent --conf ./conf --conf-file ./conf/flume_kafka1.conf --name a1
-Dflume.root.logger=INFO,console
```

打开第 6 个终端，在里面执行以下命令启动 Kafka 消费者消费数据：

```
$ cd /usr/local/kafka
$ ./bin/kafka-console-consumer.sh  --bootstrap-server  localhost:9092  \
> --topic  myTestTopic  --from-beginning
```

打开第 7 个终端，在里面执行以下命令向 data.txt 文件追加数据：

```
$ echo spark >> "/home/hadoop/data.txt"
$ echo hadoop >> "/home/hadoop/data.txt"
$ echo hdfs >> "/home/hadoop/data.txt"
```

这时，在第 6 个终端就可以看到捕捉到的数据，如图 5-6 所示。

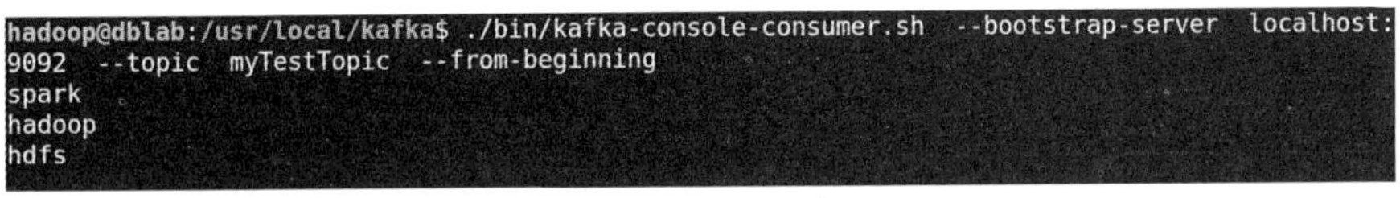

图 5-6　Kafka 消费数据

5.3.3　Flume 采集 MySQL 数据库中的数据到 Kafka

1. 准备工作

在采集 MySQL 数据库中的数据到 Kafka 时，需要用到一个第三方 JAR 包，即 flume-ng-sql-source-1.5.3.jar。这个 JAR 包可以从本书官网"下载专区"的"软件"目录中下载。此外，为了让 Flume 能够顺利连接 MySQL 数据库，还需要用到一个连接驱动程序 JAR 包，读者可以直接到本书官网"下载专区"的"软件"目录中下载 mysql-connector-java-8.0.30.jar。然后，把 flume-ng-sql-source-1.5.3.jar 和 mysql-connector-java-8.0.30.jar 这两个 JAR 包复制到 Flume 安装目录的 lib 子目录下（如"/usr/local/flume/lib"）。

2. 创建数据库

参照第 2 章中关于 MySQL 数据库的内容，完成 MySQL 的安装，并学习其基本使用方法。这里假设读者已经成功安装 MySQL 数据库并掌握了其基本使用方法。在 Ubuntu 系统中，启动 MySQL 服务进程，然后打开 MySQL 的命令行客户端，执行以下 SQL 语句创建数据库和数据表：

```
mysql> CREATE DATABASE school;
mysql> USE school;
mysql> CREATE TABLE student(
    -> id INT NOT NULL,
    -> name VARCHAR(40),
    -> age INT,
    -> grade INT,
    -> PRIMARY KEY (id));
```

注意，在创建数据表的时候，一定要设置一个主键（如这里 id 是主键），否则后面 Flume 会捕捉数据失败。

3. 配置 Flume

进入 Flume 安装目录下的 conf 子目录，在里面新建一个文件 mysql_kafka.conf，在该文件中输入以下内容：

```
#设置 Agent 上的各组件名称
a1.channels = ch-1
a1.sources = src-1
a1.sinks = k1

#配置 Source
a1.sources.src-1.type = org.keedio.flume.source.SQLSource
a1.sources.src-1.hibernate.connection.url = jdbc:mysql://localhost:3306/school
a1.sources.src-1.hibernate.connection.user = root
a1.sources.src-1.hibernate.connection.password = 123456
a1.sources.src-1.hibernate.connection.autocommit = true
a1.sources.src-1.table = student       #数据库中的数据表名称
a1.sources.src-1.run.query.delay = 5000
a1.sources.src-1.custom.query = select id,name,age,grade from student
a1.sources.src-1.status.file.path = /usr/local/flume
a1.sources.src-1.status.file.name = sql-source.status

#配置 Sink
a1.sinks.k1.type = org.apache.flume.sink.kafka.KafkaSink
a1.sinks.k1.kafka.topic = testTopic
a1.sinks.k1.kafka.bootstrap.servers = localhost:9092
a1.sinks.k1.kafka.flumeBatchSize = 20
a1.sinks.k1.kafka.producer.acks = 1
a1.sinks.k1.kafka.producer.linger.ms = 1
a1.sinks.k1.kafka.producer.compression.type = snappy

#配置 Channel
a1.channels.ch-1.type = memory
a1.channels.ch-1.capacity = 1000
a1.channels.ch-1.transactionCapacity = 100

#把 Source 和 Sink 绑定到 Channel 上
a1.sources.src-1.channels = ch-1
a1.sinks.k1.channel = ch-1
```

配置文件 mysql_kafka.conf 中有以下两行内容：

```
a1.sources.src-1.status.file.path = /usr/local/flume
a1.sources.src-1.status.file.name = sql-source.status
```

这两行内容设置了 Flume 状态信息的保存位置，即保存在"/usr/local/flume"目录下的 sql-source.status 这个文件中。需要重点强调的是，对于 sql-source.status 这个文件，一定不要自己创建（如果自己创建，启动 Flume 时会报错），Flume 在启动过程中会自动创建这个文件。如果已经存在 sql-source.status 这个文件，也要将其删除。

4. 执行过程

在 Ubuntu 系统中打开第 1 个终端，在里面执行以下命令启动 Zookeeper 服务：

```
$ cd /usr/local/kafka
$ ./bin/zookeeper-server-start.sh config/zookeeper.properties
```

打开第 2 个终端，在里面执行以下命令启动 Kafka 服务：

```
$ cd /usr/local/kafka
$ ./bin/kafka-server-start.sh config/server.properties
```

打开第 3 个终端，在里面执行以下命令创建一个名为 testTopic 的 Topic：

```
$ cd /usr/local/kafka
$ ./bin/kafka-topics.sh  --create --topic testTopic \
> --bootstrap-server localhost:9092
```

打开第 4 个终端，在里面执行以下命令启动 Flume：

```
$ cd /usr/local/flume
$ ./bin/flume-ng agent --conf ./conf --conf-file ./conf/mysql_kafka.conf --name a1
-Dflume.root.logger=INFO,console
```

然后，在 MySQL 命令行客户端中执行以下语句向 MySQL 数据库中插入数据：

```
mysql> insert into student(id,name,age,grade) values(1,'Xiaoming',23,98);
mysql> insert into student(id,name,age,grade) values(2,'Zhangsan',24,96);
mysql> insert into student(id,name,age,grade) values(3,'Lisi',
24,93);
```

打开第 5 个终端，在里面执行以下命令启动 Kafka 消费者消费数据：

```
$ cd /usr/local/kafka
$ ./bin/kafka-console-consumer.sh --bootstrap-server localh
ost:9092 \
> --topic testTopic --from-beginning
```

上面命令执行后，我们就可以在屏幕上看到图 5-7 所示的数据。

图 5-7　Kafka 收到的数据

5.4　采集日志文件到 HDFS

在实际应用开发中，经常需要把 Flume 采集的日志按照指定的格式传到 HDFS 上，为离线分析提供数据支撑。

5.4.1　采集目录到 HDFS

某服务器的特定目录下（如 "/home/hadoop/mylogs"）会不断产生新的文件，每当有新文件出现时，就需要把文件采集到 HDFS。

根据需求，首先定义以下三大组件。

（1）Source：因为要监控文件目录，所以 Source 的类型是 spooldir。

（2）Sink：因为要把文件采集到 HDFS 中，所以 Sink 的类型是 hdfs。

（3）Channel：Channel 的类型可以设置为 memory。

在 Flume 安装目录的 conf 子目录下，编写一个配置文件 spooldir_hdfs.conf，其内容如下：

```
#定义各组件的名称
agent1.sources = source1
agent1.sinks = sink1
agent1.channels = channel1

#配置 Source
```

```
agent1.sources.source1.type = spooldir
agent1.sources.source1.spoolDir = /home/hadoop/mylogs/
agent1.sources.source1.fileHeader = false

#配置Sink
agent1.sinks.sink1.type = hdfs
agent1.sinks.sink1.hdfs.path = hdfs://localhost:9000/weblog/%y-%m-%d/%H-%M
agent1.sinks.sink1.hdfs.filePrefix = access_log
agent1.sinks.sink1.hdfs.maxOpenFiles = 5000
agent1.sinks.sink1.hdfs.batchSize= 100
agent1.sinks.sink1.hdfs.fileType = DataStream
agent1.sinks.sink1.hdfs.writeFormat = Text
agent1.sinks.sink1.hdfs.rollSize = 102400
agent1.sinks.sink1.hdfs.rollCount = 1000000
agent1.sinks.sink1.hdfs.rollInterval = 60
#agent1.sinks.sink1.hdfs.round = true
#agent1.sinks.sink1.hdfs.roundValue = 10
#agent1.sinks.sink1.hdfs.roundUnit = minute
agent1.sinks.sink1.hdfs.useLocalTimeStamp = true

#配置Channel
agent1.channels.channel1.type = memory
agent1.channels.channel1.keep-alive = 120
agent1.channels.channel1.capacity = 500000
agent1.channels.channel1.transactionCapacity = 600

#把 Source 和 Sink 绑定到 Channel 上
agent1.sources.source1.channels = channel1
agent1.sinks.sink1.channel = channel1
```

配置文件 spooldir_hdfs.conf 中有以下一行内容：

```
agent1.sinks.sink1.hdfs.path = hdfs://localhost:9000/weblog/%y-%m-%d/%H-%M
```

这行内容设置了数据在 HDFS 中的保存目录。注意，这个目录不需要自己创建，Flume 会自动在 HDFS 中创建该目录。

这行内容中的"%y-%m-%d/%H-%M"使用了通配符，具体含义如表 5-1 所示。更多的通配符及其用法可以参考 Flume 官网资料。

表5-1　　　　　　　　　　　　　　　　通配符的含义

通配符	含义
%y	年份的最后两位数字（00～99）
%m	月份（01～12）
%d	一个月中的第几天（01～31）
%H	小时（00～23）
%M	分钟（00～59）

为了让 Flume 能够顺利访问 HDFS，需要把相关的 JAR 包复制到 Flume 安装目录下的 lib 子目录下，具体命令如下：

```
$ cd /usr/local/flume/lib
$ rm guava-11.0.2.jar      #删除这个 JAR 包，避免和 Hadoop 中的同名 JAR 包发生版本冲突
$ cd /usr/local/hadoop/share/hadoop/hdfs/
$ cp ./*.jar /usr/local/flume/lib
$ cd /usr/local/hadoop/share/hadoop/hdfs/lib
$ cp ./*.jar /usr/local/flume/lib
$ cd /usr/local/hadoop/share/hadoop/common/lib/
```

```
$ cp ./*.jar /usr/local/flume/lib
$ cd /usr/local/hadoop/share/hadoop/common/
$ cp ./*.jar /usr/local/flume/lib
```

在 Ubuntu 系统中，新建一个终端，在里面使用以下命令启动 Hadoop 的 HDFS：

```
$ cd /usr/local/hadoop
$ ./sbin/start-dfs.sh
```

执行 JDK 自带的命令 jps，查看 Hadoop 已经启动的进程：

```
$ jps
```

执行 jps 命令后，如果能够看到 DataNode、NameNode 和 SecondaryNameNode 这 3 个进程，就说明 Hadoop 启动成功。

再新建一个终端，在里面执行以下命令启动 Flume：

```
$ cd /usr/local/flume
$ ./bin/flume-ng agent --conf ./conf --conf-file ./conf/spooldir_hdfs.conf --name
agent1 -Dflume.root.logger=INFO,console
```

执行上述命令后，Flume 就被启动了，开始实时监控"/home/hadoop/mylogs/"目录（如果 mylogs 目录不存在，则需要手动创建）。只要这个目录下有新的文件生成，它就会被 Flume 捕捉到，并被保存到 HDFS 中。在"/home/hadoop"目录下新建一个文本文件 mylog1.txt，写入一些句子，如"This is mylog1"，然后把 mylog1.txt 文件复制到"/home/hadoop/mylogs/"目录下，过一会儿，就会看到 mylog1.txt 文件名被修改成了 mylog1.txt.COMPLETED，这说明该文件已经成功被 Flume 捕捉到。可以在 Hadoop 的 Web 管理页面（http://localhost:9870）中查看生成的文件及其内容（见图 5-8），如果看到文件扩展名是.tmp，如 access_log.1704980778358.tmp，则说明文件还在写入过程中，需要再等待几秒钟，等到写入结束以后，刷新页面，.tmp 扩展名就会消失，这时就可以查看文件里面的内容了。

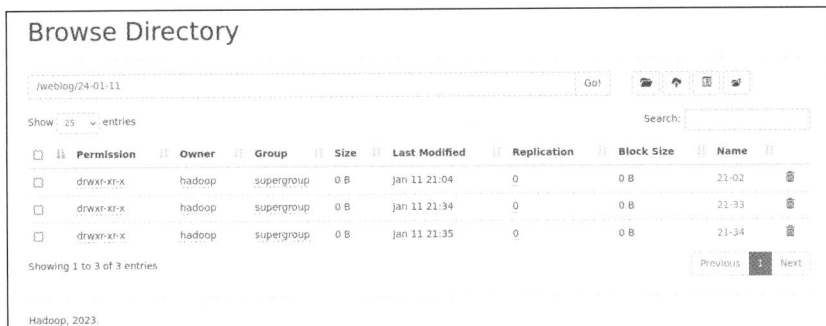

图 5-8　查看生成的文件

5.4.2　采集文件到 HDFS

某服务器的特定目录下的文件（如"/home/hadoop/mylogs/log1.txt"）会不断发生更新，每当文件被更新时，就需要把更新的数据采集到 HDFS。

根据需求，首先定义以下三大组件。

（1）Source：因为要监控文件内容，所以 Source 的类型是 exec。

（2）Sink：因为要把文件采集到 HDFS，所以 Sink 的类型是 hdfs。

（3）Channel：Channel 的类型可以设置为 memory。

在 Flume 安装目录的 conf 子目录下，编写一个配置文件 exec_hdfs.conf，其内容如下：

```
#定义各组件的名称
agent1.sources = source1
agent1.sinks = sink1
agent1.channels = channel1

#配置 Source
agent1.sources.source1.type = exec
agent1.sources.source1.command = tail -F /home/hadoop/mylogs/log1.txt
agent1.sources.source1.channels = channel1

#配置 Sink
agent1.sinks.sink1.type = hdfs
agent1.sinks.sink1.hdfs.path = hdfs://localhost:9000/weblog/%y-%m-%d/%H-%M
agent1.sinks.sink1.hdfs.filePrefix = access_log
agent1.sinks.sink1.hdfs.maxOpenFiles = 5000
agent1.sinks.sink1.hdfs.batchSize= 100
agent1.sinks.sink1.hdfs.fileType = DataStream
agent1.sinks.sink1.hdfs.writeFormat =Text
agent1.sinks.sink1.hdfs.rollSize = 102400
agent1.sinks.sink1.hdfs.rollCount = 1000000
agent1.sinks.sink1.hdfs.rollInterval = 60
#agent1.sinks.sink1.hdfs.round = true
#agent1.sinks.sink1.hdfs.roundValue = 10
#agent1.sinks.sink1.hdfs.roundUnit = minute
agent1.sinks.sink1.hdfs.useLocalTimeStamp = true

#配置 Channel
agent1.channels.channel1.type = memory
agent1.channels.channel1.keep-alive = 120
agent1.channels.channel1.capacity = 500000
agent1.channels.channel1.transactionCapacity = 600

#把 Source 和 Sink 绑定到 Channel 上
agent1.sources.source1.channels = channel1
agent1.sinks.sink1.channel = channel1
```

新建一个终端，启动 HDFS。然后执行以下命令启动 Flume：

```
$ cd /usr/local/flume
$ ./bin/flume-ng agent --conf ./conf --conf-file ./conf/exec_hdfs.conf --name agent1 -Dflume.root.logger = INFO,console
```

执行上述命令后，Flume 就被启动了，开始实时监控"/home/hadoop/mylogs/log1.txt"文件。只要这个文件发生了内容更新，就会被 Flume 捕捉到，更新内容会被保存到 HDFS 中。作为测试，可以在 log1.txt 文件中输入一些内容，然后到 HDFS 的 Web 管理页面中（http://localhost:9870）查看生成的文件及其内容。

5.5 采集 MySQL 数据库中的数据到 HDFS

采集 MySQL 数据库中的数据到 HDFS，也是实际应用中常见的情形。

5.5.1 准备工作

在 5.3.3 小节中如果已经完成下面的准备工作，则不需要重复操作。

在采集 MySQL 数据库中的数据到 HDFS 时，需要用到一个第三方 JAR 包，即 flume-ng-sql-source-1.5.3.jar。这个 JAR 包可以从本书官网"下载专区"的"软件"目录中下载。此外，为了让 Flume 能够顺利连接 MySQL 数据库，还需要用到一个连接驱动程序 JAR 包，读者可以直接到本书官网"下载专区"的"软件"目录中下载 mysql-connector-java-8.0.30.jar。然后，把 flume-ng-sql-source-1.5.3.jar 和 mysql-connector-java-8.0.30.jar 这两个 JAR 包复制到 Flume 安装目录的 lib 子目录下（如"/usr/local/flume/lib"）。

5.5.2 创建 MySQL 数据库

参照第 2 章中关于 MySQL 数据库的内容，完成 MySQL 的安装，并学习其基本使用方法。这里假设读者已经成功安装 MySQL 数据库并已掌握其基本使用方法。

打开一个终端，进入 MySQL Shell 界面，执行以下 SQL 语句创建数据库和数据表：

```
mysql> DROP DATABASE school;
mysql> CREATE DATABASE school;
mysql> USE school;
mysql> CREATE TABLE student(
    -> id INT NOT NULL,
    -> name VARCHAR(40),
    -> age INT,
    -> grade INT,
    -> PRIMARY KEY (id));
```

注意，在创建数据表的时候，一定要设置一个主键（比如，这里 id 是主键），否则后面 Flume 会捕捉数据失败。

创建好 MySQL 数据库后，再执行以下命令启动 Hadoop 的 HDFS：

```
$ cd /usr/local/hadoop
$ ./sbin/start-dfs.sh
```

5.5.3 配置和启动 Flume

根据需求，首先定义以下三大组件。

（1）Source：因为要监控 MySQL 数据库，所以 Source 的类型是 org.keedio.flume.source. SQLSource。

（2）Sink：因为要把文件采集到 HDFS 中，所以 Sink 的类型是 hdfs。

（3）Channel：Channel 的类型可以设置为 memory。

在 Flume 安装目录的 conf 子目录下，编写一个配置文件 mysql_hdfs.conf，其内容如下：

```
#定义各组件名称
agent1.channels = ch1
agent1.sinks = HDFS
agent1.sources = sql-source

#配置 Source
```

```
agent1.sources.sql-source.type = org.keedio.flume.source.SQLSource
agent1.sources.sql-source.hibernate.connection.url = jdbc:mysql://localhost:3306
/school
agent1.sources.sql-source.hibernate.connection.user = root              #数据库用户名
agent1.sources.sql-source.hibernate.connection.password = 123456        #数据库密码
agent1.sources.sql-source.hibernate.connection.autocommit = true
agent1.sources.sql-source.table = student                               #数据库中的数据表名称
agent1.sources.sql-source.run.query.delay = 5000
agent1.sources.sql-source.status.file.path = /usr/local/flume
agent1.sources.sql-source.status.file.name = sql-source.status

#配置 Sink
agent1.sinks.HDFS.type = hdfs
agent1.sinks.HDFS.hdfs.path = hdfs://localhost:9000/flume/mysql
agent1.sinks.HDFS.hdfs.fileType = DataStream
agent1.sinks.HDFS.hdfs.writeFormat = Text
agent1.sinks.HDFS.hdfs.rollSize = 268435456
agent1.sinks.HDFS.hdfs.rollInterval = 0
agent1.sinks.HDFS.hdfs.rollCount = 0

#配置 Channel
agent1.channels.ch1.type = memory

#把 Source 和 Sink 绑定到 Channel 上
agent1.sinks.HDFS.channel = ch1
agent1.sources.sql-source.channels = ch1
```

配置文件 mysql_hdfs.conf 中有以下两行内容：

```
agent1.sources.sql-source.status.file.path = /usr/local/flume
agent1.sources.sql-source.status.file.name = sql-source.status
```

这两行内容设置了 Flume 状态信息的保存位置，即保存在"/usr/local/flume"目录下的 sql-source.status 这个文件中。需要重点强调的是，sql-source.status 这个文件一定不要自己创建（如果自己创建，启动 Flume 时会报错），Flume 在启动过程中会自动创建这个文件。如果已经存在 sql-source.status 这个文件，也要将其删除。

执行以下命令启动 Flume：

```
$ cd /usr/local/flume
$ ./bin/flume-ng agent --conf ./conf --conf-file ./conf/mysql_hdfs.conf --name age
nt1 -Dflume.root.logger = INFO,console
```

执行上述命令后，Flume 就被启动了。一定要注意启动过程中的返回信息，看看是否返回了错误信息。当返回的信息中没有任何错误信息时，就表示启动成功了。

然后，在 MySQL Shell 界面中执行以下语句向 MySQL 数据库中插入数据：

```
mysql> insert into student(id,name,age,grade) values(1,'Xiaoming',23,98);
mysql> insert into student(id,name,age,grade) values(2,'Zhangsan',24,96);
mysql> insert into student(id,name,age,grade) values(3,'Lisi',24,93);
```

到"/usr/local/flume"目录下查看 sql-source.status 这个文件，这个文件会包含类似下面的信息：

```
{"SourceName":"sql-source","URL":"jdbc:mysql:\/\/localhost:3306\/school","LastInde
x":"3","ColumnsToSelect":"*","Table":"student"}
```

在浏览器中输入网址"http://localhost:9870"，打开 Hadoop 的 Web 管理页面，如图 5-9 所示，就可以看到新生成的文件。

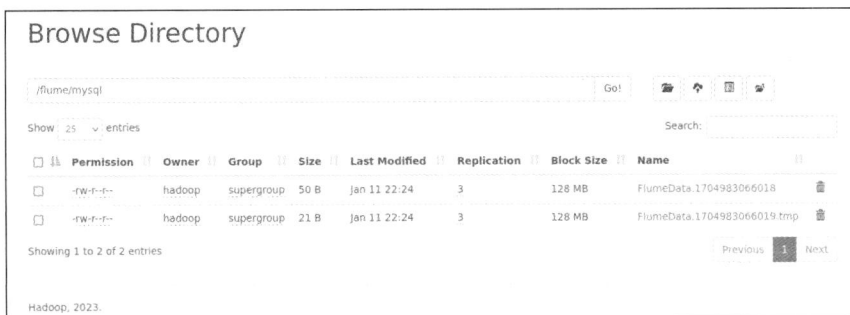

图 5-9　查看新生成的文件

打开其中一个文件，在出现的页面中单击"Tail the file(last 32K)"，就会显示文件的内容，如图 5-10 所示。

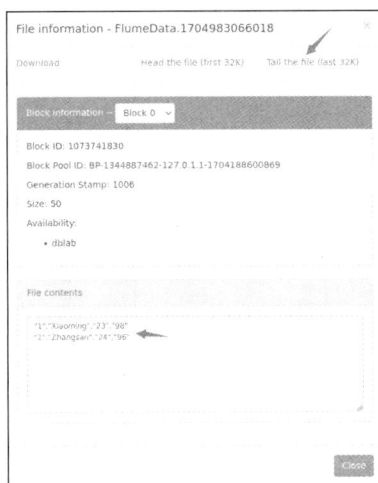

图 5-10　查看文件内容

5.6　Flume 多数据源应用实例

在实际应用中，Flume 可以支持多个数据源的场景，这里通过一个具体实例进行介绍。

5.6.1　方案设计

设置 3 个 Agent，即 Agent1、Agent2 和 Agent3，三者的组件配置如下（见图 5-11）。

（1）Agent1：Exec Source + Memory Channel + Avro Sink。

（2）Agent2：NetCat Source + Memory Channel + Avro Sink。

（3）Agent3：Avro Source + Memory Channel + Logger Sink。

在 Agent1 中，各组件的功能如下。

（1）Exec Source：监控文件内容是否有增加。

（2）Memory Channel：基于内存的数据通道。

（3）Avro Sink：用于跨节点传输，把捕捉到的数据传递给 Agent3。

在 Agent2 中，各组件的功能如下。

（1）NetCat Source：接收来自 Telnet 的数据。

（2）Memory Channel：基于内存的数据通道。

（3）Avro Sink：用于跨节点传输，把捕捉到的数据传递给 Agent3。

在 Agent3 中，各组件的功能如下。

（1）Avro Source：接收来自 Agent1 和 Agent2 的数据。

（2）Memory Channel：基于内存的数据通道。

（3）Logger Sink：把数据输出到控制台。

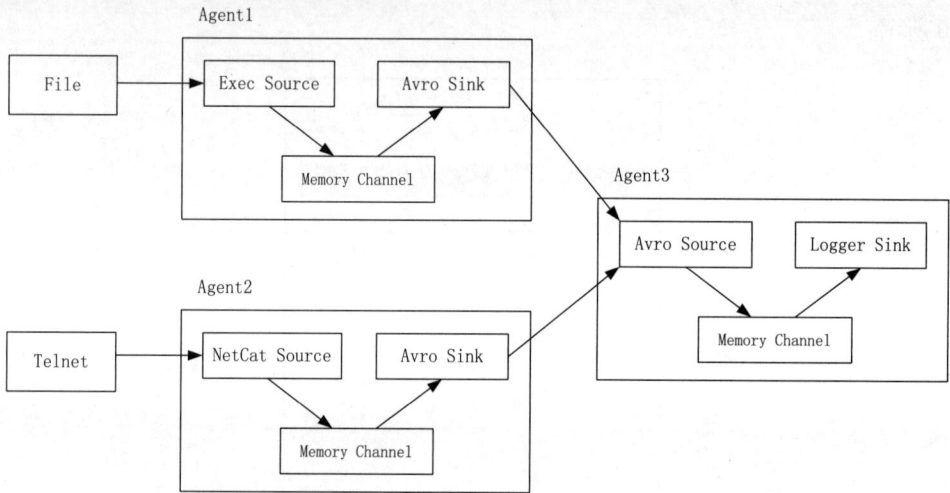

图 5-11　3 个 Agent 的方案设计

5.6.2　配置 Flume

为 Agent1 创建一个配置文件 multi-agent1.conf，其内容如下：

```
#设置各组件名称
a1.sources = r1
a1.sinks = k1
a1.channels = c1

#配置 Source
a1.sources.r1.type = exec
a1.sources.r1.command = tail -F /home/hadoop/data.txt

#配置 Sink
a1.sinks.k1.type = avro
a1.sinks.k1.hostname = localhost
a1.sinks.k1.port = 4141

#配置 Channel
a1.channels.c1.type = memory
a1.channels.c1.capacity = 1000
```

```
a1.channels.c1.transactionCapacity = 1000

#把 Source 和 Sink 绑定到 Channel
a1.sources.r1.channels = c1
a1.sinks.k1.channel = c1
```

为 Agent2 创建一个配置文件 multi-agent2.conf，其内容如下：

```
#设置各组件名称
a2.sources = r1
a2.sinks = k1
a2.channels = c1

#配置 Source
a2.sources.r1.type = netcat
a2.sources.r1.bind = localhost
a2.sources.r1.port = 44444

#配置 Sink
a2.sinks.k1.type = avro
a2.sinks.k1.hostname = localhost
a2.sinks.k1.port = 4141

#配置 Channel
a2.channels.c1.type = memory
a2.channels.c1.capacity = 1000
a2.channels.c1.transactionCapacity = 1000

#把 Source 和 Sink 绑定到 Channel
a2.sources.r1.channels = c1
a2.sinks.k1.channel = c1
```

为 Agent3 创建一个配置文件 multi-agent3.conf，其内容如下：

```
#设置各组件名称
a3.sources = r1
a3.sinks = k1
a3.channels = c1

#配置 Source
a3.sources.r1.type = avro
a3.sources.r1.bind = localhost
a3.sources.r1.port = 4141

#配置 Sink
a3.sinks.k1.type = logger

#配置 Channel
a3.channels.c1.type = memory
a3.channels.c1.capacity = 1000
a3.channels.c1.transactionCapacity = 1000

#把 Source 和 Sink 绑定到 Channel
a3.sources.r1.channels = c1
a3.sinks.k1.channel = c1
```

5.6.3 执行过程

在 5.4.1 小节，为了让 Flume 能够顺利访问 HDFS，我们把相关的 JAR 包复制到了 Flume 安装目录下的 lib 子目录下，这会导致在 "/usr/local/flume/lib" 目录下存在一些重复的、不同版本的与 netty 库相关的 JAR 包，我们需要执行以下命令删除这些从 Hadoop 中复制过来的 JAR 包：

```
$ rm netty-3.10.6.Final.jar
$ rm *4.1.77*
```

现在可以启动 Agent。需要先启动 Agent3，再启动 Agent2，最后启动 Agent1，如果顺序不对，则会出现拒绝连接的情况。

新建一个终端，在里面执行以下命令启动 Agent3：

```
$ cd /usr/local/flume
$ ./bin/flume-ng agent --conf ./conf --conf-file ./conf/multi-agent3.conf --name
a3 -Dflume.root.logger = INFO,console
```

新建一个终端，在里面执行以下命令启动 Agent2：

```
$ cd /usr/local/flume
$ ./bin/flume-ng agent --conf ./conf --conf-file ./conf/multi-agent2.conf --name
a2 -Dflume.root.logger = INFO,console
```

新建一个终端，在里面执行以下命令启动 Agent1：

```
$ cd /usr/local/flume
$ ./bin/flume-ng agent --conf ./conf --conf-file ./conf/multi-agent1.conf --name
a1 -Dflume.root.logger = INFO,console
```

新建一个终端，在里面执行以下命令向 data.txt 文件中追加内容：

```
$ echo spark >> "/home/hadoop/data.txt"
$ echo hadoop >> "/home/hadoop/data.txt"
$ echo flume >> "/home/hadoop/data.txt"
```

新建一个终端（记为 "NC 窗口"），在里面执行以下命令：

```
$ nc localhost 44444
```

在 NC 窗口内输入以下内容：

```
i love spark
i love hadoop
i love flume
```

此时，在 Agent3 的终端内，就可以看到控制台输出的数据，如图 5-12 所示。

图 5-12　控制台输出的数据

5.7　本章小结

Flume 最早是 Cloudera 提供的日志采集系统，是 Apache 下的一个孵化项目。Flume 支持在日志系统中定制各类数据发送方，用于收集数据。Flume 提供对数据进行简单处理并将其写到各种数据接收方（可定制）的能力。Flume 提供了从 console（控制台）、RPC（Thrift-RPC）、text（文件）、tail（UNIX tail）、Syslog（Syslog 日志系统）、exec（命令执行）等数据源收集数据的功能。

本章介绍了 Flume 的技术架构，并给出了 Flume 的安装和使用方法。本章介绍的 Flume 使用方法较为基础，若读者想要了解更多高级的使用方法，可以参考相关书籍或网络资料。

5.8　习题

（1）请阐述 Flume 的技术架构。

（2）Flume 可以支持哪些 Source？可以支持哪些 Sink？

（3）如何编写 Flume 的配置文件？

（4）如何使用 Flume 实现采集 NetCat 数据到 Kafka？

（5）如何使用 Flume 实现采集文件数据到 Kafka？

（6）如何使用 Flume 实现采集 MySQL 数据库中的数据到 Kafka？

（7）如何使用 Flume 实现采集目录到 HDFS？

（8）如何使用 Flume 实现采集文件到 HDFS？

（9）如何使用 Flume 实现采集 MySQL 数据库中的数据到 HDFS？

实验 4　熟悉 Flume 的基本使用方法

一、实验目的

（1）了解 Flume 的基本功能。

（2）掌握 Flume 的使用方法，学会按要求编写相关配置文件。

二、实验平台

（1）操作系统：Ubuntu 22.04。

（2）Flume 版本：1.11.0。

（3）Kafka 版本：3.6.1。

（4）MySQL 版本：8.0.35。

（5）Hadoop 版本：3.3.5。

三、实验内容

1. MySQL 数据输出

在 MySQL 中建立数据库 school，在该数据库中建立数据表 student。SQL 语句如下：

```
create database school;
use school;
create table student(
    id int not null,
    name varchar(40),
```

```
    age int,
    grade int,
    primary key(id)
);
```

使用 Flume 实时捕捉 MySQL 数据库中的记录更新，一旦有新的记录生成，就捕获该记录并显示到控制台。可以使用以下 SQL 语句模拟 MySQL 数据库中的记录生成操作：

```
insert into student(id,name,age,grade) values(1,'Xiaoming',23,98);
insert into student(id,name,age,grade) values(2,'Zhangsan',24,96);
insert into student(id,name,age,grade) values(3,'Lisi',24,93);
insert into student(id,name,age,grade) values(4,'Wangwu',21,91);
insert into student(id,name,age,grade) values(5,'Weiliu',21,91);
```

2. Kafka 连接 Flume

编写 Flume 配置文件，将 Kafka 作为输入源，由生产者输入"Hello Flume"或其他信息；通过 Flume 将 Kafka 生产者输入的信息存入 HDFS，存储格式为 hdfs://localhost:9000/fromkafka/%Y%m%d/，要求存储时文件名为"kafka_log"（注：配置好 Flume 后生产者输入的信息不会实时写入 HDFS，而是经过一段时间后批量写入）。

3. 使用 Flume 将文件内容写入当前文件系统

假设有一个目录"/home/hadoop/mylog/"，现在新建两个文本文件 1.txt 与 2.txt，在 1.txt 中输入"Hello Flume"，在 2.txt 中输入"hello flume"。使用 Flume 对目录"/home/hadoop/mylog/"进行监控，当把 1.txt 与 2.txt 放入该目录时，Flume 就会把文件内容写入"/home/hadoop/backup"目录下的文件中（注：配置文件中 Source 的类型为 spooldir，Sink 的类型为 file_roll，具体用法可以参考 Apache 官网文档）。

四、实验报告

"数据采集与预处理"课程实验报告

题目：		姓名：		日期：
实验环境：				
实验内容与完成情况：				
出现的问题：				
解决方案（列出已解决的问题和解决办法，并列出没有解决的问题）：				

第6章
数据仓库中的数据集成

数据仓库的发展经历了 5 个阶段，即报表阶段、分析阶段、预测阶段、实时决策阶段和主动决策阶段。支持实时主动决策的数据仓库称为"实时主动数据仓库"。由于实时主动决策可以为企业带来巨大收益，因此越来越多的企业开始关注实时主动数据仓库的建设。

数据集成是数据仓库建设的关键部分。实时主动数据仓库可以使用针对传统数据仓库开发的数据集成技术（如脚本、ETL 等）来完成数据的批量加载；同时，由于增加了对实时主动决策的支持，实时主动数据仓库还需要使用实时的连续数据集成技术，以使数据源中发生的数据变化及时反映到数据仓库中，保证为实时应用提供最新的数据。

本章首先介绍数据仓库的概念，包括传统的数据仓库和实时主动数据仓库；然后介绍数据仓库中的数据集成，包括数据集成方式、数据分发方式和数据集成技术；最后介绍两种具有代表性的数据集成技术，即 ETL 和变化数据捕捉（Change Data Capture，CDC）。

6.1 数据仓库的概念

本节介绍数据仓库的概念，包括传统的数据仓库和实时主动数据仓库。

6.1.1 传统的数据仓库

数据仓库是一个面向主题、集成、相对稳定、反映历史变化的数据集，用于支持管理决策。

（1）面向主题。操作型数据库的数据组织面向事务处理任务，数据仓库中的数据则按照一定的主题进行组织。主题是指用户使用数据仓库进行决策时所关心的重点，一个主题通常与多个操作型数据库相关。

（2）集成。数据仓库中的数据来自于分散的操作型数据源，所需数据从原来的数据源中抽取出来，经过加工与集成、统一与综合之后才能进入数据仓库。

（3）相对稳定。数据仓库是不可更新的，其主要是为决策分析提供数据，所涉及的操作主要是数据的查询。

（4）反映历史变化。设计者在构建数据仓库时，会每隔一定的时间（如每周、每天或每小时）从数据源抽取数据并加载到数据仓库，例如，1 月 1 日晚上 12 点"抓拍"数据源中的数据保存到数据仓库，然后 1 月 2 日、1 月 3 日、……、一直到月底，每天"抓拍"数据源中的数据并将其保存到数据仓库，这样，一个月以后，数据仓库中就保存了 1 月份每天的数据"快照"。这 31 份数据"快照"可以用来进行商务智能分析，例如，分析一种商品在 1 月份的销量变化情况。

综上所述，数据库是面向事务设计的，数据仓库是面向主题设计的。数据库一般存储在线交易数据，数据仓库存储的一般是历史数据。数据库是为捕获数据而设计的，数据仓库是为分析数据而设计的。

如图 6-1 所示，通常一个典型的数据仓库系统包含数据源、数据存储和管理、联机分析处理（On line Analytical Processing，OLAP）服务器、前端工具和应用共 4 部分。

（1）数据源。数据源是数据仓库的基础，即系统的数据来源，通常包含企业的各种内部数据和外部数据。内部数据包括存在于联机事务处理（On line Transaction Processing，OLTP）系统中的各种业务数据和办公自动化系统中的各类文档数据等。外部数据包括各类法律法规、市场信息、竞争对手的信息，以及各类外部统计数据和其他相关文档等。

（2）数据存储和管理。数据存储和管理是整个数据仓库系统的核心，它是指在现有各业务系统的基础上，周期性地对数据进行抽取（Extract）、转换（Transform）、加载（Load），按照主题进行重新组织，最终确定数据仓库的物理存储结构，同时存储数据库的各种元数据（包括数据仓库的数据字典、记录系统定义、数据转换规则、数据加载频率及业务规则等）。对数据仓库系统的管理，也就是对相应数据库系统的管理，通常包括数据的安全、归档、备份、维护和恢复等工作。

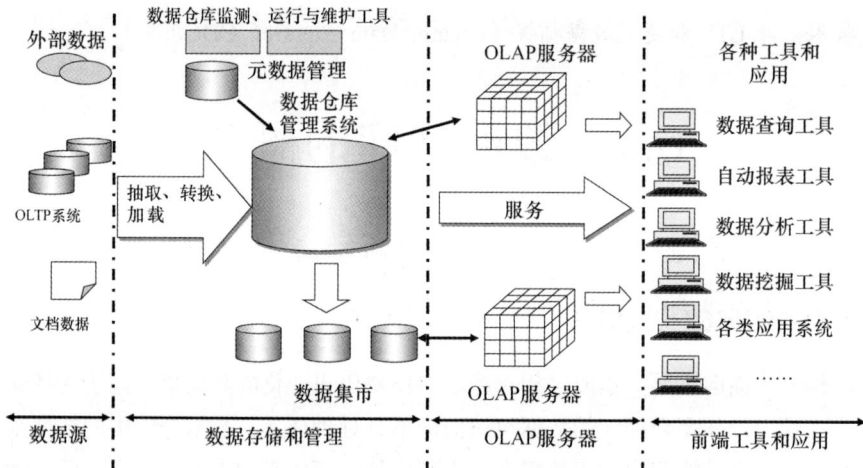

图 6-1　传统的数据仓库体系架构

（3）OLAP 服务器。OLAP 服务器将需要分析的数据按照多维数据模型进行重组，以支持用户随时多角度、多层次地分析数据，发现数据规律与趋势。

（4）前端工具和应用。前端工具和应用主要包括数据查询工具、自动报表工具、数据分析工具、数据挖掘工具和各类应用系统。

6.1.2　实时主动数据仓库

传统的数据仓库通常不包含当前数据，因为它们采用 ETL 工具周期性地从数据源抽取数据，经过处理后加载到数据仓库，而数据抽取的周期通常为一个月一次、一周一次或一天一次。但是，当前的商务需求对数据的实时性提出了更高的要求。实时主动数据仓库可实时捕捉数据源中发生的变化，并且根据预先设置的规则做出战术决策。实时主动数据仓库是一个集成的信息存储仓库，既具备批量和周期性的数据加载功能（采用 ETL 技术），又具备数据变化的实时探测、传播和加载功能（采用 CDC 技术），并能结合历史数据和新颖数据实现查询分析和自动规则触发，从而提供对战略决策和战术决策的双重支持。实时主动数据仓库的体系架构如图 6-2 所示。

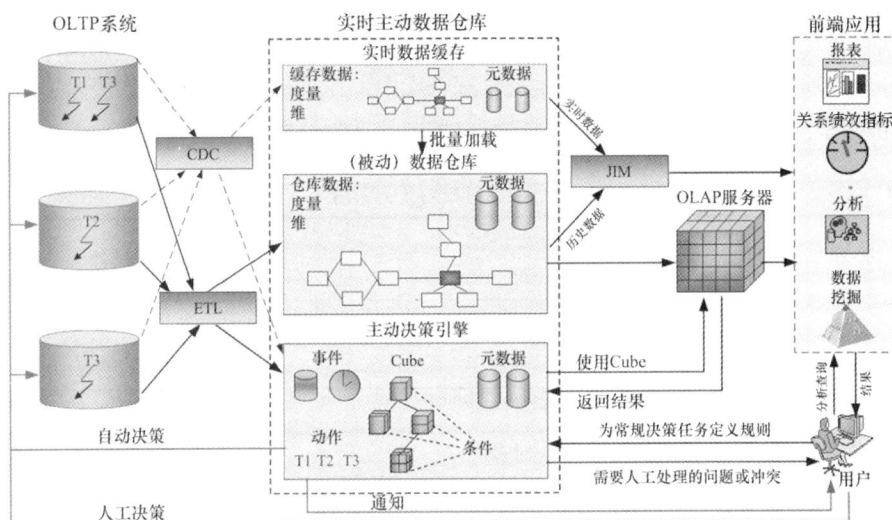

图 6-2　实时主动数据仓库的体系架构

6.2　数据集成

本节将介绍数据集成方式、数据分发方式和数据集成技术。

6.2.1　数据集成方式

实时主动数据仓库中，数据集成方式包括数据整合（Data Consolidation）、数据联邦（Data Federation）、数据传播（Data Propagation）和混合方法（Hybrid Approach）共 4 种。

（1）数据整合。不同数据源的数据被物理地集成到数据目标。利用 ETL 工具把数据源中的数据批量加载到数据仓库，这个过程就属于数据整合。

（2）数据联邦。在多个数据源的基础上建立统一的逻辑视图，对外界应用屏蔽数据在各数据源的分布细节。对这些应用而言，只有一个数据访问入口，但是实际上，被请求的数据只是逻辑上集中，在物理上仍然分布在各数据源中。只有收到请求，数据仓库才临时从不同数据源获取相关的数据，进行集成后提交给数据请求者。当数据整合方式代价太大或者为了满足一些突发的实时数据需求时，可以考虑采用数据联邦的方式建立企业范围内的全局统一数据视图。

（3）数据传播。数据在多个应用程序之间的传播。例如，在企业应用集成（Enterprise Application Integration，EAI）解决方案中，不同应用程序之间可以通过传播消息进行交互。

（4）混合方法。在这种方式中，对那些不同应用都使用的数据采用数据整合的方式进行集成，而对那些只有特定应用才使用的数据，则采用数据联邦的方式进行集成。

6.2.2　数据分发方式

数据分发是数据集成的一个重要组成部分。目前，大致存在以下几种数据分发方式：推（push）和拉（pull）；周期和非周期；一对一和一对多。

表 6-1 列出了不同数据分发方式的组合。传统的数据仓库实施方案大多数采用拉机制。但是，无论是周期性的还是非周期性的拉机制，都会对操作系统造成额外的负担；当我们需要实时的数据集成时，这种负担更加沉重。在实时主动数据仓库中，在进行数据的连续集成时，对操作系统来说，推机制是比较理想的，因为系统自己可以控制什么时候把数据推向什么地方。

表 6-1　　　　　　　　　　　　　　　　不同数据分发方式的组合

拉/推	周期/ 非周期	一对一/ 一对多	数据分发选择
拉	非周期	一对一	请求/响应
		一对多	请求/探测式响应
	周期	一对一	轮询
		一对多	探测式轮询
推	非周期	一对一	—
		一对多	发布/订阅
	周期	一对一	发送电子邮件
		一对多	电子邮件列表

6.2.3　数据集成技术

有多种技术可以为实时主动数据仓库提供数据集成服务，如脚本、ETL、EAI 和 CDC。但是，只有部分技术能提供实时（连续）的数据集成，具体介绍如下。

（1）脚本。脚本是数据集成的一种快速解决方案，其优点是使用灵活且比较经济，很容易着手开发和进行修改，绝大部分操作系统和 DBMS 都可以使用脚本。但是，使用脚本也有很多问题，例如，耗费开发者的时间和精力，不好管理和操作，不能满足服务水平协议（Service Level Agreement，SLA）等。

（2）ETL。ETL 是实现大规模数据初步加载的理想解决方案，它提供了高级的转换功能。通常 ETL 任务在"维护时间窗口"内进行，在 ETL 任务执行期间，数据源默认不会发生变化，因此，用户不必担忧 ETL 任务开销对数据源的影响，但这同时也意味着对商务用户而言，数据和应用并非任何时候都是可用的。

（3）EAI。原先为应用集成而设计的 EAI 解决方案渐渐地演化成了实时数据获取和集成的解决方案。通常 EAI 解决方案和 ETL 解决方案并存，从而增强 ETL 的功能。EAI 解决方案在源系统和目标系统之间进行连续的数据分发，并且保证数据的成功分发，同时提供高级的工作流支持和基本的数据转换功能。但是，EAI 受数据量的限制，因为 EAI 的设计初衷是实现应用的集成而不是数据的集成，即它是用来调用应用或者分发命令和消息的。然而，由于 EAI 具有在数据集成过程中实时分发数据和维护数据一致性的特性，因此也就能够提供实时数据获取的功能，而这种功能正是实时主动数据仓库所需要的。

（4）CDC。CDC 提供了连续变化数据的捕捉和分发功能，并且只有很小的开销和低延迟。CDC 在提交的数据事务上进行操作，从 OLTP 系统中捕获变化的数据，再进行基本的转换，最后把数据发送到数据仓库中。虽然在体系结构上 CDC 属于异步的，但它表现出类似同步的行为，数据延迟不到 1s 的时间，同时能够维护数据事务的一致性。

表 6-2 所示为不同数据集成技术的比较。选择技术时应该着重参考数据量、频率、延迟、数据集成、转换需求和处理开销等因素。

表 6-2　　　　　　　　　　　　　不同数据集成技术的比较

属性	数据集成技术			
	脚本	ETL	EAI	CDC
数据量	中等	很高	低	高
频率	间歇性	间歇性	连续性	连续性
延迟	中到高	中到高	低	低
数据集成	无	无	保证	保证
转换需求	中度	高级	基本	基本
处理开销	大	大	中等	小

在以上 4 种技术中，EAI 和 CDC 都只移动变化的数据和进行更新，而不是处理整个数据集，从而极大地减少了数据的移动量。两者都不需要假设数据源的状态不发生变化，因为它们自己可以维护数据事务的一致性。ETL 适合作为数据仓库数据初步加载时的解决方案，而 EAI 和 CDC 更适合作为此后的数据连续加载解决方案。

6.3　ETL

本节介绍数据集成的关键技术 —— ETL，包括 ETL 简介、ETL 基本模块、ETL 模式和 ETL 工具等内容。

6.3.1　ETL 简介

ETL 是将业务系统的数据抽取、转换之后加载到数据仓库的过程，目的是将企业中分散、零乱、标准不统一的数据整合到一起，为企业的决策提供分析依据。

顾名思义，ETL 是指从源系统中抽取数据，并根据实际商务需求对数据进行转换，然后把转换结果加载到目标数据存储结构中。源数据和目标数据通常都是数据库和文档，但也可以是其他类型的数据存储，如消息队列。ETL 支持基于数据整合的数据集成。

数据的抽取可以采用周期性的拉机制或者事件驱动的推机制，两种机制都可以充分利用 CDC 技术。拉机制支持数据整合，通常以批处理方式工作。推机制通常采用在线方式工作，可以把数据变化传播到目标数据存储结构中。

数据转换可能包括数据重构和整合、数据内容清洗等。

数据加载可能会对整个目标数据存储结构进行刷新，也可能只对目标数据存储结构进行增量更新。这里使用的接口包括一些事实上的标准，如 ODBC、JDBC、JMS，以及本地数据库和 API。

早期的 ETL 解决方案通常以固定的周期进行批处理工作，从平面文件和关系数据库中捕捉数据，并把这些数据整合到数据仓库中。最近几年，商业 ETL 工具供应商对产品做了很大的改进，对产品功能进行了扩展，具体介绍如下。

（1）额外的数据源。遗产数据、应用打包、XML 文档、Web 日志、EAI 源、Web 服务和非结构化数据。

（2）额外的数据目标。EAI 目标和 Web 服务。

（3）改进的数据转换功能。用户自定义的退出（exit）函数、数据剖析和数据质量管理、支持标准编程语言、DBMS 搜索引擎开发和 Web 服务。

（4）更好的管理。工作计划和追踪、元数据管理和错误恢复。

（5）更好的性能。并行处理、负载平衡、缓存、支持本地 DBMS 应用和数据加载接口。

（6）改进的可用性。更好的可视化开发接口。

（7）增强的安全性。支持外部安全包和外部网。

（8）支持基于数据联邦的数据集成方式。

这些性能上的改进扩展了 ETL 产品的功能，使 ETL 工具不仅能为数据仓库整合数据，还可以为其他企业数据集成项目服务。

6.3.2　ETL 基本模块

ETL 分为三大模块，分别是数据抽取、数据转换、数据加载。各模块可灵活组合，形成 ETL 处理流程，如图 6-3 所示。

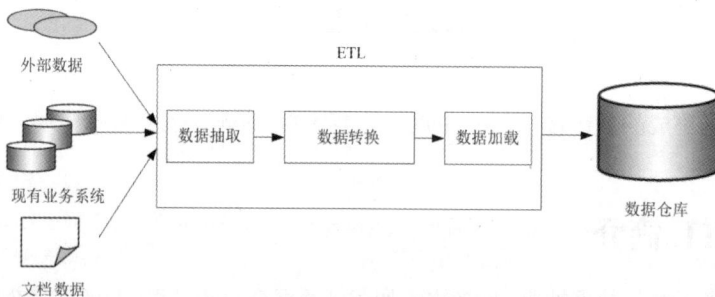

图 6-3　ETL 处理流程

1. 数据抽取

该模块主要负责以下三大功能。

（1）确定数据源。即确定从哪些源系统进行数据抽取。

（2）定义数据接口。对每个源文件及系统的每个字段进行详细说明。

（3）确定数据抽取的方法。是主动抽取，还是由源系统推送；是增量抽取，还是全量抽取；

是每日抽取，还是每月抽取。

2．数据转换

数据转换之前需要先对数据进行清洗。

数据清洗主要是对不完整数据、错误数据、重复数据进行处理。

数据转换包括以下操作。

（1）空值处理。捕获字段空值，进行加载或替换为其他含义的数据。

（2）统一数据标准。包括统一元数据、统一标准字段、统一字段类型定义。

（3）数据拆分。依据业务需求做数据拆分，如把身份证号拆分成地区、出生日期、性别等部分。

（4）数据验证。使用时间规则、业务规则、自定义规则等对数据进行验证。

（5）数据替换。实现对无效数据、缺失数据的替换。

（6）数据关联。对数据进行关联，保障数据的完整性。

3．数据加载

数据加载是将数据缓冲区中的数据直接加载到数据库对应的数据表中，可以采用全量方式或增量方式。

6.3.3　ETL 模式

ETL 主要有 4 种实现模式，即触发器、增量字段、全量同步和日志比对。

1．触发器

触发器是普遍采取的一种增量抽取模式。该模式是根据抽取要求，在要被抽取的源表上建立插入、修改、删除这 3 个触发器，每当源表中的数据发生变化时，相应的触发器就将变化的数据写入一个增量日志表。ETL 则是从增量日志表中而不是源表中抽取数据。同时，增量日志表中抽取过的数据要及时做标记或删除。

为了简单起见，增量日志表一般不存储增量数据的所有字段信息，而是只存储源表名称、更新的关键字值和更新操作类型（insert、update 或 delete），ETL 增量抽取进程首先根据源表名称和更新的关键字值，从源表中提取对应的完整记录，再根据更新操作类型，对目标表进行相应的处理。

这种模式的优点是数据抽取性能高。ETL 加载规则简单、速度快，不需要修改业务系统表结构，可以实现数据的递增加载。其缺点是要求业务表建立触发器，对业务系统有一定的影响，容易对源数据库构成威胁。

2．增量字段

采用增量字段模式捕获变化数据的原理是，在源业务系统表中增加增量字段，增量字段可以是时间字段，也可以是自增长字段，当源业务系统表中数据增加或被修改时，增量字段就会产生变化，时间戳字段就会被修改为相应的系统时间，自增长字段就会增加。

ETL 工具每次进行增量数据获取时，只需比对最近一次数据抽取的增量字段值，就能判断出哪些是新增数据，哪些是修改数据。

这种数据抽取模式的优点是抽取性能较高，判断过程较简单。ETL 系统设计清晰，源数据抽取相对简单，可以实现数据的递增加载。其最大的局限就是由于某些数据库在设计时未考虑增量字段，因此需要对业务系统进行改造，基于数据库其他方面的原因，还有可能出现漏数据的情况。

3. 全量同步

全量同步又称全表删除插入方式，是指在每次抽取前先删除目标表中的数据，抽取时重新加载数据。该模式实际上是将增量抽取等同于全量抽取。在数据量不大，全量抽取的时间代价小于执行增量抽取的算法和条件时，可以采用该模式。

这种模式的优点是对已有系统表结构不产生影响，不需要修改业务操作程序，所有抽取规则由 ETL 完成，管理维护统一，可以实现数据的递增加载，没有风险。其缺点是 ETL 比对较复杂，设计较复杂，速度较慢。与触发器和时间戳方式中的主动通知不同，全量同步是被动地进行全表数据的比对，性能较差。当表中没有主键或唯一列且含有重复记录时，全量同步的准确性较差。

4. 日志比对

日志比对是通过获取数据库层面的日志来捕获变化的数据，不需要改变源业务系统数据库相关表结构，数据同步的效率较高，同步的及时性也较好。其最大的问题就是不同数据库的日志文件结构存在较大的差异，分析难度较大。同时，日志比对需要具备访问源业务系统数据库日志表文件的权限，存在一定的风险，所以这种模式有很大的局限。

日志比对模式中比较成熟的技术是 CDC 技术，其作用是捕获上一次抽取之后产生的数据变化。CDC 对源业务表进行新增、修改和删除等操作时可以捕获相关的数据变化。相对于增量字段模式，CDC 能够较好地捕获删除数据，并将其写入相关的数据库日志表，然后通过视图或其他可操作方式将捕获的变化同步到数据仓库。

这种模式的优点是 ETL 同步效率较高，不需要修改业务系统表结构，可以实现数据的递增加载。其缺点是业务系统数据库版本与产品不统一，实现过程相对复杂。这种模式也可通过第三方工具实现，但一般是商业软件，费用较高。

5. 4 种 ETL 实现模式的比较

表 6-3 从兼容性、完备性、抽取性能、源库压力、源库改动量、实现难度共 6 个方面对 4 种 ETL 实现模式进行了比较。

表 6-3　　　　　　　　　　　　　　　　4 种 ETL 实现模式的比较

ETL 实现模式	兼容性	完备性	抽取性能	源库压力	源库改动量	实现难度
触发器	关系数据库	高	优	高	高	容易
增量字段	关系数据库，具有字段结构的其他数据格式	低	较优	低	高	容易
全量同步	任何数据格式	高	极差	中	无	容易
日志比对	关系数据库	高	较优	中	中	难

6.3.4　ETL 工具

ETL 是企业数据仓库构建过程中的核心步骤，我们可以借助 ETL 工具来高效地完成数据抽取、转换和加载工作。之所以需要 ETL 工具，是因为主要有以下几方面的原因。

（1）当数据来自不同的物理主机时，如果使用 SQL 语句去处理，就显得比较麻烦且系统资源开销很大。

（2）数据源可以是不同的数据库或文件，需要先把它们整理成统一的格式，再进行数据处理，这一过程用代码实现显然有些麻烦。

（3）在数据库中，固然可以利用存储过程来处理数据，但是当我们在处理海量数据的时候，这样做显得比较麻烦，而且会占用较多的数据库资源，可能导致数据库资源不足，从而影响数据库的性能。

在选择 ETL 工具时主要考虑以下因素。

（1）对平台的支持程度。

（2）抽取和加载的性能是否较高，对业务系统的性能影响如何，侵入性是否高。

（3）对数据源的支持程度。

（4）是否具有良好的集成性和开放性。

（5）数据转换和加工的功能是否强。

（6）是否具有管理和调度的功能。

目前，市场上主流的 ETL 工具有以下几种。

（1）Kettle。Kettle 是一款国外开源的 ETL 工具，采用 Java 语言编写而成，可以在 Windows、Linux、UNIX 操作系统上运行，数据抽取高效、稳定。Kettle 的中文含义是"水壶"，该项目的开发者希望把各种数据放到一个水壶里，然后以指定的格式流出。第 7 章将对 Kettle 的使用方法进行详细介绍。

（2）DataPipeline。DataPipeline 整合了数据质量分析、质量校验、质量监控等功能，以保证数据的完整性、一致性、准确性及唯一性，可以彻底解决数据孤岛和数据定义进化的问题。

（3）Talend。Talend 可运行于 Hadoop 集群之间，直接生成 MapReduce 代码供 Hadoop 运行，从而降低部署难度和成本，加快数据分析的速度。

（4）Informatica Enterprise Data Integration。它包括 Informatica PowerCenter 和 Informatica PowerExchange 两大产品。凭借其高性能、可充分扩展的平台，Informatica Enterprise Data Integration 可以用于几乎所有数据集成项目和企业集成方案。

（5）DataX。DataX 是离线数据同步工具，可以实现 MySQL、Oracle、SQL Server、Postgre SQL、HDFS、Hive、ADS、HBase、TableStore（OTS）、MaxCompute（ODPS）、DRDS（Distribute Relational Database Service，分布式关系型数据库）等各种异构数据源之间的高效数据同步。

（6）Oracle GoldenGate。Oracle GoldenGate 是基于日志的结构化数据复制软件，能够实现大量交易数据的实时捕捉、变换和投递，实现源数据库与目标数据库的数据同步，保持亚秒级的数据延迟。

6.4　CDC

CDC 可以实现实时高效的数据集成，是实时主动数据仓库连续数据集成的有效解决方案。本节介绍 CDC 的特性、组成、具体应用场景，以及对于 CDC 需要考虑的问题。

6.4.1　CDC 的特性

CDC 具有以下 3 个特性。

（1）没有系统中断时间。CDC 使企业可以在操作系统运行的时候进行变化数据的分发，不需要专门的时间窗口。这也意味着尽可能小地影响甚至根本不影响操作系统的性能和服务水平。

（2）保持数据新颖性。通过不断地探测数据的变化，CDC 更加频繁地分发新数据，甚至是实时地进行分发，保证为企业用户和决策者提供及时的信息。

（3）减少系统开销。因为只转移变化的数据，所以 CDC 消耗的资源较少，只相当于批量 ETL 所消耗资源的一小部分，从而极大地减小了硬件、软件和人力资源方面的开销。

6.4.2 CDC 的组成

CDC 包括变化捕捉代理、变化数据服务和变化分发机制 3 个组成部分。

（1）变化捕捉代理。变化捕捉代理是一个软件组件，它负责确定和捕捉发生在操作型数据存储源系统中的数据变化。用户可以对变化捕捉代理进行专门的优化，使它适用于特定的源系统，如使用数据库触发器；也可以使用通用的方法，如数据日志比对。

（2）变化数据服务。变化数据服务为变化数据捕捉的成功实现提供了一系列重要的功能，包括过滤、排序、附加数据、生命周期管理和审计等，如表 6-4 所示。

表 6-4　　　　　　　　　　　　变化数据服务提供的功能

功能	说明
过滤	确保只接收已经提交的数据
排序	接收数据时基于事务、表或时间戳进行排序
附加数据	为分发的变化增加一些参考数据，以便对数据进行进一步的处理
生命周期管理	在多长时间内应用可以得到变化的数据，多长时间后丢弃所分发的数据
审计	对系统端到端行为的监听和对趋势的检查

（3）变化分发机制。变化分发机制负责把变化分发到变化的消费者（通常是 ETL 程序）那里。变化分发机制可以支持一个或多个消费者，并且提供了灵活的数据分发方式，包括推和拉。pull方式需要消费者周期性地发送请求，通常采用标准接口实现，如 ODBC 或 JDBC。push 方式需要消费者一直监听和等待变化的发生，一旦捕捉到变化，就立刻转移变化的数据，通常采用消息中间件来实现。变化分发机制的另一个重要功能就是提供动态返回和请求旧的变化的能力，从而完成重复处理和恢复处理等任务。

6.4.3 CDC 的具体应用场景

CDC 有两个典型的应用场景：面向批处理的 CDC（pull CDC）和面向实时的 CDC（push CDC）。

1. pull CDC

在这种场景中，ETL 工具周期性地请求变化，每次都接收批量数据，这些批量数据是在上次请求和这次请求之间所捕捉到的变化。变化分发请求可以采取不同的频率，如一天两次或每 15min 一次。

对许多组织而言，提供变化数据的一种比较好的方式是采用数据表记录的形式。这种方式可以使 ETL 工具通过标准接口（如 ODBC）无缝访问变化的数据。CDC 则需要维护上次变化分发的位置和分发新的变化。

这种应用场景和传统的 ETL 很相似，不同的是，pull CDC 只需要转移变化的数据，并不需要转移所有的数据，这就极大地减少了资源消耗，也消除了传统 ETL 过程的系统中断时间。

面向批处理的 CDC 技术简单，很容易实现。当企业对时间延迟以分钟或小时来进行衡量时，采取这种方式是可行的。

2. push CDC

这种场景满足零延迟的要求，变化分发机制一旦探测到变化，就把变化 push 给 ETL 程序。这通常是通过可靠的传输机制来实现的，如事件分发机制和消息中间件（如 IBM MQ Series）。

虽然面向消息和面向事件的集成方法在 EAI 产品中更为常见，但现在已经有很多 ETL 工具厂商在其解决方案中提供了这种功能，以满足高端、实时的商务应用需求。当商业智能（Business Intelligence，BI）应用需要零延迟和最新的数据时，这种实时的数据集成方法就是必不可少的。

6.4.4　对于 CDC 需要思考和重视的问题

显然，CDC 有许多优点，但也有以下几个值得思考和重视的问题。

（1）变化捕捉方法。目前有很多变化捕捉方法，每种方法的延迟性、可扩展性和对操作系统的入侵程度各不相同。比较常见的捕捉数据变化的方法包括读取数据库的日志文件、使用数据库触发器、数据比较和在企业应用程序内编写定制的事件通知等。

（2）对操作系统的入侵程度。所有的 CDC 解决方案都会对操作系统造成一定程度的影响，这就使得对操作系统的入侵程度成为一个很重要的考虑因素。最高级别的入侵程序是源代码入侵，需要对那些能改变操作系统数据的应用程序进行代码修改。级别稍低的入侵程度是"进程内"或"地址空间"入侵，这意味着 CDC 解决方案会影响操作系统的资源利用。这种情况的一个例子是使用数据库触发器，因为数据库触发器是作为操作系统的一部分来运行的，会共享操作系统的资源。入侵程度级别最低的解决方案不会影响应用的操作型数据源。使用数据库日志来捕捉变化就属于这种解决方案。

（3）捕捉延迟。捕捉延迟是选择 CDC 解决方案时最主要的考虑因素。延迟受诸多因素的影响，如变化捕捉方法、对变化的处理和变化分发方式。变化可以周期性、高频率甚至实时地进行分发。但是要注意，越是实时的解决方案，对操作系统的入侵程度级别就越高。另一个需要考虑的因素是，不同的 BI 应用对延迟的要求也不同，企业应该选择能够进行灵活配置的 CDC 解决方案。

（4）过滤和排序服务。CDC 解决方案应该提供不同的服务来实现对分发数据的过滤和排序。

① 过滤：保证只有需要的变化才被分发。例如，ETL 过程通常只需要已经提交的变化；又如，丢弃冗余变化和只分发最后一次变化能减少数据处理的开销。

② 排序：定义变化被分发的顺序。例如，某些 ETL 应用需要以表为单位处理数据，而有些 ETL 应用则需要以工作单元为单位处理数据，一个工作单元可能跨越多个表。

（5）支持多个消费者。捕捉到的变化可能需要被分发给一个以上的消费者，如多个 ETL 进程、数据同步应用和商务活动监测等。CDC 解决方案需要支持多个消费者，每个消费者可能具有不同的延迟要求。

（6）失败和恢复。CDC 解决方案必须保证变化能够被正确地分发，即使在操作系统和网络发生异常时。在进行恢复的时候，必须保证变化分发数据流从最近一次的位置开始，而且必须保证在整个分发周期内满足变化事务的一致性。

（7）主机和遗产数据源。BI 产品的性能表现依赖于数据质量。主机系统存储了大约 70%的公司商业信息，主机仍然处理着世界上大量的商业事务。主机数据源通常存储大量的数据，这就更需要有高效的方法来转移数据。此外，比较流行的主机数据源，如 IBM 的 VSAM（Virtual Storage Access Method，虚拟存储访问方法），是非关系型的，这就给把数据集成到 BI 产品中增加了难度。ETL 工具一般要求处理的数据是关系型数据源，这就需要把非关系型数据源映射成关系型数据源。

（8）和 ETL 工具的无缝集成。当选择某个 CDC 解决方案时，企业应该考虑该方案与其他 ETL 工具互操作的难易程度。采用标准接口和插件的形式可以降低风险，并加快数据集成的进度。

6.5　本章小结

数据集成可以为企业分散在不同地方的业务系统提供统一的视图。我们可以使用不同的技术来构建这个统一视图。这个统一视图可以是一个物理数据视图，其中的数据来自多个分散的数据源，并被整合存储到一个集成的数据存储结构中，如数据仓库。这个统一视图也可以是一个虚拟数据视图，其中的数据分散在多个数据源中，而不是集中存储在一个地方，只有在需要使用这些数据的时候，才临时把它们从多个数据源中抽取出来，并加以适当处理，然后提交给数据请求者。本章介绍了数据集成的概念和技术，并重点介绍了两种代表性的数据集成技术，即 ETL 和 CDC。

6.6　习题

（1）请阐述数据仓库的概念。

（2）传统的数据仓库和实时主动数据仓库有什么区别？

（3）数据集成方式有哪几种？

（4）数据分发方式有哪几种？

（5）数据集成技术有哪几种？

（6）请阐述 ETL 的基本模块及其功能。

（7）请阐述 ETL 的几种实现模式及各实现模式的优缺点。

（8）请列举具有代表性的 ETL 工具。

（9）CDC 技术有哪些特性？

（10）CDC 技术有哪几个组成部分？

第7章
ETL 工具 Kettle

Kettle 是一款国外开源的 ETL 工具，使用 Java 语言编写，可以在 Windows、Linux、UNIX 操作系统上运行，数据抽取高效、稳定。Kettle 的全称是 KDE（K Desktop Environment）Extraction，Transportation，Transformation and Loading Environment，它可以实现数据抽取、转换和加载。Kettle 的中文含义是"水壶"，顾名思义，开发者希望把各种数据放到一个水壶里，然后以一种指定的格式流出。在 2006 年，Pentaho 公司收购了 Kettle 项目，原 Kettle 项目发起人马特·卡斯特（Matt Casters）加入 Pentaho 团队，成为 Pentaho 套件数据集成架构师，从此，Kettle 成为企业级数据集成及商业智能套件 Pentaho 的主要组成部分，且 Kettle 被重命名为 Pentaho Data Integration（PDI）。

Kettle 包含 Spoon、Pan、Kitchen 等组件。Spoon 是一个图形用户界面，可以方便、直观地完成数据转换任务；Pan 是一个数据转换引擎，具备很多功能，比如，从不同的数据源读取、操作和写入数据；Kitchen 可以运行使用 XML 或数据资源库描述的任务。通常任务是在规定的时间内用批处理的模式自动运行的。

本章首先介绍 Kettle 的基本概念、基本功能和安装方法，然后通过具体实例演示如何使用 Kettle 进行数据抽取、转换和加载。

7.1　Kettle 的基本概念

一个数据抽取过程主要由作业（Job）构成。每项作业由一个或多个作业项（Job Entry）和连接作业项的作业跳（Job Hop）组成。每个作业项可以是一个转换（Transformation）或是另一项作业。一个转换由一个或多个步骤（Step）和连接步骤的跳（Hop）组成。一个数据抽取过程的构成要素，如图 7-1 所示。

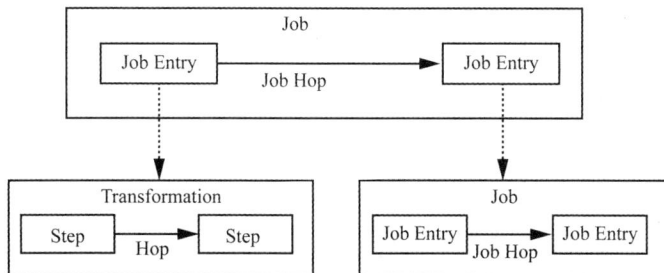

图 7-1　一个数据抽取过程的构成要素

转换主要用于数据的抽取、转换及加载，如读取文件、过滤输出行、数据清洗或加载到数据库等步骤。一个转换包含一个或多个步骤，每个步骤都是单独的线程，当启动转换时，所有步骤的线程几乎并行执行。步骤之间的数据以数据流的方式进行传递。所有步骤都会从它们的输入跳中读取数据，并把处理过的数据写到输出跳，直到输入跳里不再有数据才终止步骤的运行；当所有步骤都终止时，整个转换就终止了。由于转换里的步骤依赖前一个步骤获取数据，因此转换里不能有循环。

相较于转换，作业是更加高级的操作。所有作业项是以某种自定义的顺序串行执行的。作业项之间可以传递一个包含数据行的结果对象。一个作业项执行完毕，再将结果对象传递给下一个作业项。作业里可以有循环。

跳是步骤之间带箭头的连接线，它定义了一个单向通道，用于连接两个步骤，以实现数据从一个步骤［将数据写入行集（Row Set）］流向另一个步骤（从行集中读取数据）。跳是两个步骤之间行集的数据行的缓存（可以在转换设置中定义行集的大小）。若行集满了，则向行集写数据的步骤将停止写入，直到行集里又有空间；若行集空了，则从行集读取数据的步骤就会停止读取，直到行集里又有可读取的数据行。对向行集写入数据的步骤的跳是输出跳，一个步骤可以拥有多个输出跳；对向行集中读取数据的步骤的跳是输入跳。

作业跳是作业项之间带箭头的连接线，它定义了作业的执行路径。

7.2　Kettle 的基本功能

Kettle 的基本功能包括转换管理和作业管理，表 7-1 列出了常用的转换控件及其相关说明，表 7-2 列出了常用的作业控件及其相关说明。

表 7-1　　　　　　　　　　　　　常用的转换控件/步骤及其相关说明

转换类别	控件/步骤	相关说明
输入	CSV 文件输入	从本地的 CSV 文件输入数据
	文本文件输入	从本地的文本文件输入数据
	数据表输入	从数据库的数据表输入数据
	获取系统信息	读取系统信息输入数据
输出	文本文件输出	将处理后的结果输出到文本文件
	数据表输出	将处理后的结果输出到数据库的数据表
	插入/更新	根据处理后的结果对数据库中的数据表进行插入更新。根据查询条件中的字段判断数据表中是否存在相关记录，若存在，则进行更新，否则进行插入
转换	值映射	数据的映射
	列转行	将数据表的列转换成数据表的行
	去除重复记录	从输入流中去除重复的数据，需要注意的是，输入流中的数据必须是已排序的
	唯一行（哈希值）	从输入流中去除重复的数据，不需要对输入流中的数据进行排序
	字段选择	选择需要的字段，过滤掉不要的字段，也可与数据库字段对应

续表

转换类别	控件/步骤	相关说明
转换	拆分字段	将一个字段拆分成多个字段
	排序记录	基于某个字段值对数据进行升序或降序处理
	行转列	将数据表的行转换成数据表的列
	增加常量	增加需要的常量字段
应用	替换 NULL 值	若某个字符串的值为 NULL，则用某个指定的字符串值进行替换
	设置值为 NULL	若某个字符串的值等于指定的值，则将这个字符串的值设置为 NULL
流程	空操作	不做任何操作，一般充当一个占位符
	过滤记录	根据条件对数据进行过滤分类
脚本	Java	转换的扩展功能，编写 Java 脚本，对数据进行相应的处理
	JavaScript	转换的扩展功能，编写 JavaScript 脚本，对数据进行相应的处理
	执行 SQL 脚本	执行 SQL 脚本，对数据进行相应的处理
查询	HTTP Client	通过一个可以动态设定参数的基本网址调用 HTTP Web 服务
	流查询	将目标表读取到内存，通过查询条件对内存中的数据集进行查询
	数据库查询	根据设定的查询条件对目标表进行查询，返回需要的结果字段
连接	合并记录	合并两个数据流，并根据某个关键字排序
	排序合并	合并多个数据流，并且数据的行要基于某个关键字进行排序
作业	复制记录到结果	将数据写入正在执行的任务
	获取变量	获取环境或 Kettle 变量
	设置变量	设置环境变量

表 7-2　　　　　　　　　　常用的作业控件及其相关说明

作业类别	控件/步骤	相关说明
通用	Start	作业执行的开始
	Dummy	作业执行的结束
	作业	使用新的作业执行之前已定义好的作业
	成功	提示作业执行成功
	转换	使用作业执行之前已定义好的转换流程
邮件	POP 收信	通过设置好的 POP（Post Office Protocol，邮局协议）服务器地址收取邮件
	发送邮件	发送作业执行成功或者失败的邮件
文件管理	创建文件	创建一个新的文件，若文件名已经存在，则提示创建失败并退出
	删除文件	删除指定文件名的文件，若不存在，则提示删除失败
	复制文件	将源文件的内容复制到新创建的文件中或替换已存在的文件
	比较文件	比较两个文件的内容
	移动文件	将文件移动到另一个目录下
	解压缩文件	对作业文件进行解压或压缩操作
条件	检查数据表是否存在	检查数据库中的数据表是否存在
	检查一个文件是否存在	检查指定的文件是否存在

作业类别	控件/步骤	相关说明
脚本	JavaScript	编写 JavaScript 脚本，进行相应的数据处理
	Shell	编写 Shell 脚本，进行相应的数据处理
	SQL	编写 SQL 脚本，进行相应的数据处理
批量加载	MySQL 批量加载	将本地文件中的数据批量加载到 MySQL 数据库中
	SQL Server 批量加载	将本地文件中的数据批量加载到 SQL Server 数据库中
	MySQL 批量导出	将 MySQL 数据库中的数据批量导出到本地文件中

7.3　安装 Kettle

读者可以访问 Kettle 官网，下载 Kettle 安装文件 pdi-ce-9.1.0.0-324.zip；也可以直接从本书官网"下载专区"的"软件"目录中下载 pdi-ce-9.1.0.0-324.zip 文件。在 Ubuntu 系统中打开一个终端，执行以下命令安装 Kettle：

```
$ cd ~/Downloads   #假设 pdi-ce-9.1.0.0-324.zip 在该目录下
$ sudo unzip pdi-ce-9.1.0.0-324.zip -d /usr/local
$ cd /usr/local
$ sudo chown -R hadoop ./data-integration/
```

Kettle 的运行还需要 libwebkitgtk-1.0-0 包的支持，因此，我们需要在 Ubuntu 22.04 中安装 libwebkitgtk-1.0-0 包。但是，Ubuntu 22.04 软件源中没有提供 libwebkitgtk-1.0-0 包的安装，Ubuntu 18.04 软件源中提供了 libwebkitgtk-1.0-0 包的安装，因此，我们需要把 Ubuntu 18.04 软件源添加到 Ubuntu 系统中。我们需要在终端中执行以下命令：

```
$ sudo vim /etc/apt/sources.list
```

在 sources.list 文件的第一行添加以下一行内容并保存文件：

```
deb http://cz.archive.******.com/ubuntu/ bionic main universe
```

在终端中执行以下命令同步/etc/apt/sources.list 中列出的软件源的索引：

```
sudo apt-get update
```

执行该命令时，会出现类似以下的错误：

```
W: GPG error: http://cz.archive.******.com/ubuntu bionic InRelease: The following s
ignatures couldn't be verified because the public key is not available: NO_PUBKEY 3B4F
E6ACC0B21F32
```

为了解决上面这个错误，可以执行以下命令：

```
$ sudo apt-key adv --keyserver keyserver.******.com --recv-keys 3B4FE6ACC0B21F32
```

注意，该命令中的"3B4FE6ACC0B21F32"需要从上面的报错信息"NO_PUBKEY 3B4FE6ACC0B21F32"中复制过来。

然后，在终端中再次执行以下命令同步/etc/apt/sources.list 中列出的软件源的索引：

```
$ sudo apt-get update
```

上面命令的执行过程大约会耗费 45min 时间，具体时长取决于国外网站的访问速度。

软件源更新结束后，可以在终端中执行以下命令安装 libwebkitgtk-1.0-0 包：

```
$ sudo apt-get install libwebkitgtk-1.0-0
```

安装完成后重启系统，会发现系统启动时间比原来的增加了 5min 左右，所以在系统启动的时候需要耐心等待。

libwebkitgtk-1.0-0 包完成安装后，为了避免以后 Ubuntu 18.04 软件源对 Ubuntu 系统其他软件安装产生影响，需要删除 Ubuntu 18.04 软件源，具体命令如下：

```
$ sudo vim /etc/apt/sources.list
```

打开 sources.list 文件后，把之前添加的第一行内容删除，也就是删除下面这行内容：

```
deb http://cz.archive.******.com/ubuntu/ bionic main universe
```

在终端中执行以下命令同步/etc/apt/sources.list 中列出的软件源的索引：

```
$ sudo apt-get update
```

为了使用 Kettle 中文操作界面，我们需要修改 Ubuntu 系统的默认语言。如图 7-2 所示，单击"设置"图标按钮⚙以打开系统设置界面。

在系统设置界面中单击"System"图标，如图 7-3 所示。

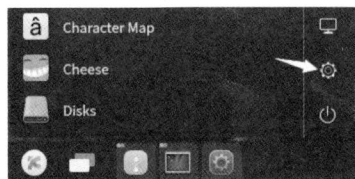

图 7-2　单击"设置"图标按钮

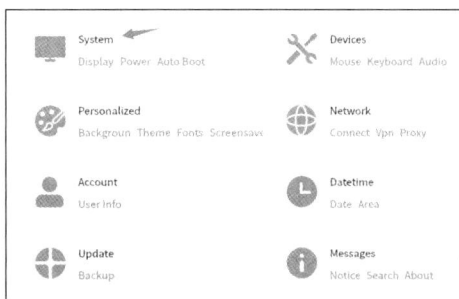

图 7-3　单击"System"图标

在"System"设置界面中，单击选择"Datetime"→"Area"选项，在"First Language"选项区域选择"Simplified Chinese"（简体中文）选项，如图 7-4 所示，然后重启操作系统。

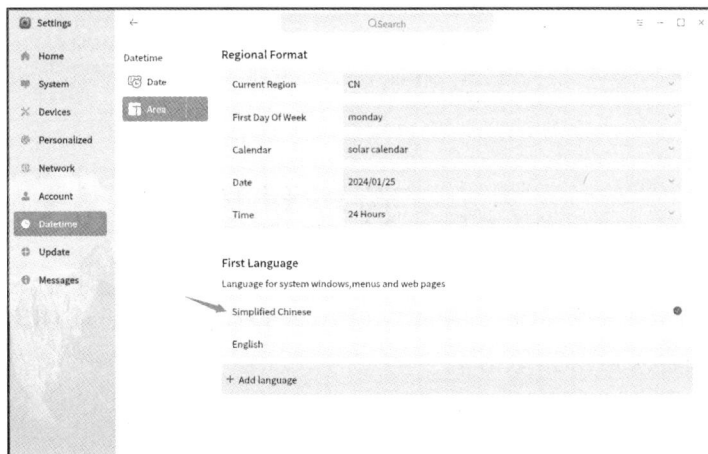

图 7-4　语言设置

重启操作系统后再次进入 Ubuntu 系统，可能会出现如图 7-5 所示的界面，在界面中单击选择
"Keep Old Names" 按钮。

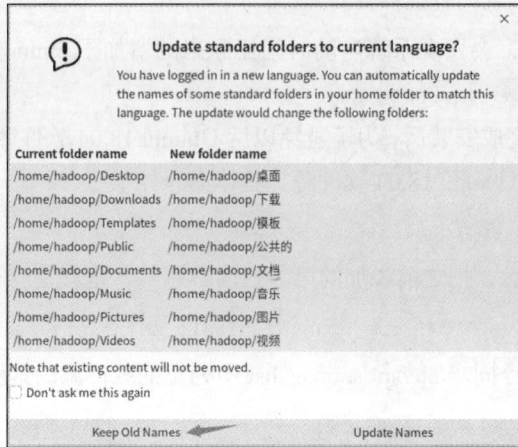

图 7-5   询问是否更新文件夹名称

我们可以在终端中执行以下命令启动 Spoon：

```
$ cd /usr/local/data-integration
$ ./spoon.sh
```

Spoon 启动后出现的欢迎界面如图 7-6 所示。

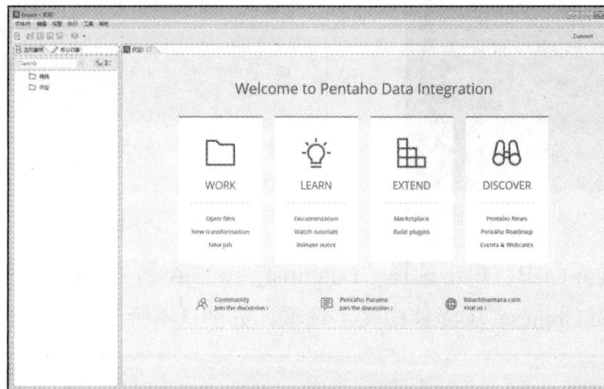

图 7-6   Spoon 启动后的欢迎界面

7.4   数据抽取

本书给出数据抽取的 3 个实例，即把文本文件导入 Excel 文件、把文本文件导入 MySQL 数
据库、把 Excel 文件导入 MySQL 数据库。

7.4.1   把文本文件导入 Excel 文件

下面给出一个实例，演示如何使用 Kettle 把文本文件导入 Excel 文件，具体步骤包括：创建

文本文件、建立转换、设计转换、执行转换。

1. 创建文本文件

图 7-7　studentinfo.txt 文件内容

在 Ubuntu 系统的 "/home/hadoop" 目录下新建一个文本文件 studentinfo.txt，其内容如图 7-7 所示。文件的第 1 行是字段名称，包括 sno、sname、sex 和 age，字段名称之间用 "|" 隔开；其余行都是记录，各数据项之间也用 "|" 隔开。

2. 建立转换

如图 7-8 所示，在 Spoon 主窗口的 "主对象树" 选项卡中，右键单击 "转换" 选项，在弹出的快捷菜单中选择 "新建" 选项。单击 Spoon 主窗口左上角的 "保存" 图标按钮，把这个转换保存到某个路径下，并命名为 "text_to_excel"。

3. 设计转换

在 "核心对象" 选项卡中的 "输入" 控件里把 "文本文件输入" 控件图标拖到右侧设计区域，在 "输出" 控件里把 "Excel 输出" 控件图标拖到右侧设计区域，然后为这两个控件建立连线，如图 7-9 所示，这里的连线就是前文介绍过的 "跳"。为这两个控件建立连线的方法是按住 "Shift" 键，单击 "文本文件输入" 控件图标，再单击 "Excel 输出" 控件图标，最后单击空白区域。

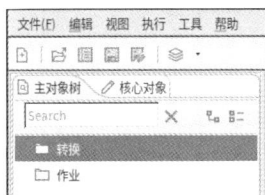

图 7-8　建立转换

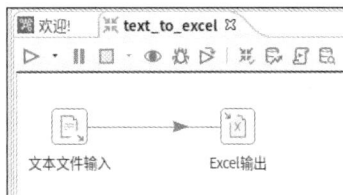

图 7-9　放置两个控件

双击设计区域的 "文本文件输入" 控件图标，打开 "文本文件输入" 设置对话框，单击 "文件" 选项卡，再单击 "文件或目录" 文本框右侧的 "浏览" 按钮，如图 7-10 所示，把 studentinfo.txt 文件添加进来，然后单击 "增加" 按钮，studentinfo.txt 文件就会出现在 "选中的文件" 列表框中，如图 7-11 所示。

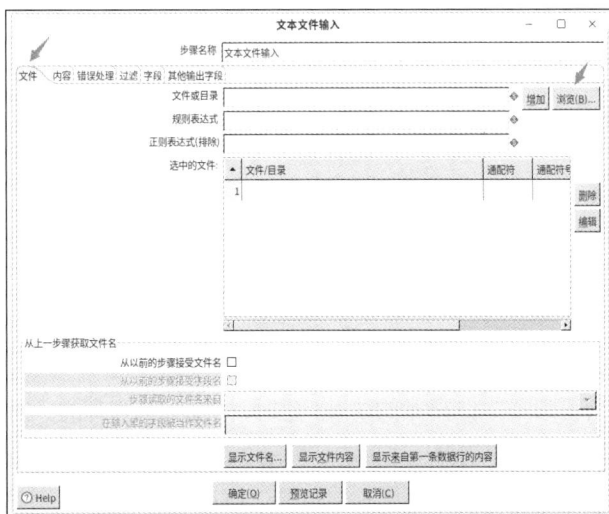

图 7-10　添加文件

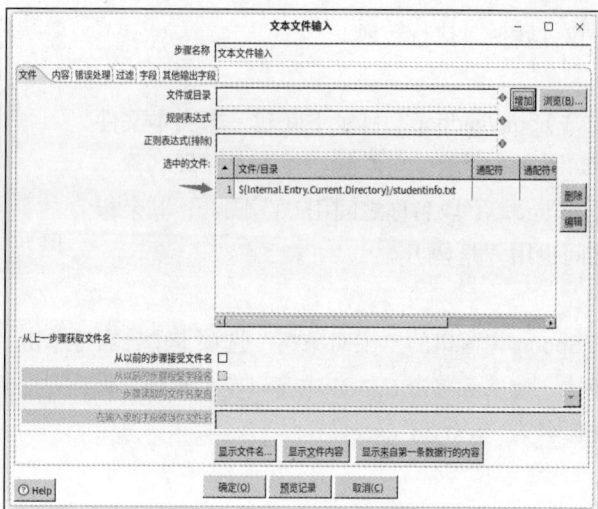

图 7-11　添加文件后的结果显示

如图 7-12 所示，在"内容"选项卡中把"分隔符"设置为"|"，把编码方式设置为"UTF-8"，其他设置参考图中所示。

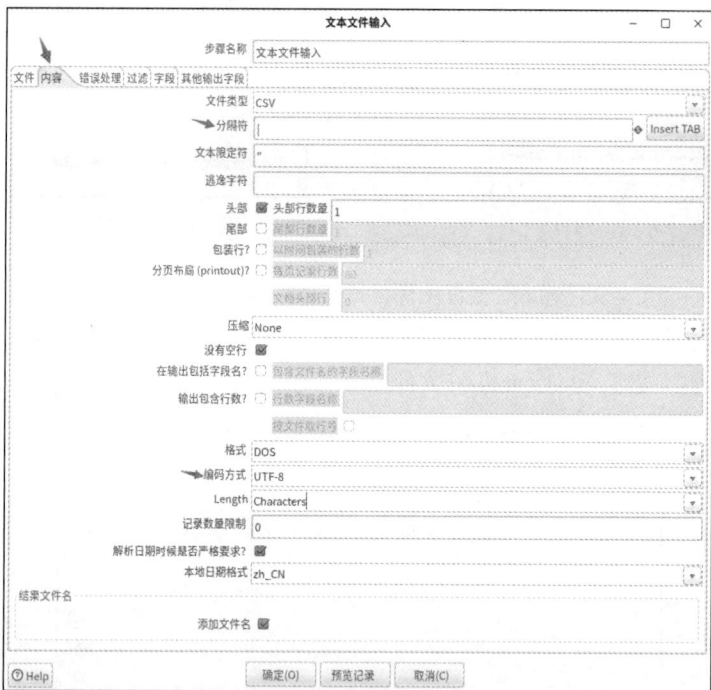

图 7-12　设置"内容"选项卡

如图 7-13 所示，在"字段"选项卡中单击"获取字段"按钮，会弹出图 7-14 所示的对话框，直接单击"确定"按钮，会得到图 7-15 所示的结果。这时，单击窗口底部的"预览记录"按钮，就可以看到图 7-16 所示的数据。最后，单击窗口底部的"确定"按钮，完成"文本文件输入"控件的设置。

双击设计区域的"Excel 输出"控件图标，打开"Excel 输出"设置对话框，在"文件"选项卡中将"文件名"设置为"/home/hadoop/file"，如图 7-17 所示。

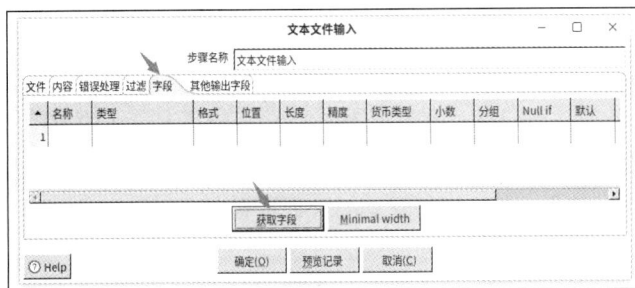

图 7-13　设置"字段"选项卡

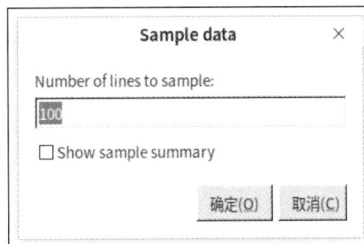

图 7-14　设置样本数据行数

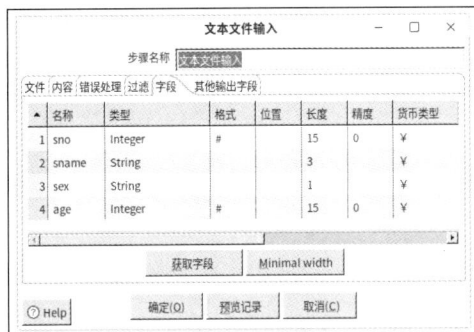

图 7-15　设置结果

图 7-16　预览数据

图 7-17　设置文件名

如图 7-18 所示，在"字段"选项卡中单击底部的"获取字段"按钮，然后把"sno"和"age"字段的"格式"设置为"#"，如图 7-19 所示。最后，单击"确定"按钮完成"Excel 输出"控件的设置。全部设置完成以后，需要保存设计文件。

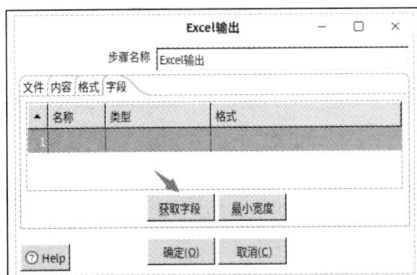

图 7-18　设置"字段"选项卡

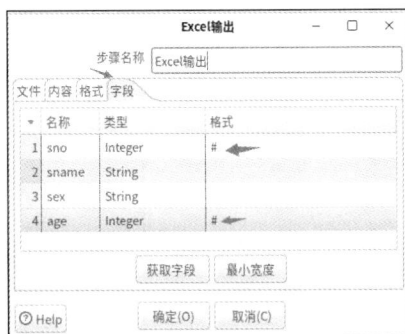

图 7-19　设置字段格式

4. 执行转换

如图 7-20 所示，在设计区域中单击"运行"图标按钮 ▷ 开始执行转换，弹出图 7-21 所示的窗口，单击下方的"启动"按钮，如果转换执行成功，会显示图 7-22 所示的情况，在两个控件图标上都会显示"√"。这时，到"/home/hadoop"目录下就可以看到新生成的文件 file.xls。我们可以在 Ubuntu 系统的文件管理界面（见图 7-23）中直接双击打开 file.xls 以查看内容，如图 7-24 所示。

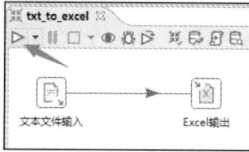

图 7-20　执行转换

图 7-21　转换启动窗口

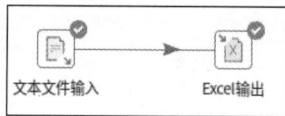

图 7-22　转换执行成功

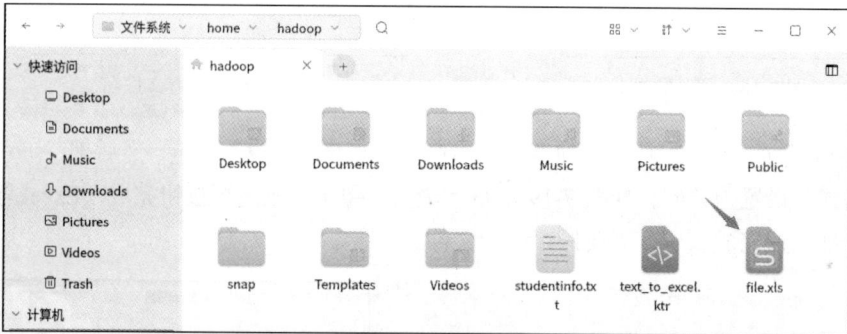

图 7-23　文件管理界面

	A	B	C	D
1	sno	sname	sex	age
2	1	王小明	男	24
3	2	张璐	女	23
4	3			
5	4	马琼	女	25
6	5			
7	6	侯杰	男	23
8				

图 7-24　file.xls 文件内容

7.4.2 把文本文件导入 MySQL 数据库

下面给出一个实例，演示如何使用 Kettle 把文本文件导入 MySQL 数据库，具体步骤包括创建文本文件、创建数据库、建立转换、建立数据库连接、设计转换、执行转换。

1. 创建文本文件

在 "/home/hadoop" 目录下创建一个文本文件 book.txt，其内容如图 7-25 所示。在这个文件中，第 1 行是字段名称，包括 no、author、price 和 amount，字段名称之间用 "|" 隔开；其余行都是记录，各数据项之间也用 "|" 隔开。

图 7-25　book.txt 文件内容

2. 创建数据库

这里使用 MySQL 数据库管理数据，请参考第 2 章的内容完成 MySQL 的安装，并学习其基本使用方法。此外，为了让 Kettle 能够顺利连接 MySQL 数据库，我们还需要为 Kettle 提供 MySQL 数据库的驱动程序。读者可以访问本书官网，下载驱动程序压缩文件 mysql-connector-java-8.0.30.jar，把这个文件复制到 Kettle 安装目录的 lib 子目录下（如 "/usr/local/data-integration/lib"）。

在 Ubuntu 系统中启动 MySQL 服务进程，进入 MySQL Shell 界面，执行以下 SQL 语句创建数据库：

```
CREATE DATABASE kettle;
```

继续执行以下 SQL 语句创建 book 数据表：

```
USE kettle;
#------------创建数据表 book
DROP TABLE IF EXISTS book;
CREATE TABLE book(
    no int,
    author VARCHAR(10),
    price int,
    amount int
);
```

3. 建立转换

在 Spoon 主窗口的 "主对象树" 选项卡中，右键单击 "转换" 选项，如图 7-26 所示，在弹出的快捷菜单中选择 "新建" 选项。单击 Spoon 主窗口左上角的 "保存" 图标，把这个转换保存到某个路径下，并命名为 "text"。

4. 建立数据库连接

如图 7-27 所示，在 "主对象树" 选项卡中，双击 "DB 连接"。

图 7-26　建立转换

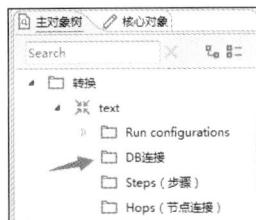

图 7-27　双击 "DB 连接"

弹出如图 7-28 所示的"数据库连接"对话框，在左侧窗格中选择"一般"选项卡，在右侧选项区域中将"连接名称"设置为"mysql"，在"连接类型"列表框中选择"MySQL"选项，在"连接方式"列表框中选择"Native（JDBC）"选项，将"主机名称"设置为"localhost"，将"数据库名称"设置为"kettle"，将"端口号"设置为"3306"，将"用户名"设置为"root"，将"密码"设置为"123456"（这个密码要设置成自己的数据库密码）。最后，单击"测试"按钮，要确保测试成功才能进行后续操作。

图 7-28　"数据库连接"对话框

5. 设计转换

在"核心对象"选项卡中的"输入"控件里把"文本文件输入"控件图标拖到右侧设计区域，在"输出"控件里把"表输出"控件图标拖到右侧设计区域，然后为这两个控件建立连线，如图 7-29 所示。

图 7-29　放置两个控件

双击设计区域的"文本文件输入"控件图标，打开"文本文件输入"设置对话框，在"文件"选项卡中，单击"文件或目录"文本框右侧的"浏览"按钮，把 book.txt 文件添加进来，如图 7-30 所示，然后单击"增加"按钮。添加文件后的结果显示如图 7-31 所示。

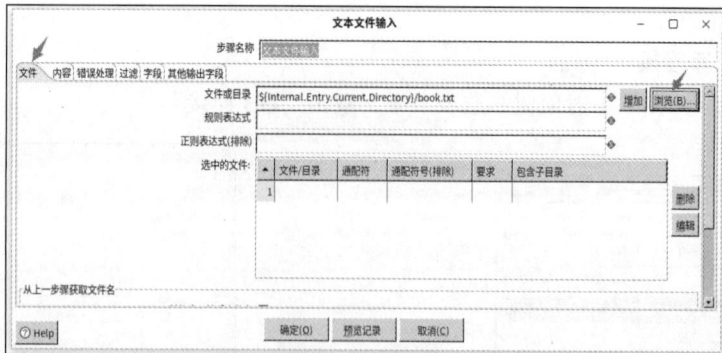

图 7-30　添加文件

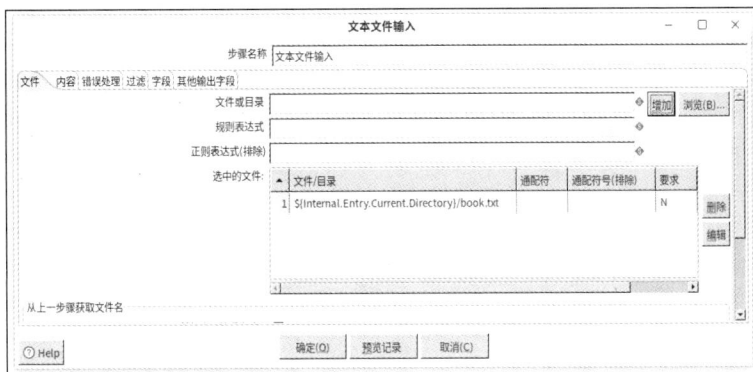

图 7-31　添加文件后的结果显示

单击"内容"选项卡，如图 7-32 所示，将"文件类型"设置为"CSV"，将"分隔符"设置为"|"，选中"头部"复选框，将"头部行数量"设置为"1"，将"编码方式"设置为"UTF-8"。

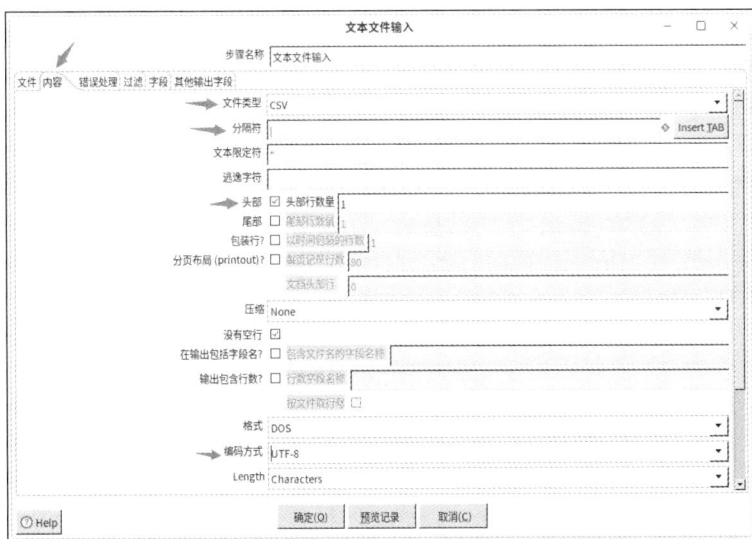

图 7-32　设置"内容"选项卡

单击"字段"选项卡，再单击底部的"获取字段"按钮，让 Kettle 自动从 book.txt 中提取字段，如图 7-33 所示。弹出如图 7-34 所示的对话框，直接单击"确定"按钮返回"字段"选项卡，再单击"确定"按钮。

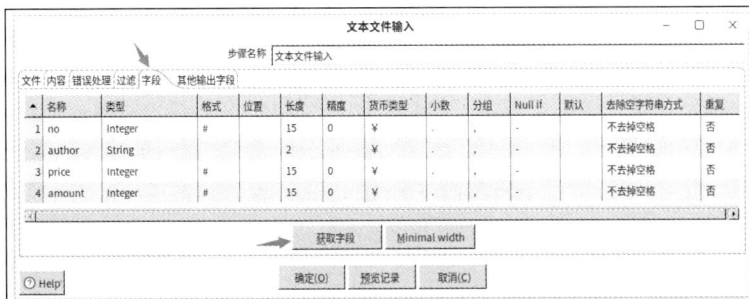

图 7-33　设置"字段"选项卡

双击设计区域的"表输出"控件图标，打开"表输出"设置对话框，如图 7-35 所示，在"数据库连接"文本框右边的下拉列表中选择"mysql"，单击"目标表"文本框右侧的"浏览"按钮，弹出如图 7-36 所示的对话框，选中"book"后单击"确定"按钮，返回设置对话框，再单击"确定"按钮，完成设置。全部设置完成后，需要保存设计文件。

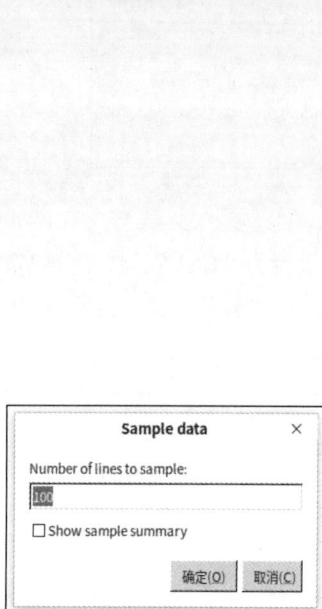

图 7-34　设置样本数据行数

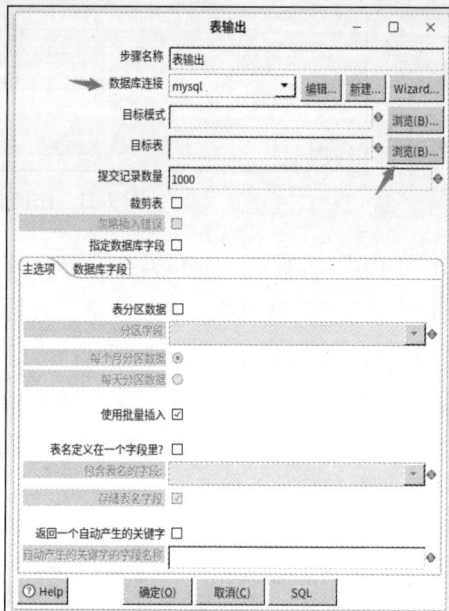

图 7-35　"表输出"设置对话框

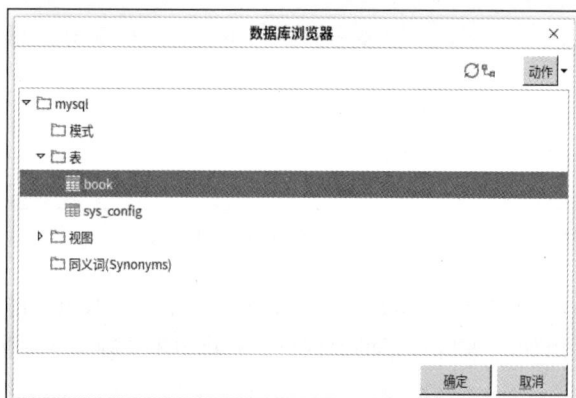

图 7-36　选择 book 表

6．执行转换

如图 7-37 所示，在设计区域中单击"运行"图标按钮 ▷ 开始执行转换，在弹出的对话框中单击"启动"按钮，如果转换执行成功，会显示如图 7-38 所示的情况，在两个控件图标上都会显示"√"。

这时，到 MySQL 命令行窗口中执行以下 SQL 语句以查看数据库中的数据：

```
mysql> USE kettle;
mysql> SELECT * FROM book;
```

执行结果如图 7-39 所示。

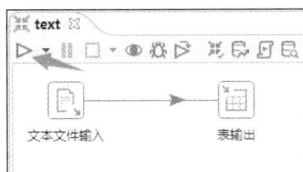

图 7-37　执行转换　　　　图 7-38　转换执行成功　　　　图 7-39　执行结果

7.4.3　把 Excel 文件导入 MySQL 数据库

下面给出一个实例，演示如何使用 Kettle 把 Excel 文件导入 MySQL 数据库，具体步骤包括：创建 Excel 表格、创建数据库、建立转换、建立数据库连接、设计转换、执行转换。

1．创建 Excel 表格

在"/home/hadoop"目录下新建一个 Excel 文件 Student.xls，表格内容如图 7-40 所示。

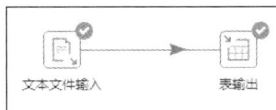

图 7-40　Excel 表格内容

2．创建数据库

启动 MySQL 服务进程，打开 MySQL Shell 界面，执行以下 SQL 语句创建数据库：

```
CREATE DATABASE kettle;
```

继续执行以下 SQL 语句创建数据表 student_info：

```
USE kettle;
#------------创建数据表 student_info
DROP TABLE IF EXISTS student_info;
CREATE TABLE student_info(
    sno int,
    sname VARCHAR(10),
    ssex VARCHAR(2),
    sage int
);
```

3．建立转换

在 Spoon 主窗口的"主对象树"选项卡中，右键单击"转换"选项，如图 7-41 所示，在弹出的快捷菜单中单击选择"新建"选项。单击 Spoon 主窗口左上角的"保存"图标，把这个转换保存到某个路径下，并命名为"excel"。

4．建立数据库连接

如图 7-42 所示，在"主对象树"选项卡中，双击"DB 连接"。

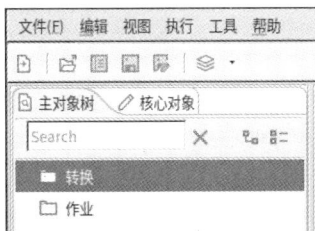

图 7-41　建立转换

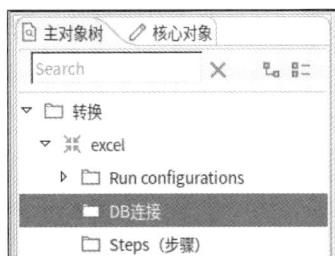

图 7-42　双击"DB 连接"

弹出如图 7-43 所示的"数据库连接"对话框，在左侧窗格中选择"一般"选项卡，在右侧选项区域将"连接名称"设置为"mysql"，在"连接类型"列表框中选择"MySQL"选项，在"连接方式"列表框中选择"Native（JDBC）"选项，将"主机名称"设置为"localhost"，将"数据库名称"设置为"kettle"，将"端口号"设置为"3306"，将"用户名"设置为"root"，将"密码"设置为"123456"（这个密码要设置成自己的数据库密码）。最后单击"测试"按钮，要确保测试成功才能进行后续操作。

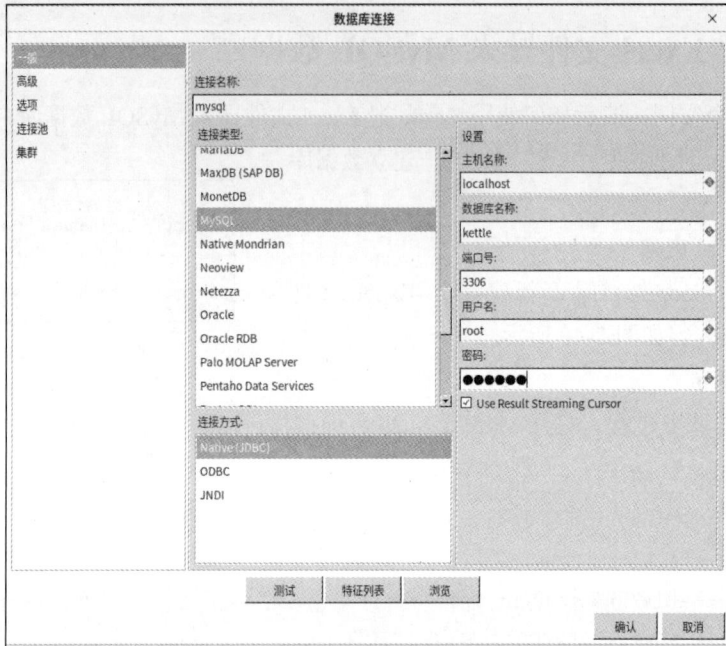

图 7-43 "数据库连接"对话框

5. 设计转换

在"核心对象"选项卡中的"输入"控件里把"Excel 输入"控件图标拖到右侧设计区域，在"输出"控件里把"表输出"控件图标拖到右侧设计区域，然后为这两个控件建立连线，如图 7-44 所示。

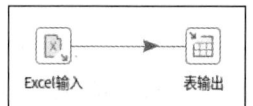

图 7-44 放置两个控件

双击设计区域的"Excel 输入"控件图标，打开"Excel 输入"设置对话框，在"表格类型（引擎）"后面的下拉列表中选择"Excel 97-2003 XLS (JXL)"，在"文件或目录"右侧单击"浏览"按钮，把 Student.xls 文件添加进来，如图 7-45 所示；然后单击"增加"按钮，文件就会出现在"选中的文件"列表框中，如图 7-46 所示。

在图 7-47 所示窗口中单击"工作表"选项卡，单击底部的"获取工作表名称"按钮。在弹出的窗口中选中"可用项目"中的"Sheet1"，单击右箭头按钮，把"Sheet1"导入右侧的"你的选择"区域，如图 7-48 所示，然后单击"确定"按钮。

单击"字段"选项卡，在"名称"和"类型"下面添加 4 个字段的信息："sno"为"Integer"类型，"sname"为"String"类型，"ssex"为"String"类型，"sage"为"Integer"类型，如图 7-49 所示。这里需要注意的是，该选项卡底部提供了"获取来自头部数据的字段"按钮，单击该按钮，Kettle 会自动从 Excel 表格中提取字段信息，但是自动提取的结果中字段类型可能不准确，因此，这里建议手动设置字段名称和类型。最后单击"确定"按钮，完成"Excel 输入"控件的设置。

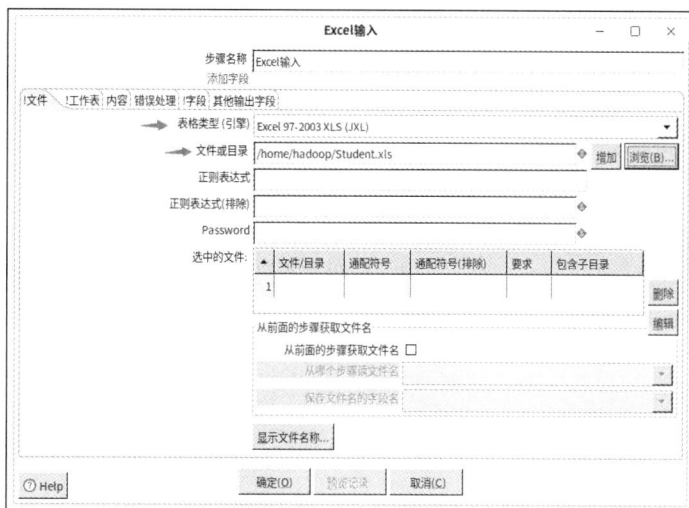

图 7-45　添加文件

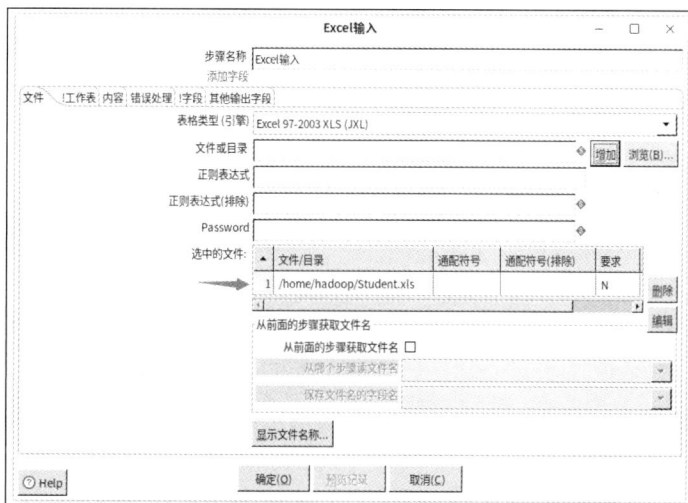

图 7-46　添加文件后的结果显示

图 7-47　工作表设置

图 7-48　选择工作表

在设计区域双击"表输出"控件图标，打开"表输出"设置对话框，如图 7-50 所示，在"数据库连接"右边的下拉列表中选择之前设置的数据库连接"mysql"，在"目标表"右侧单击"浏览"按钮，弹出如图 7-51 所示的对话框，选中"student_info"后单击"确定"按钮，返回设置对话框，再单击"确定"按钮，完成"表输出"控件的设置。全部设置完成后，需要保存设计文件。

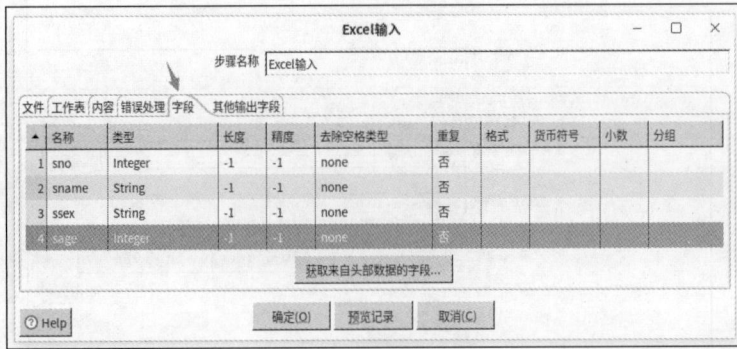

图 7-49　字段信息设置

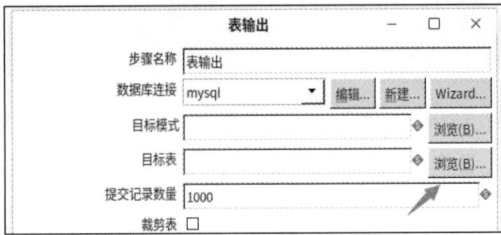

图 7-50　"表输出"设置对话框

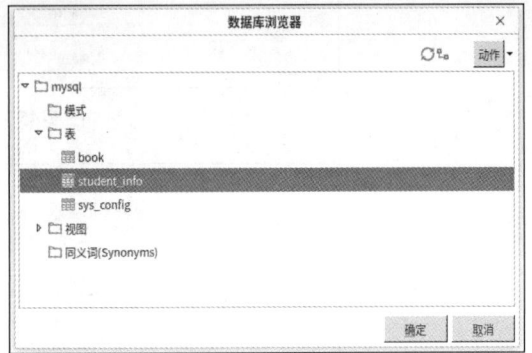

图 7-51　选择 MySQL 数据库中的数据表

6. 执行转换

在设计区域中单击"运行"图标按钮 ▷ 开始执行转换，如图 7-52 所示，在弹出的对话框中单击"启动"按钮，如果转换执行成功，会显示如图 7-53 所示的情况，在两个控件图标上都会显示"√"。

这时，到 MySQL 命令行窗口中执行以下 SQL 语句查看数据库中的数据：

```
mysql> USE kettle;
mysql> SELECT * FROM student_info;
```

执行结果如图 7-54 所示。

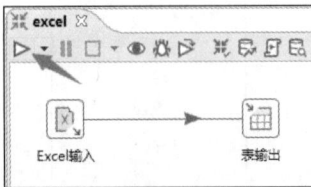

图 7-52　执行转换

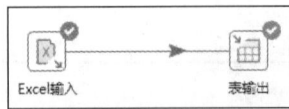

图 7-53　转换执行成功

图 7-54　执行结果

7.5　数据清洗与转换

本节将给出数据转换的 3 个实例，即使用 Kettle 实现数据排序、在 Kettle 中用正则表达式清洗数据、使用 Kettle 去除缺失值记录、使用 Kettle 转化 MySQL 数据库中的数据。

7.5.1　使用 Kettle 实现数据排序

下面给出一个实例，演示如何使用 Kettle 实现数据排序，具体步骤包括创建文本文件、建立转换、设计转换、执行转换。

1. 创建文本文件

在"/home/hadoop"目录下新建一个文本文件 score.txt，其内容如图 7-55 所示。文件的第 1 行是字段名称，包括 name 和 score，字段名称之间用分号（;）隔开；其余行都是记录，各数据项之间也用分号隔开。

2. 建立转换

在 Spoon 主窗口的"主对象树"选项卡中，右键单击"转换"选项，如图 7-56 所示，在弹出的快捷菜单中单击选择"新建"选项。单击 Spoon 主窗口左上角的"保存"图标按钮，把这个转换保存到某个路径下，并命名为"sort_data"。

3. 设计转换

在"核心对象"选项卡中的"输入"控件里把"文本文件输入"控件图标拖到右侧设计区域，在"转换"控件里把"排序记录"控件图标拖到右侧设计区域，然后为这两个控件建立连线，如图 7-57 所示。

图 7-55　score.txt 文件内容　　　　图 7-56　建立转换　　　　图 7-57　放置两个控件

双击设计区域的"文本文件输入"控件图标，打开"文本文件输入"设置对话框，如图 7-58 所示，在"文件"选项卡中单击"文件或目录"右侧的"浏览"按钮，添加文件 score.txt，然后单击"增加"按钮，结果显示如图 7-59 所示。

图 7-58　添加文件

图 7-59　添加文件后的结果显示

在"内容"选项卡中，将"分隔符"设置为"；"，如图 7-60 所示。

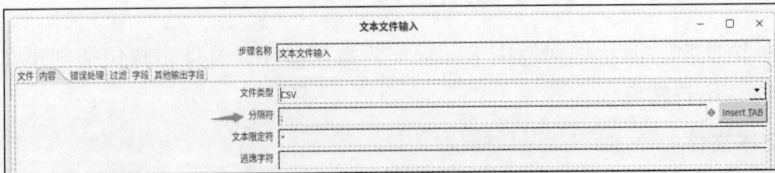

图 7-60　设置"内容"选项卡

如图 7-61 所示，在"字段"选项卡中单击"获取字段"按钮，结果如图 7-62 所示。

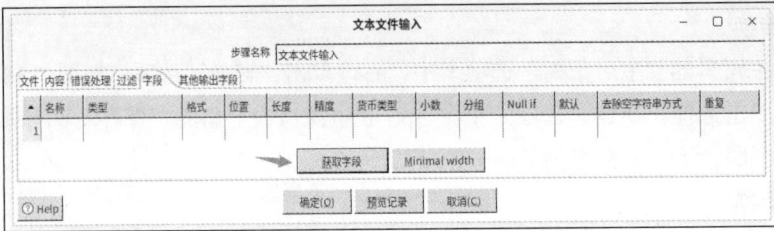

图 7-61　设置"字段"选项卡

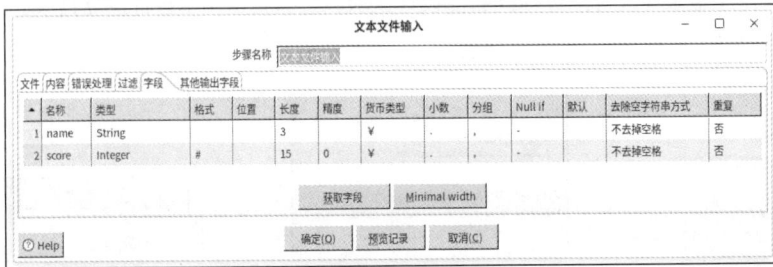

图 7-62　获取字段后的结果显示

这时，单击窗口底部的"预览记录"按钮就可以预览数据了，如图 7-63 所示。最后，单击窗口底部的"确定"按钮，完成"文本文件输入"控件的设置。

双击设计区域的"排序记录"控件图标，打开"排序记录"设置对话框，如图 7-64 所示，在"字段名称"下拉列表中选择"score"，在"升序"下拉列表中选择"是"，然后单击"确定"按钮完成设置。全部设置完成后，需要保存设计文件。

图 7-63　预览数据

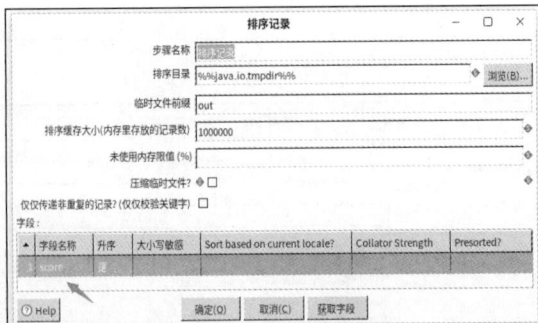

图 7-64　设置排序记录

4．执行转换

在设计区域中单击"运行"图标按钮▷开始执行转换，如图 7-65 所示，在弹出的对话框中单击"启动"按钮，如果转换执行成功，会显示如图 7-66 所示的情况，在两个控件图标上都会显示"√"。这时，在设计区域底部"执行结果"的"Preview data"选项卡中可以预览排序后的数据，如图 7-67 所示。

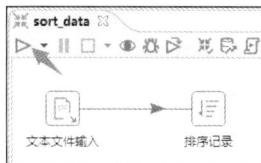

图 7-65　执行转换

图 7-66　转换执行成功

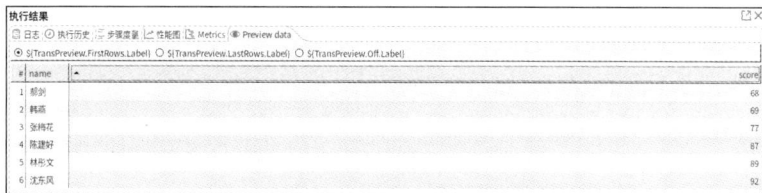

图 7-67　预览排序后的数据

7.5.2　在 Kettle 中用正则表达式清洗数据

下面给出一个实例，演示如何在 Kettle 中用正则表达式清洗数据，具体步骤包括建立转换、设计转换、执行转换。

1．建立转换

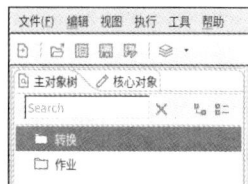

在 Spoon 主窗口的"主对象树"选项卡中右键单击"转换"选项，如图 7-68 所示，在弹出的快捷菜单中单击选择"新建"选项。单击 Spoon 主窗口左上角的"保存"图标按钮，把这个转换保存到某个路径下，并命名为"regular_expression"。

图 7-68　建立转换

2．设计转换

在"核心对象"选项卡中的"输入"控件里把"自定义常量数据"控件图标拖到右侧设计区域，在"检验"控件里把"数据检验"控件图标拖到右侧设计区域，在"输出"控件里把"文本文件输出"控件图标拖到右侧设计区域，一共放置两个"文本文件输出"控件。为这 4 个控件建立连线，如图 7-69 所示。注意，在"数据检验"控件与"文本文件输出"控件之间建立连线时，需要设置为"主输出步骤"，在"数据检验"控件与"文本文件输出 2"控件之间建立连线时，需要设置为"错误处理步骤"，如图 7-70 所示。在弹出的"警告"对话框中直接单击"分发"按钮即可，如图 7-71 所示。

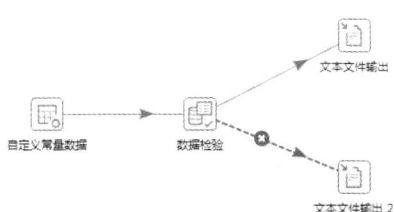

图 7-69　放置 4 个控件

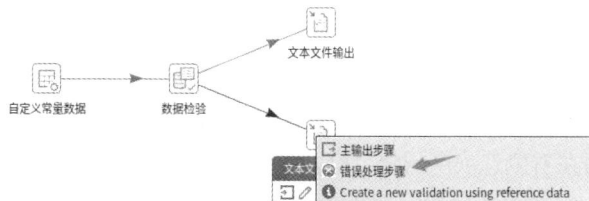

图 7-70　连线设置

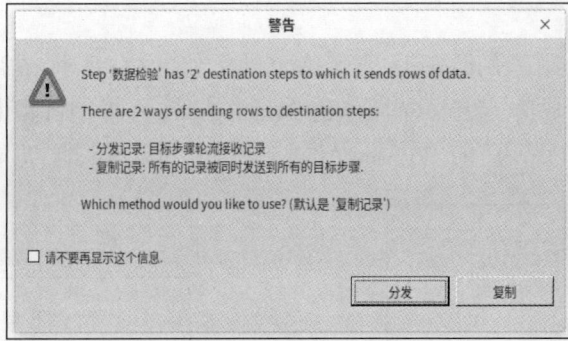

图 7-71　"警告"对话框

双击设计区域的"自定义常量数据"控件图标，打开"自定义常量数据"设置对话框，在"元数据"选项卡中添加一个元数据，名称为"data"，类型为"Integer"，如图 7-72 所示。在"数据"选项卡中输入一些长度不等的数据，如图 7-73 所示，然后单击"确定"按钮。

图 7-72　设置"元数据"选项卡

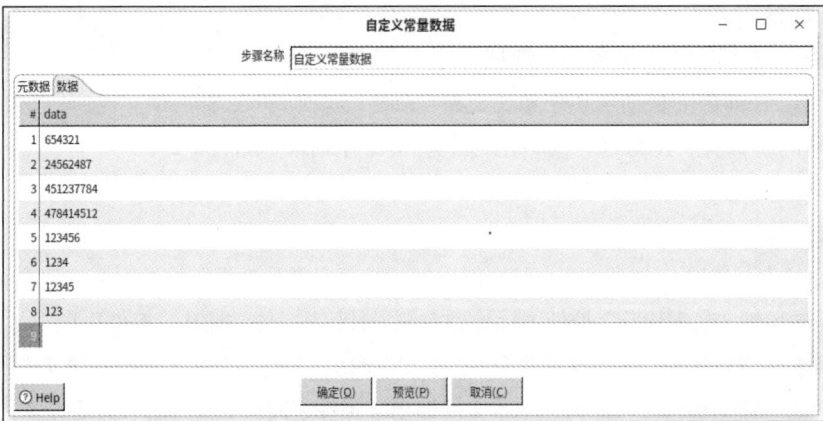

图 7-73　设置"数据"选项卡

双击设计区域的"数据检验"控件图标，在弹出的"数据检验"设置对话框中单击"增加检验"按钮，如图 7-74 所示。在弹出的"输入检验的名称"对话框中在"为检验规则设定一个唯一的名称"文本框中输入"length"，然后单击"确定"按钮，如图 7-75 所示。

如图 7-76 所示，在"数据检验"对话框左侧的"选择一个要编辑的检验"选项区域双击"length"，然后在右侧选项区域将"检验描述"设置为"length"，将"要检验的字段名"设置为"data"。拖动右侧滚动条，在对话框下方右侧选项区域中将"合法数据的正则表达式"设置为"\d{3,5}"，表示只输出长度为 3～5 位的数据，如图 7-77 所示，然后单击"确定"按钮。

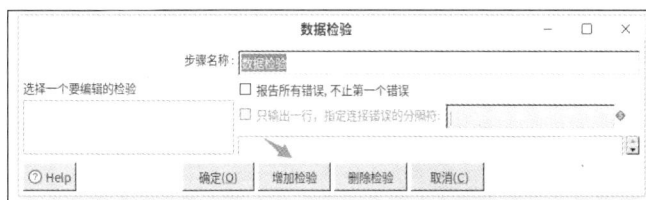

图 7-74 增加检验

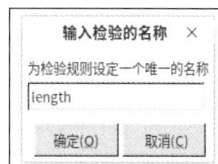

图 7-75 输入检验的名称

图 7-76 设置数据检验名称和描述

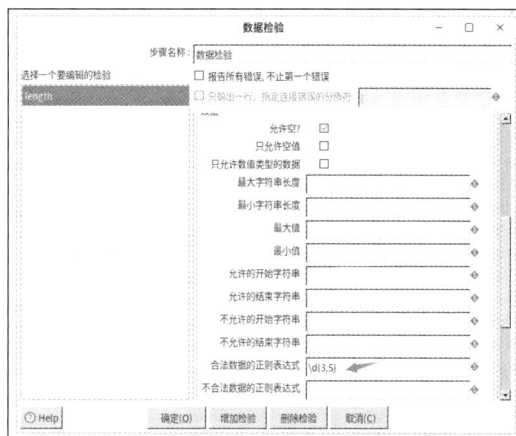

图 7-77 设置数据检验正则表达式

双击设计区域的"文本文件输出"控件图标,打开"文本文件输出"设置对话框,如图 7-78 所示。在"文件"选项卡中,单击"文件名称"文本框右侧的"浏览"按钮,在弹出的对话框中设置保存路径(如"/home/hadoop"目录)和文件名称(如"result"),然后单击"OK"按钮,如图 7-79 所示。设置文件名称后的效果如图 7-80 所示。然后单击"确定"按钮,完成"文本文件输出"控件的设置。

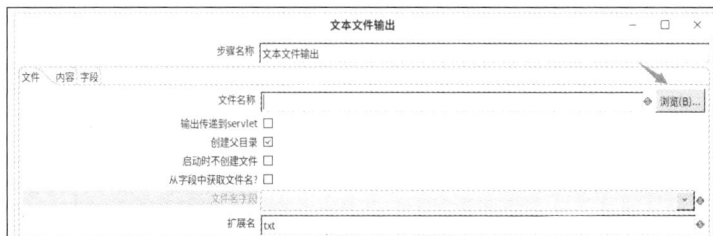

图 7-78 "文本文件输出"设置对话框

同理,双击设计区域的"文本文件输出 2"控件图标,把文件名称设置为"result2"。这样就完成了所有的设置。全部设置完成后,需要保存设计文件。

3. 执行转换

在设计区域中单击"运行"图标按钮 ▷ 开始执行转换,如图 7-81 所示,在弹出的对话框中单击"启动"按钮,如果转换执行成功,会显示如图 7-82 所示的情况,在所有控件图标上都会显示"√"。这时,在设计区域底部"执行结果"的"Preview data"选项卡中可以预览过滤后的数据,如图 7-83 所示。这时,到"/home/hadoop"目录下,就可以看到两个文本文件,即 result.txt 和 result2.txt,里面分别保存了过滤后的数据和被过滤掉的数据。

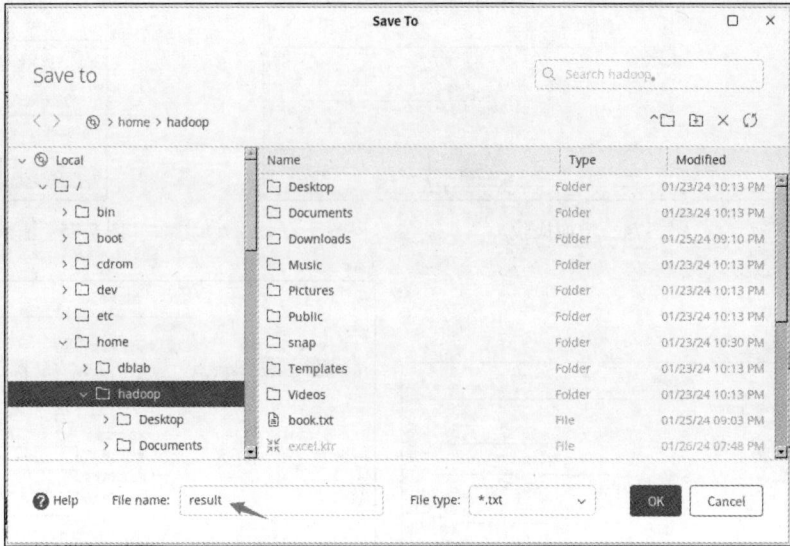

图 7-79　设置保存路径和文件名称

图 7-80　设置文件名称后的效果

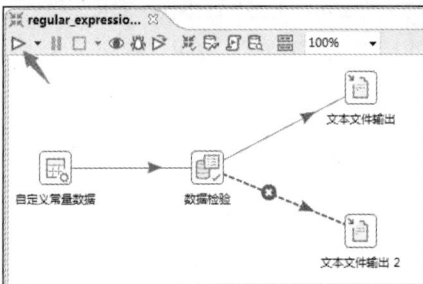

图 7-81　执行转换

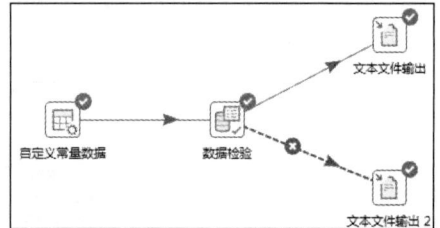

图 7-82　转换执行成功

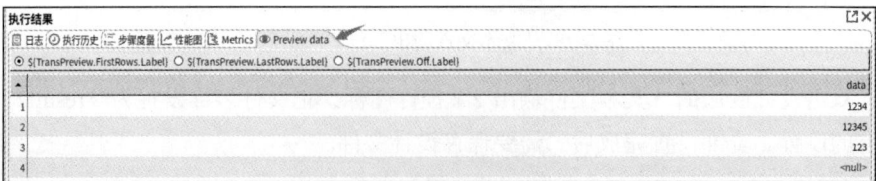

图 7-83　预览过滤后的数据

7.5.3　使用 Kettle 去除缺失值记录

下面给出一个实例，演示如何使用 Kettle 去除缺失值记录，具体步骤包括创建文本文件、建立转换、设计转换、执行转换。

1. 创建文本文件

在"/home/hadoop"目录下新建一个文本文件 people.txt，其内容如图 7-84 所示。文件的第 1 行是字段名称，包括 id、name、sex 和 age，字段名称之间用"|"隔开；其余行都是记录，数据项之间也用"|"隔开。由于某些原因，第 3 条、第 5 条和第 8 条记录的 sex 字段没有值，第 7 条记录的 age 字段没有值。

2. 建立转换

在 Spoon 主窗口的"主对象树"选项卡中，右键单击"转换"，如图 7-85 所示，在弹出的快捷菜单中单击选择"新建"选项。单击 Spoon 主窗口左上角的"保存"图标按钮，把这个转换保存到某个路径下，并命名为"del_duplicate"。

图 7-84　people.txt 文件内容

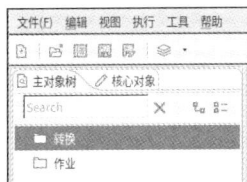

图 7-85　建立转换

3. 设计转换

在"核心对象"选项卡中的"输入"控件里把"文本文件输入"控件图标拖到右侧设计区域，在"转换"控件里把"字段选择"控件图标拖到右侧设计区域，在"流程"控件里把"过滤记录"控件图标和"空操作(什么也不做)"控件图标拖到右侧设计区域，在"输出"控件里把"Excel 输出"控件图标拖到右侧设计区域，然后为各个控件建立连线，如图 7-86 所示。注意，在"过滤记录"和"Excel 输出"两个控件之间建立连线时，要选择"Result is TRUE"选项。在"过滤记录"和"空操作(什么也不做)"两个控件之间建立连线时，要选择"主输出步骤"选项。

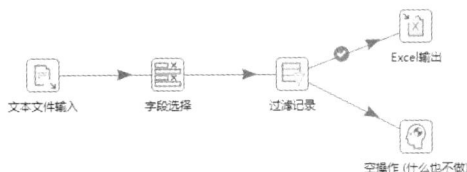

图 7-86　放置 5 个控件

双击设计区域的"文本文件输入"控件图标，打开"文本文件输入"设置对话框，如图 7-87 所示，单击"文件或目录"文本框右侧的"浏览"按钮，把文件 people.txt 添加进来，然后单击"增加"按钮，这时在"选中的文件"列表框中就会增加一行记录，结果显示如图 7-88 所示。

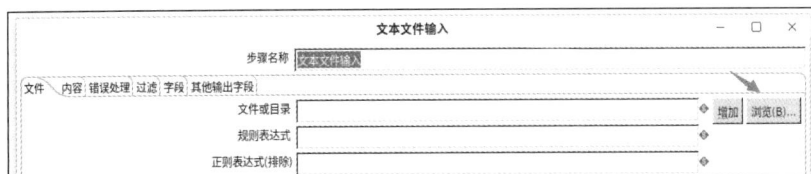

图 7-87　添加文件

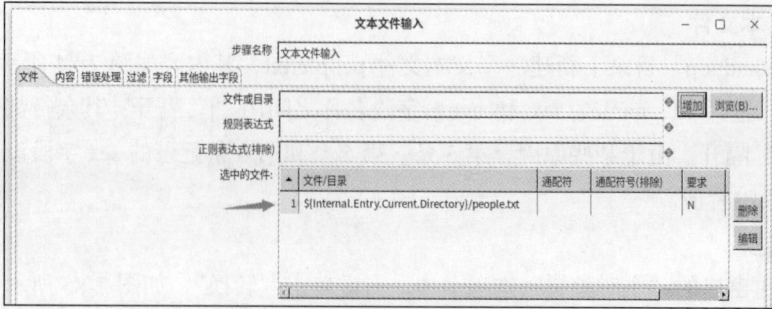

图 7-88　添加文件后的结果显示

如图 7-89 所示，在"内容"选项卡中将"文件类型"设置为"CSV"，将"分隔符"设置为"|"。

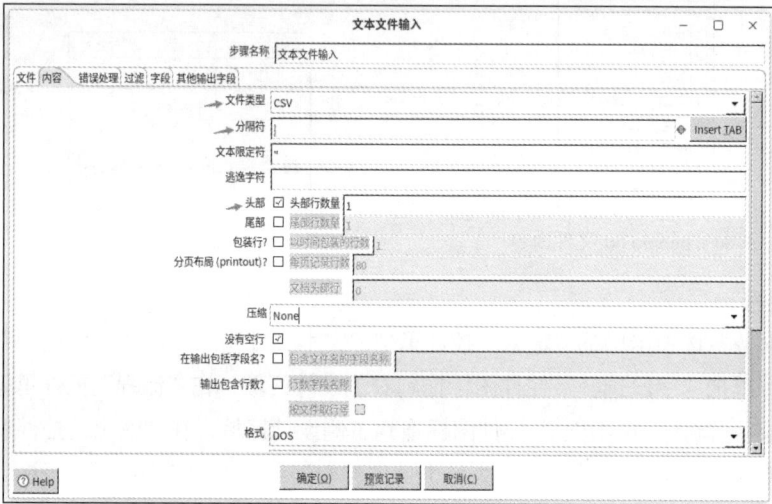

图 7-89　设置"内容"选项卡

如图 7-90 所示，在"字段"选项卡中单击"获取字段"按钮，结果显示如图 7-91 所示。最后，单击"确定"按钮完成"文本文件输入"控件的设置。

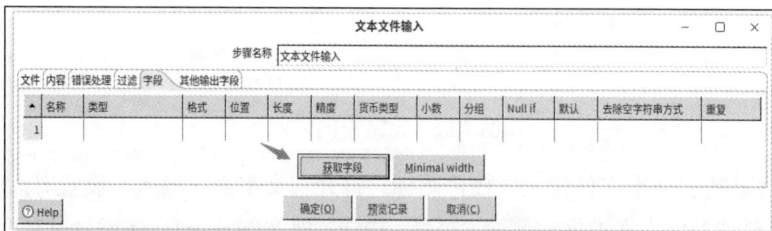

图 7-90　设置"字段"选项卡

双击设计区域的"字段选择"控件图标，打开"选择/改名值"对话框，如图 7-92 所示。在"选择和修改"选项卡中，单击右侧的"获取选择的字段"按钮，获取字段后的结果如图 7-93 所示。

在"移除"选项卡中，把 sex 字段设置为移除的字段，如图 7-94 所示。最后，单击"确定"按钮完成"字段选择"控件的设置。

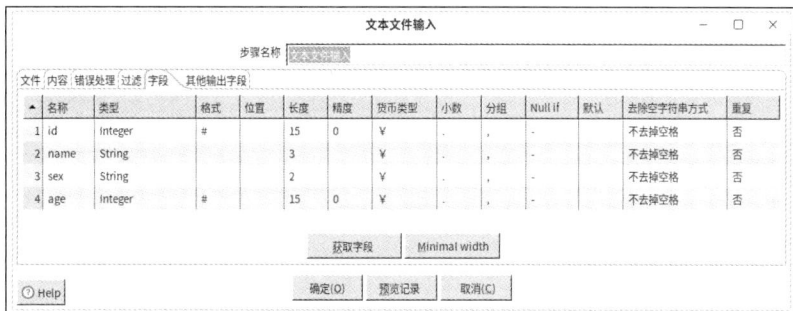

图 7-91　获取字段后的结果显示

图 7-92　"选择/改名值"对话框

图 7-93　获取字段后的结果

双击设计区域的"过滤记录"控件图标，打开"过滤记录"设置对话框，如图 7-95 所示。在"条件"下方设置过滤的条件，过滤掉有缺失值的字段，也就是"age"字段。单击"<field>"，弹出图 7-96 所示的对话框，选中"age"字段后单击"确定"按钮返回。

在图 7-97 所示的窗口中单击"="，弹出图 7-98 所示的"函数"对话框，选择"IS NULL"后单击"确定"按钮返回，此时的结果显示如图 7-99 所示。

图 7-94　设置移除的字段

图 7-95　"过滤记录"设置对话框

图 7-96　选择一个字段

图 7-97　单击"="

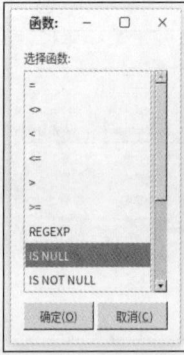

图 7-98 选择函数

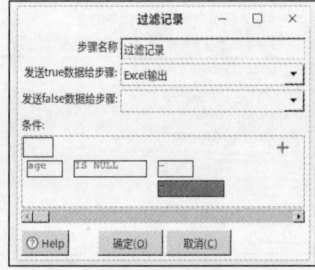

图 7-99 设置完成后的结果显示

最后，在"过滤记录"对话框中将"发送 true 数据给步骤"设置为"空操作(什么也不做)"，将"发送 false 数据给步骤"设置为"Excel 输出"，如图 7-100 所示。单击"确定"按钮完成"过滤记录"控件的设置。这时，各控件之间连线的结果如图 7-101 所示。

图 7-100 发送 true/false 数据给步骤的设置

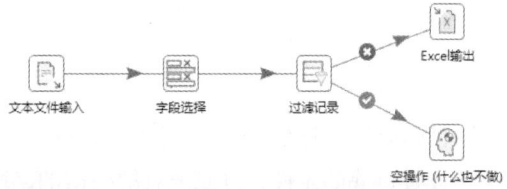

图 7-101 完成设置后各控件之间连线的结果

双击设计区域的"Excel 输出"控件图标，打开"Excel 输出"设置对话框，如图 7-102 所示，把"文件名"设置为"/home/hadoop/result"。

在"字段"选项卡中单击"获取字段"按钮，如图 7-103 所示，获取字段后的结果如图 7-104 所示，然后把字段的"格式"全部设置成"#"。最后单击"确定"按钮，完成"Excel 输出"控件的设置。全部设置完成后需要保存设计文件。

图 7-102 "Excel 输出"设置对话框

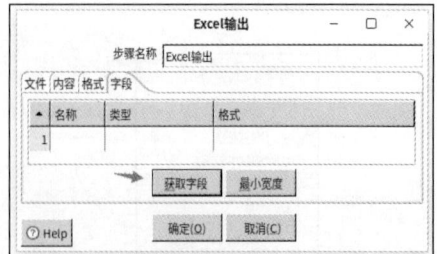

图 7-103 设置"字段"选项卡

4. 执行转换

在设计区域中单击"运行"图标按钮 ▷ 开始执行转换，如图 7-105 所示，在弹出的对话框中单击"启动"按钮，如果转换执行成功，会显示图 7-106 所示的情况，在所有控件图标上都会显示"√"。

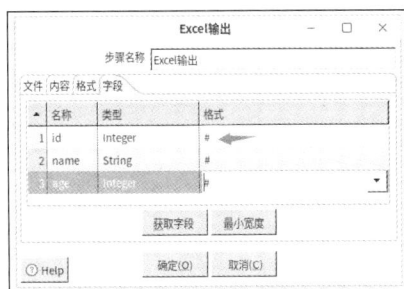

图 7-104　获取字段后的结果

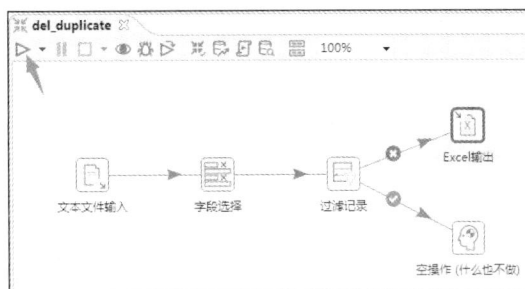

图 7-105　执行转换

这时，我们就可以在"/home/hadoop"目录下看到一个 result.xls 文件。打开该文件可以看到图 7-107 所示的内容，从图中可以看出，缺失值记录都被移除了。

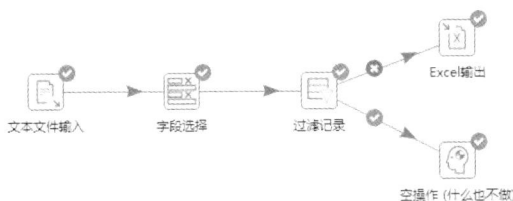

图 7-106　转换执行成功

图 7-107　result.xls 文件内容

7.5.4　使用 Kettle 转化 MySQL 数据库中的数据

假设有一个数据库 kettle，里面有客户表 user、产品表 product 和订单表 orders。要求以 kettle 数据库作为数据源，使用 Kettle 生成对应的数据文件，找出不同性别、不同年龄、不同职业的用户对哪类产品比较感兴趣，为后续建立数据仓库进行数据挖掘和 OLAP 做准备。

使用 Kettle 转化 MySQL 数据库中的数据包括创建数据库、建立转换、建立数据库连接、设计转换、执行转换等步骤。

1. 创建数据库

启动 MySQL 服务进程，进入 MySQL Shell 界面，执行以下 SQL 语句创建数据库：

```
CREATE DATABASE kettle;
```

继续执行以下 SQL 语句创建数据表 user、product 和 orders，并插入测试数据：

```
USE kettle;
#------------创建数据表user
DROP TABLE IF EXISTS user;
CREATE TABLE user(
    userid int(10) DEFAULT NULL COMMENT '用户 ID',
    username varchar(10) DEFAULT NULL COMMENT '用户姓名',
    usersex varchar(1) DEFAULT NULL COMMENT '性别',
    userposition varchar(20) DEFAULT NULL COMMENT '职业',
    userage int(3) DEFAULT NULL COMMENT '年龄'
```

```
) ENGINE=InnoDB DEFAULT CHARSET=utf8;
#------------插入数据
INSERT INTO user VALUES ('1', '陈四', '女', '学生', '20');
INSERT INTO user VALUES ('2', '王五', '男', '工程师', '30');
INSERT INTO user VALUES ('3', '李六', '女', '医生', '40');
#------------创建数据表 product
DROP TABLE IF EXISTS product;
CREATE TABLE product(
  productid int(10) DEFAULT NULL COMMENT '产品 ID',
  productname varchar(20) DEFAULT NULL COMMENT '产品名称'
)ENGINE=InnoDB DEFAULT CHARSET=utf8;
#------------插入数据
INSERT INTO product VALUES ('1', '手机');
INSERT INTO product VALUES ('2', '计算机');
INSERT INTO product VALUES ('3', '水杯');
#------------创建数据表 orders
DROP TABLE IF EXISTS orders;
CREATE TABLE orders(
  orderid int(10) DEFAULT NULL COMMENT '订单 ID',
  userid int(10) DEFAULT NULL COMMENT '用户 ID',
  productid int(10) DEFAULT NULL COMMENT '产品 ID',
  buytime datetime DEFAULT NULL COMMENT '购买时间'
) ENGINE=InnoDB DEFAULT CHARSET=utf8;
#------------插入数据
INSERT INTO orders VALUES ('1', '1', '1', '2021-06-01 15:02:02');
INSERT INTO orders VALUES ('2', '1', '2', '2021-06-02 15:02:22');
INSERT INTO orders VALUES ('3', '1', '3', '2021-06-02 15:02:36');
INSERT INTO orders VALUES ('4', '2', '1', '2021-06-06 15:02:52');
INSERT INTO orders VALUES ('5', '3', '2', '2021-06-09 16:55:24');
INSERT INTO orders VALUES ('6', '2', '2', '2021-07-14 14:01:36');
```

2. 建立转换

在 Spoon 主窗口的"主对象树"选项卡中，右键单击"转换"选项，如图 7-108 所示，在弹出的快捷菜单中单击选择"新建"选项。单击 Spoon 主窗口左上角的"保存"图标按钮，把这个转换保存到某个路径下，并命名为"mysql"。

3. 建立数据库连接

如图 7-109 所示，在"主对象树"选项卡中双击"DB 连接"。

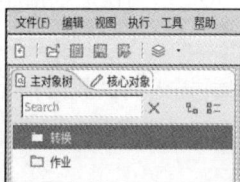

图 7-108　建立转换

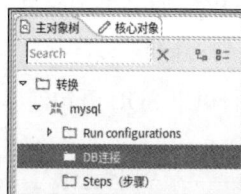

图 7-109　双击"DB 连接"

在弹出的对"数据库连接"对话框中，在左侧窗格中选择"一般"选项卡，在右侧选项区域将"连接名称"设置为"etl_test"，在"连接类型"列表框中选择"MySQL"，在"连接方式"列表框中选择"Native（JDBC）"，在"设置"选项区域将"主机名称"设置为"localhost"，将"数据库名称"设置为"kettle"，将"端口号"设置为"3306"，将"用户名"设置为"root"，将"密码"设置为"123456"（这个密码要设置成自己的数据库密码），如图 7-110 所示。最后单击"测试"按钮。

图 7-110　"数据库连接"对话框

单击"测试"按钮后，如果连接成功，会出现图 7-111 所示的对话框，单击"确定"按钮返回，在图 7-110 所示对话框中再次单击"确认"按钮。

4. 设计转换

在"核心对象"选项卡中，将"输入"控件里的"表输入"控件图标拖到右侧设计区域，一共放置 3 个"表输入"控件，如图 7-112 所示。

图 7-111　数据库连接成功

图 7-112　放置 3 个"表输入"控件

在设计区域双击"表输入"控件图标，会弹出如图 7-113 所示的"表输入"对话框，将"步骤名称"设置为"查询 user 表数据"，在"数据库连接"下拉列表中选择"etl_test"，在"SQL"下面的文本框中输入 SQL 语句"SELECT * FROM user"，然后单击"确定"按钮。

在设计区域双击"表输入 2"控件图标，会弹出如图 7-114 所示的"表输入"对话框，将"步骤名称"设置为"查询 product 表数据"，在"数据库连接"下拉列表中选择"etl_test"，在"SQL"下面的文本框中输入 SQL 语句"SELECT * FROM product"，然后单击"确定"按钮。

在设计区域双击"表输入 3"控件图标，会弹出如图 7-115 所示的"表输入"对话框，将"步骤名称"设置为"查询 orders 表数据"，在"数据库连接"下拉列表中选择"etl_test"，在"SQL"下面的文本框中输入 SQL 语句"SELECT * FROM orders"，然后单击"确定"按钮。

在"核心对象"选项卡中，将"查询"控件里的"流查询"控件图标拖到右侧的设计区域，一共放置两个"流查询"控件，然后按照图 7-116 所示的效果为各控件之间建立连接。

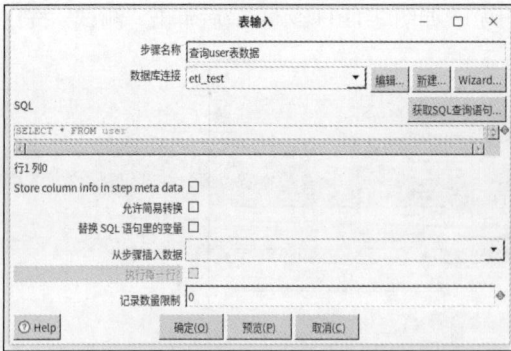

图 7-113　设置"表输入"控件

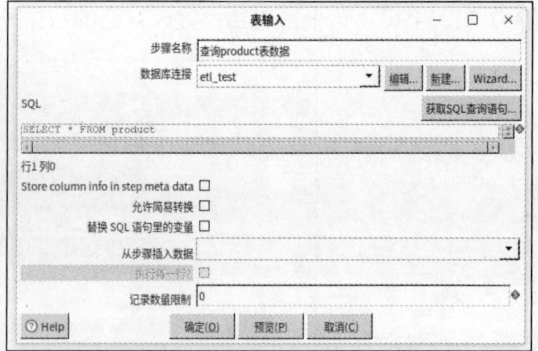

图 7-114　设置"表输入 2"控件

图 7-115　设置"表输入 3"控件

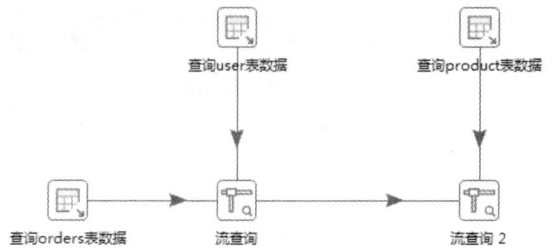

图 7-116　放置两个"流查询"控件

在设计区域双击"流查询"控件图标，会弹出如图 7-117 所示的"流里的值查询"对话框，将"步骤名称"设置为"根据 userid 查询"，在"Lookup step"下拉列表中选择"查询 user 表数据"。在"查询值所需的关键字"选项区域，在"字段"中输入"userid"，在"查询字段"中输入"userid"。在"指定用来接收的字段"选项区域，要设置 5 个字段的名称（Field）及其类型，具体设置参照表 7-3 所示。设置完成后，单击"确定"按钮。

图 7-117　设置"流查询"控件

Field	类型
userid	Integer
username	String
usersex	String
userposition	String
userage	Integer

在设计区域双击"流查询 2"控件图标，会弹出如图 7-118 所示的"流里的值查询"对话框，将"步骤名称"设置为"根据 productid 查询"，在"Lookup step"下拉列表中选择"查询 product 表数据"。在"查询值所需的关键字"选项区域，在"字段"中输入"productid"，在"查询字段"中输入"productid"。在"指定用来接收的字段"选项区域，要设置 2 个字段的名称（Field）及其类型，具体设置参照表 7-4 所示。设置完成后，单击"确定"按钮。

图 7-118　设置"流查询 2"控件

表 7-4　　　　　　　　　　"流查询 2"控件的字段名称（Field）和字段类型的设置

Field	类型
productid	Integer
productname	String

在"核心对象"选项卡中，把"输出"控件里的"文本文件输出"控件图标拖到右侧的设计区域，然后按照图 7-119 所示的效果，为"文本文件输出"控件与其他控件之间建立连接。

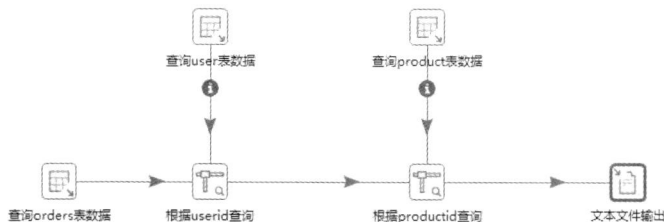

图 7-119　各控件之间建立连接后的效果显示

在设计区域双击"文本文件输出"控件图标，会弹出如图 7-120 所示的"文本文件输出"对话框，在"文件"选项卡中，单击"文件名称"文本框右侧的"浏览"按钮，将输出文件设置为"result"。

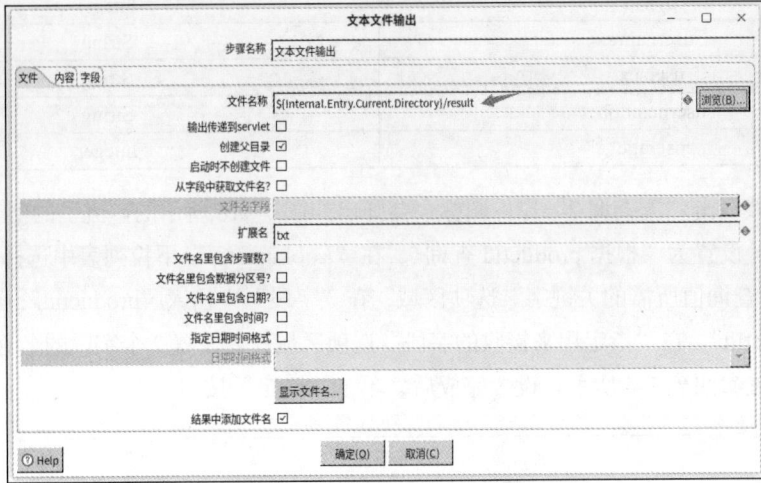

图 7-120　设置"文件"选项卡

单击"字段"选项卡，如图 7-121 所示，按照表 7-5 所示设置字段的名称和类型，最后单击"确定"按钮。

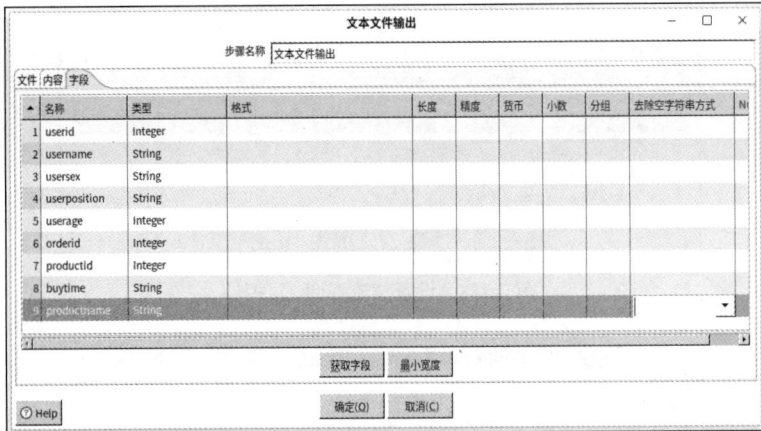

图 7-121　设置"字段"选项卡

表 7-5　　　　　　　　　　　　　　　　字段的名称和类型

名称	类型
userid	Integer
username	String
usersex	String
userposition	String
userage	Integer
orderid	Integer
productid	Integer
buytime	String
productname	String

全部设置完成后，需要保存设计文件。

5．执行转换

Kettle 转换全部设置完成后的效果如图 7-122 所示，单击左上角的"运行"图标按钮▷，开始执行转换，在弹出的对话框中单击"启动"按钮。

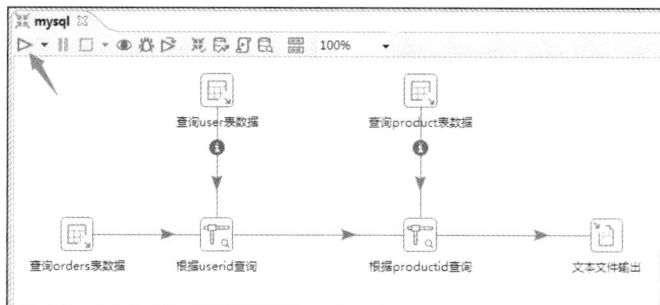

图 7-122　全部设置完成后的效果

如果转换执行成功，会出现图 7-123 所示的情况，所有控件图标上都会显示"√"。同时，在执行过程中，会返回相关的执行信息。

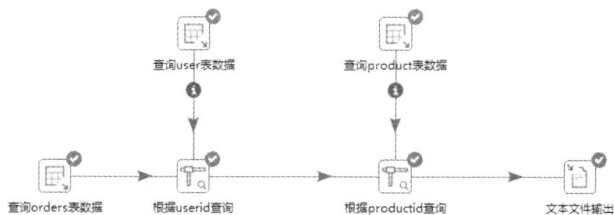

图 7-123　转换执行成功

这时，打开"/home/hadoop/result.txt"文件，会看到以下内容：

```
userid;username;usersex;userposition;userage;orderid;productid;buytime;productname
1;陈四;女;学生;20;1;1;2021/06/01 15:02:02.000000000;手机
1;陈四;女;学生;20;2;2;2021/06/02 15:02:22.000000000;计算机
1;陈四;女;学生;20;3;3;2021/06/02 15:02:36.000000000;水杯
2;王五;男;工程师;30;4;1;2021/06/06 15:02:52.000000000;手机
3;李六;女;医生;40;5;2;2021/06/09 16:55:24.000000000;计算机
2;王五;男;工程师;30;6;2;2021/07/14 14:01:36.000000000;计算机
```

7.6　数据加载

本节将给出数据加载的两个实例，即把本地文件加载到 HDFS 中、把 HDFS 文件加载到 MySQL 数据库中。

7.6.1　把本地文件加载到 HDFS 中

下面通过一个具体实例来介绍如何使用 Kettle 把本地文件加载到 HDFS 中，具体步骤包括创建用户主目录、新建作业并配置 Hadoop、添加"Start"控件、添加"Hadoop copy files"控件、设置"Hadoop copy files"控件的属性、执行作业并查看结果。

这里假设已经创建了一个本地文件 word.txt，该文件包含几行英文语句。请参照第 2 章的内容完成 Hadoop 的安装，并把 Hadoop 安装目录下的"etc\hadoop"子目录（即"/usr/local/hadoop/etc/hadoop"）中的 core-site.xml 和 hdfs-site.xml 文件复制到"/usr/local/data-integration/plugins/pentaho-big-data-plugin/hadoop-configurations/hdp30"目录下。在开始下面的具体操作之前，要先启动 Hadoop。打开一个终端，执行以下命令启动 Hadoop：

```
$ cd /usr/local/hadoop
$ ./sbin/start-dfs.sh
```

1. 创建用户主目录

每个操作系统的当前登录用户，在 HDFS 中都有一个与之对应的用户主目录，例如，当前登录 Linux 操作系统的用户名是"hadoop"，则它在 HDFS 中的用户主目录是"hdfs://localhost:9000/user/hadoop"。Kettle 要求在 HDFS 中事先设置好用户主目录，以免 Kettle 连接 Hadoop 失败。

可以使用以下命令创建与"hadoop"用户对应的 HDFS 中的用户主目录，命令如下：

```
$ cd /usr/local/hadoop
$ ./bin/hdfs dfs -mkdir -p hdfs://localhost:9000/user/hadoop
```

2. 新建作业并配置 Hadoop

在 Spoon 主窗口的顶部菜单栏单击"文件"→"新建"→"作业"（也可以使用 Ctrl+Alt+N 组合键新建作业），然后保存文件为"local_to_hdfs"。

在"主对象树"选项卡中，右键单击"Hadoop clusters"文件夹，在弹出的快捷菜单中选择"Add driver"选项，如图 7-124 所示，弹出"Add driver"设置对话框，如图 7-125 所示。单击"Browse"按钮，在打开的"选择文件"对话框中选择"/usr/local/data-integration/ADDITIONAL-FILES/drivers"这个目录，并选中 pentaho-hadoop-shims- hdp30-kar- 9.1.2020.09.00-324.kar 这个文件，如图 7-126 所示，再单击"Open"按钮，效果如图 7-127 所示。单击"Add driver"设置对话框中的"Next"按钮，如果成功，就会显示图 7-128 所示的对话框，单击"Close"按钮关闭退出。驱动程序添加成功后，需要关闭 Kettle 再重新启动操作系统。

图 7-124 选择"Add driver"

图 7-125 "Add driver"设置对话框

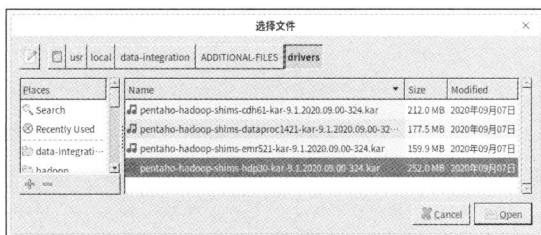

图 7-126　选择文件

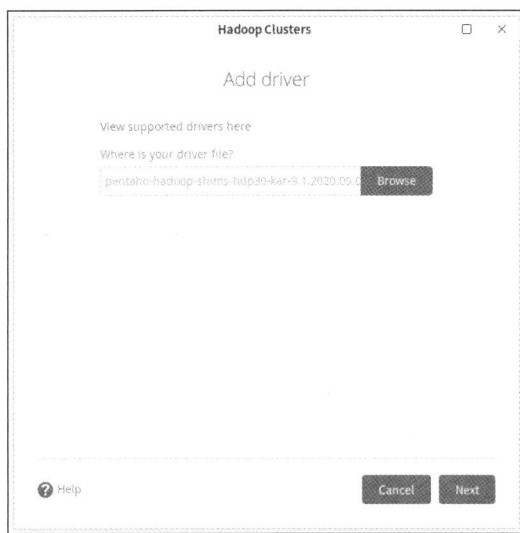

图 7-127　添加文件后的效果

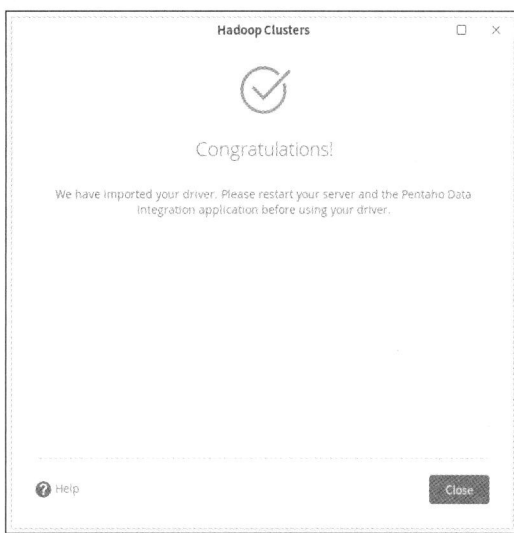

图 7-128　驱动程序添加成功

在 Spoon 主窗口的"主对象树"选项卡中,右键单击"Hadoop clusters"→"New cluster",弹出的对话框如图 7-129 所示。在"Cluster name"文本框中输入 Hadoop 集群的名称,如"Hadoop3";在"Driver"下拉列表中选择"Hortonworks",在"Version"下拉列表中选择"3.0";单击"Site XML files"选项区域的"Browse to add file(s)"按钮,选择"/usr/local/data-integration/plugins/pentaho-big-data-plugin/hadoop-configurations/hdp30"目录下的 core-site.xml 和 hdfs-site.xml 文件,把这两个文件添加进来;在"HDFS"选项区域的"Hostname"文本框中输入"localhost",在"Port"文本框中输入"9000"(端口号是在第 2 章安装 Hadoop 时配置的)。窗口中其他内容(如 Username、Password、Jobtracker、Zookeeper、Oozie、Kafka 等)都可以不填写。最后,单击"Next"按钮。注意,在单击"Next"按钮之前,一定要确保 Hadoop 已经启动。

如果 Hadoop 集群连接成功,则会出现如图 7-130 所示的对话框。单击"View test results"按钮,可以查看连接测试的反馈信息,如图 7-131 所示。如果可以正常连接 HDFS,则在反馈信息中,"Hadoop file system""Hadoop File System Connection""User Home Directory Access""Root Directory Access"和"Verify User Home Permissions"的前面都会出现"√"。注意,其他项(如 Zookeeper、Jobtracker、Oozie、Kafka 等)因为暂时不需要使用,没有进行配置,所以前面都是感叹号(⚠),可以在需要的时候再进行配置。

3. 添加"Start"控件

在"核心对象"选项卡中的"通用"控件里,把"Start"控件图标拖到右侧设计区域,如图 7-132 所示。

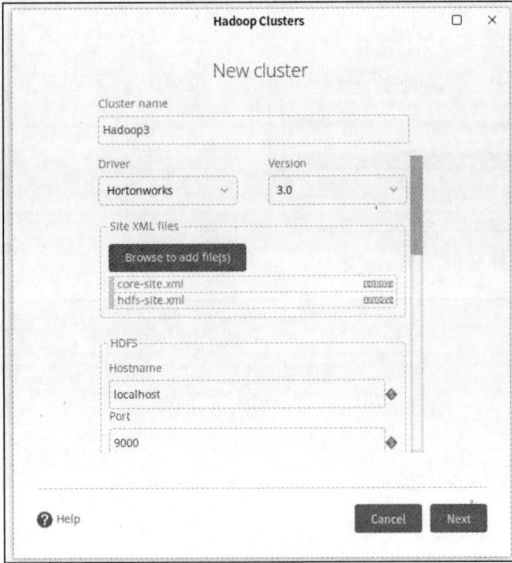

图 7-129 "New cluster"窗口

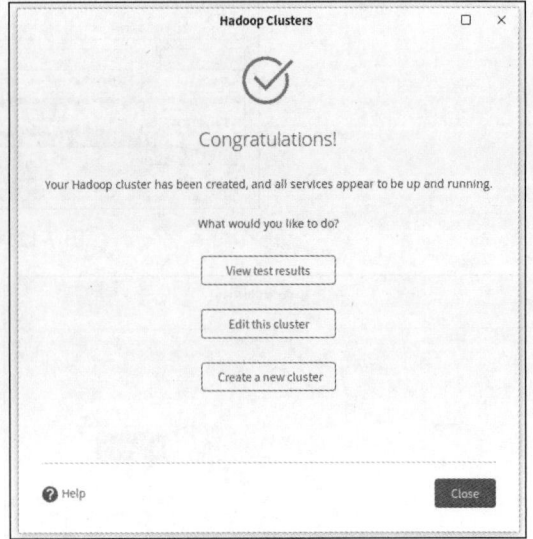

图 7-130 Hadoop 集群连接成功

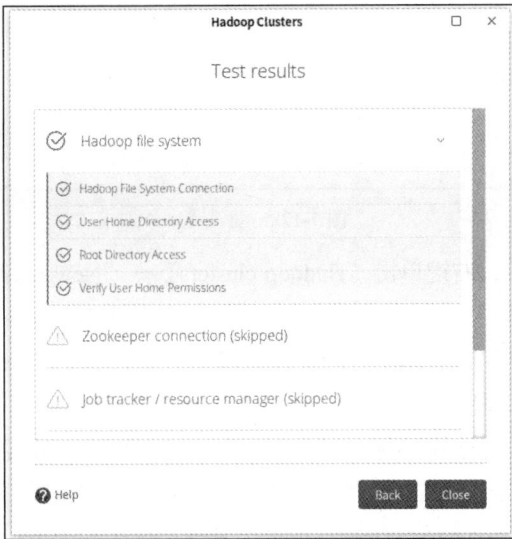

图 7-131 Hadoop 集群连接测试反馈信息

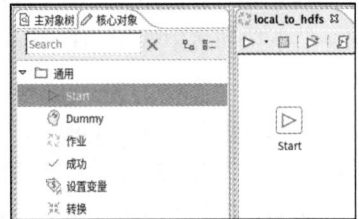

图 7-132 添加"Start"控件

4. 添加"Hadoop copy files"控件

在"核心对象"选项卡中，把"Big Data"控件里的"Hadoop copy files"控件图标拖到右侧设计区域，如图 7-133 所示。然后在"Hadoop copy files"控件与"Start"控件之间建立连线。具体方法是，在"Hadoop copy files"控件图标上单击，在弹出的一排操作图标上单击带有箭头的图标，选中"Hadoop copy files"控件作为箭头的一端，如图 7-134 所示，然后移动鼠标指针，拖出一条灰色的线，如图 7-135 所示，使线的另一端落在"Start"控件图标上，然后单击就建立了"Start"控件和"Hadoop copy files"控件之间的连线，如图 7-136 所示。

5. 设置"Hadoop copy files"控件的属性

在设计区域的"Hadoop copy files"控件图标上双击，弹出"Hadoop copy files"设置对话框，如图 7-137 所示。在"Files"选项卡中，在"Source Environment"下面的下拉列表中选择"Local"；

在"源文件/目录"下面设置数据源所在的目录，如"/home/hadoop/word.txt"；在"Destination Environment"下面的下拉列表中选择"Hadoop3"；在"目标文件/目录"下面设置数据上传到 HDFS 的目录信息，如"/input_kettle"（注意，要事先在 HDFS 中创建该目录）。最后单击"确定"按钮，返回设计区域，并对当前设计结果进行保存（可以直接按 Ctrl+S 组合键进行保存）。

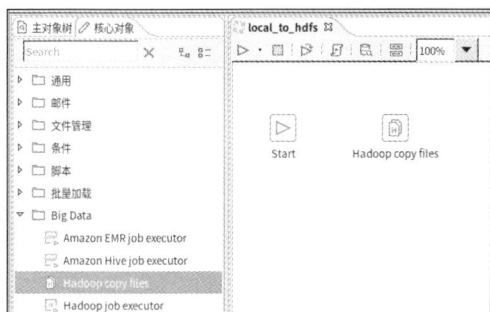

图 7-133　添加"Hadoop copy files"控件

图 7-134　选中"Hadoop copy files"控件作为箭头的一端

图 7-135　拖出一条灰色的线

图 7-136　在两个控件之间建立连线后的效果显示

6. 执行作业并查看结果

首先，我们需要在终端中执行以下命令，以便在 HDFS 中创建"input_kettle"目录。

```
$ cd /usr/local/hadoop
$ ./bin/hdfs dfs -mkdir hdfs://localhost:9000/input_kettle
```

然后，在 Kettle 中单击设计区域顶部的"运行"图标按钮▷，开始执行转换，如图 7-138 所示。在弹出的对话框中单击"执行"按钮。

图 7-137　"Hodoop copy files"设置对话框

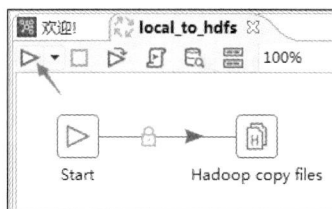

图 7-138　执行作业

执行成功后，Kettle 把数据源文件 word.txt 加载到 HDFS 的"/input_kettle"目录下，我们可以在终端中执行以下命令来查看文件内容：

```
$ cd /usr/local/hadoop
$ ./bin/hdfs dfs -cat hdfs://localhost:9000/input_kettle/word.txt
```

此外，我们也可以通过 Hadoop 的 Web 管理页面来查看 word.txt 的内容。

7.6.2　把 HDFS 文件加载到 MySQL 数据库中

下面给出一个实例，演示如何使用 Kettle 把 HDFS 文件加载到 MySQL 数据库中，具体步骤包括新建 HDFS 文件、创建数据库、建立转换、建立 MySQL 连接和 Hadoop 连接、设计转换、执行转换。

1. 新建 HDFS 文件

打开一个终端，执行以下命令启动 Hadoop：

```
$ cd /usr/local/hadoop
$ ./sbin/start-dfs.sh
```

在"/home/hadoop"目录下新建一个文本文件 student.txt，其内容如图 7-139 所示。文件的第 1 行是字段名称，包括 no、name、sex 和 age，字段名称之间用"|"隔开；其余行都是记录，各数据项之间也用"|"隔开。

在终端中执行以下命令，把本地文件 student.txt 上传到 HDFS 系统的根目录下：

```
$ cd /usr/local/hadoop
$ ./bin/hdfs dfs -put /home/hadoop/student.txt hdfs://localhost:9000/
```

继续执行以下命令，以查看 HDFS 中 student.txt 的内容：

```
$ ./bin/hdfs dfs -cat hdfs://localhost:9000/student.txt
```

也可以打开浏览器，访问"http://localhost:9870"，使用 HDFS 的 Web 管理页面查看文件内容。

2. 创建数据库

启动 MySQL 服务进程，进入 MySQL Shell 界面，执行以下 SQL 语句以创建数据库：

```
CREATE DATABASE kettle;
```

继续执行以下 SQL 语句创建 student_table 数据表：

```
USE kettle;
#------------创建数据表 student_table
DROP TABLE IF EXISTS student_table;
CREATE TABLE student_table(
    no int,
    name varchar(10),
    sex varchar(2),
    age int
);
```

3. 建立转换

在 Spoon 主窗口的"主对象树"选项卡中，右键单击"转换"选项，如图 7-140 所示，在弹出的快捷菜单中单击选择"新建"选项。单击 Spoon 主窗口左上角的"保存"图标按钮，把这个转换保存到某个路径下，并命名为"hdfs_to_mysql"。

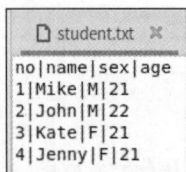

图 7-139　student.txt 文件内容

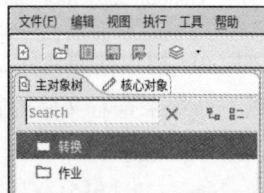

图 7-140　选择"转换"选项

4．建立 MySQL 连接和 Hadoop 连接

参照 7.4.2 小节的内容，建立一个名称为"mysql"的数据库连接，如图 7-141 所示。

参照 7.6.1 小节的内容，建立一个名称为"Hadoop3"的 Hadoop 集群连接，如图 7-142 所示。

图 7-141　建立数据库连接

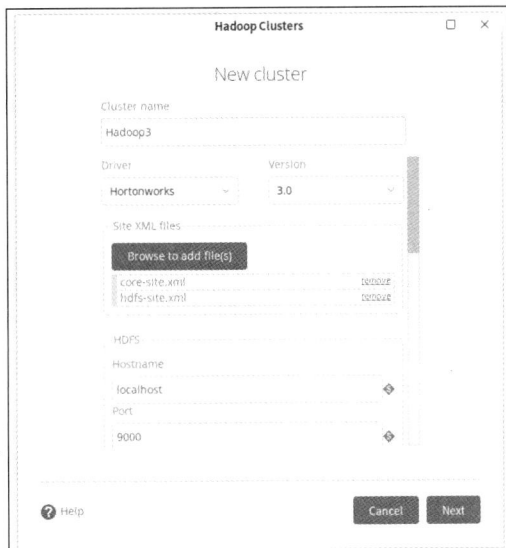

图 7-142　建立 Hadoop 连接

5．设计转换

在 Spoon 主窗口的"核心对象"选项卡中，从"Big Data"控件里找到"Hadoop file input"控件图标，将其拖到设计区域；从"输出"控件里找到"表输出"控件图标，将其拖到设计区域。为两个控件建立连线，如图 7-143 所示。

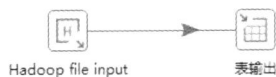

图 7-143　为两个控件建立连线

在设计区域双击"Hadoop file input"控件图标，打开"Hadoop file input"设置对话框，如图 7-144 所示。在该对话框中单击"Environment"下面的空白单元格，会出现图 7-145 所示的下拉列表，选中"Hadoop3"选项。

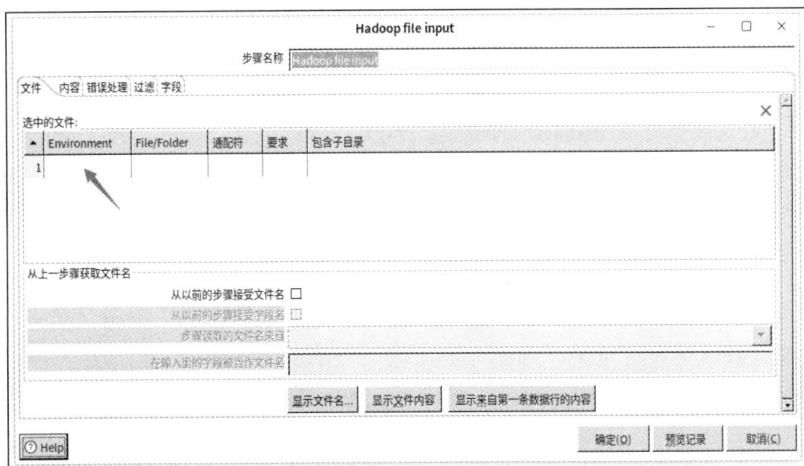

图 7-144　"Hadoop file input"设置对话框

单击"File/Folder"下面的空白单元格，会出现图 7-146 所示的省略号图标按钮 ⋯ ，单击该按钮，会弹出图 7-147 所示"Open File"对话框，选中 HDFS 文件"student.txt"，单击"OK"按钮返回。

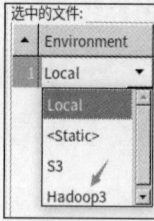

图 7-145 "Environment"下拉列表

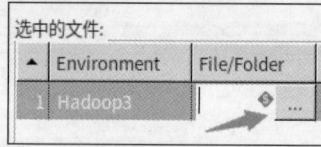

图 7-146 设置 File/Folder

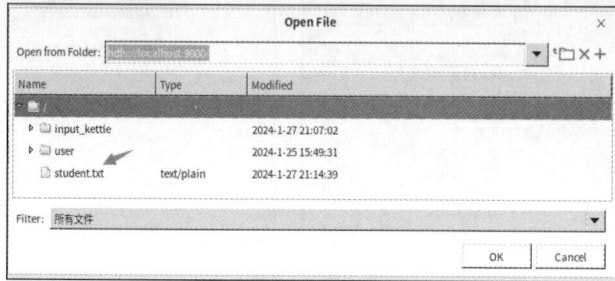

图 7-147 选中 HDFS 文件 student.txt

单击"内容"选项卡，将"文件类型"设置为"CSV"，将"分隔符"设置为"|"，勾选"头部"复选框，将"头部行数量"设置为"1"，如图 7-148 所示。

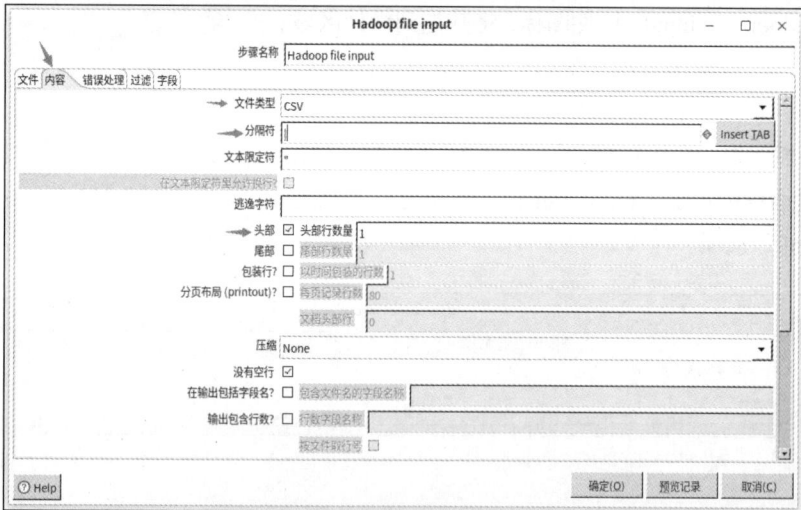

图 7-148 设置"内容"选项卡

单击"字段"选项卡，如图 7-149 所示，单击底部的"获取字段"按钮，会弹出图 7-150 所示的对话框，保持默认值直接单击"确定"按钮返回"字段"选项卡，最后单击"确定"按钮。

双击设计区域的"表输出"控件图标，打开"表输出"设置对话框，如图 7-151 所示。在"数据库连接"文本框右侧的下拉列表中选择"mysql"。单击"目标表"文本框右侧的"浏览"按钮，弹出图 7-152 所示的对话框，选中"student_table"数据表，单击"确定"按钮返回。再单击"确定"按钮，完成设置。全部设置完成后，需要保存设计文件。

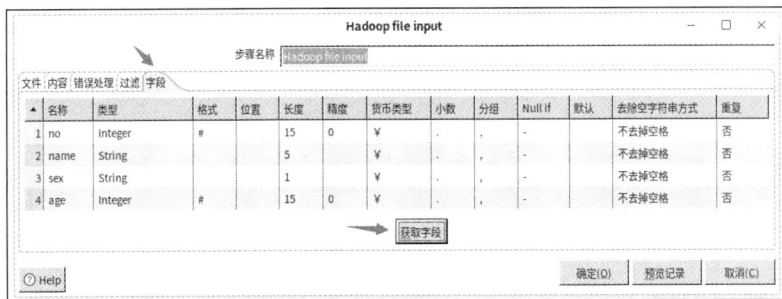

图 7-149　设置"字段"选项卡

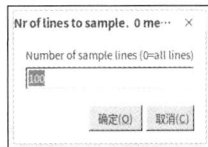

图 7-150　设置取样行数

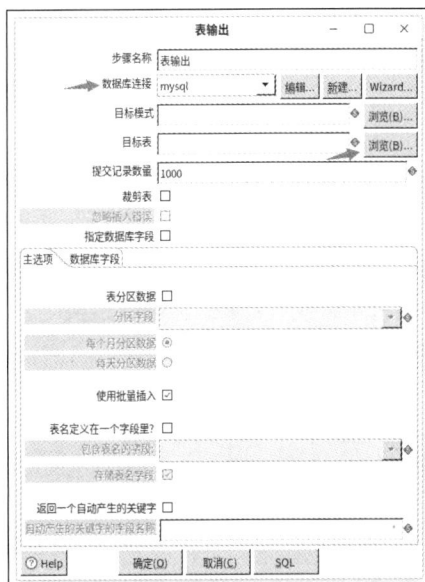

图 7-151　"表输出"设置对话框

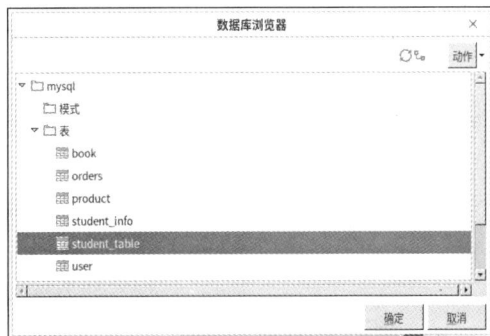

图 7-152　选择"student_table"数据表

6. 执行转换

如图 7-153 所示，在设计区域中单击"运行"图标按钮▷开始执行转换，在弹出的对话框中单击"启动"按钮，如果转换执行成功，会显示图 7-154 所示的情况，在两个控件图标上都会显示"√"。

这时，到 MySQL 命令行窗口中执行以下 SQL 语句，可查看数据库中的数据：

```
mysql> USE kettle;
mysql> SELECT * FROM student_table;
```

执行结果如图 7-155 所示。

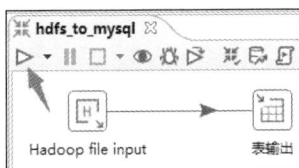

图 7-153　执行转换

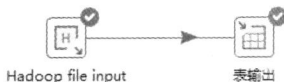

图 7-154　转换执行成功

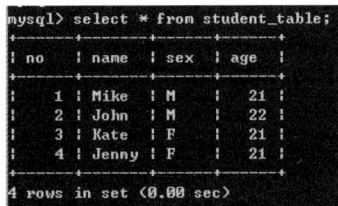

图 7-155　执行结果

7.7　本章小结

在大数据应用系统的构建过程中，数据清洗是一个非常重要的环节。通过使用 ETL 工具，可以大幅度提高数据清洗的效率。本章采用开源工具 Kettle 实现数据的 ETL 操作，介绍了 Kettle 的基本概念、基本功能和安装方法，并通过实例演示了使用 Kettle 进行数据抽取、数据转换、数据加载的具体方法。本章介绍的是比较基础的 Kettle 使用方法，读者如果想学习更加高级、复杂的 Kettle 使用方法，可以参考相关书籍或网络资料。

7.8　习题

（1）请阐述数据抽取过程的构成要素。

（2）Kettle 包含哪些组件？每个组件的功能是什么？

（3）如何在设计区域为两个控件图标之间建立连线？

（4）在测试 MySQL 数据库连接时，如果连接失败，则可能的原因是什么？

（5）如果在 HDFS 中没有事先建立当前 Linux 用户的主目录，则在测试 Hadoop 连接时会出现什么错误？

实验 5　熟悉 Kettle 的基本使用方法

一、实验目的

（1）理解 Kettle 的核心概念 —— 转换和作业。

（2）熟悉 Kettle 的各种控件。

（3）能熟练使用 Kettle 解决 ETL 问题。

二、实验平台

（1）操作系统：Ubuntu 22.04。

（2）Hadoop 版本：3.3.5。

（3）MySQL 版本：8.0.35。

（4）JDK 版本：1.8。

（5）Kettle 版本：9.1。

三、实验内容

1. 使用 Kettle 完成学生成绩登记

假设有一个学生成绩表，如表 7-6 所示，当前其被保存在一个 Excel 表格中。

表 7-6　　　　　　　　　　　　　　　　　学生成绩表

stu_no	name	score_math	score_english	score_chinese
1001	张三	98	95	80
1002	李四	88	97	85
1003	王五	58	77	78

（1）在 MySQL 中创建一个名为"school"的数据库，并在 school 数据库中创建一个名为"score"的数据表，使用 Kettle 将 Excel 形式的学生成绩表导入 MySQL 的 score 数据表。

（2）现在发现有些学生的成绩登记错误，经统计得到一个成绩修订表，如表 7-7 所示。根据表 7-7 修改 score 数据表中的成绩。

表 7-7　　　　　　　　　　　　　　　　　成绩修订表

stu_no	name	class	score
1001	张三	英语	92
1002	李四	英语	95
1003	王五	英语	79
1003	王五	数学	60

（3）为数学老师提供一份只有数学成绩的排名表。

2．使用 Kettle 进行日志分析

分析日志是大数据分析中较为常见的场景。在 UNIX 操作系统里，Syslog 被广泛应用于系统或应用的日志记录。通常 Syslog 被记录在本地文件内，如 Ubuntu 系统的/var/log/syslog 文件；也可以被发送给远程 Syslog 服务器。一般 Syslog 包括产生日志的时间、主机名、程序模块、进程名、进程 ID、严重性和具体事项等内容。具体的日志记录举例如下：

```
Jun 01 17:29:28 localhost bash[39095]: 10.212.143.73 : root : /root : ls --color=auto
/var/log/messages
Jun 01 17:29:30 localhost bash[39132]: 10.212.143.73 : root : /root : vim /var/log/mes
sages
Jun 01 17:29:45 localhost bash[39217]: 10.212.143.73 : root : /root : tail -2 /var/log
/messages
Jun 01 17:29:50 localhost bash[39242]: 10.212.143.73 : root : /root : tail -5 /var/log
/messages
```

请将上面的日志记录保存到本地文件系统中，然后完成以下操作。

（1）将日志记录从文件中提取出来，并使用正则表达式获取日志记录的内容，分别放于"时间""主机名"等字段中。

（2）利用（1）中得到的结果，筛选出命令为"vim"的日志记录，并保存到 Excel 表格中。

（3）在（1）的基础上，将获取的时间使用"拆分字段"控件分成"月份""日期""时间"3 个字段。

3．使用 Kettle 进行数据统计

（1）使用 Kettle 设计一个能生成 100 个 0～99 的随机整数的转换。

（2）使用 Kettle 设计一个能求数据标准差和均值的转换，输入数据从（1）中获取。

（3）在（2）的基础上设计一个转换，任务是生成一个随机数，并判断它是否处于（2）所得

均值的一个标准差范围内。

四、实验报告

"数据采集与预处理" 课程实验报告		
题目：	姓名：	日期：
实验环境：		
实验内容与完成情况：		
出现的问题：		
解决方案（列出已解决的问题和解决办法，并列出没有解决的问题）：		

第8章
使用 Pandas 进行数据清洗

Pandas 是一个基于 NumPy 的开源 Python 库，被广泛用于快速分析数据、数据清洗和准备等工作。Pandas 融入大量库和标准数据模型，能够提供高效的操作数据集所需的工具，同时提供大量能便捷地处理数据的函数和方法。Pandas 是基于 NumPy 创建的，它让以 NumPy 为中心的应用变得更加简单。

本章将介绍如何使用 Pandas 进行数据清洗：首先介绍 NumPy 的基本使用方法；然后介绍 Pandas 的数据结构、导入导出数据的方法和一些基本功能，并介绍如何使用 Pandas 进行汇总和描述统计、缺失数据处理、清洗格式内容等；最后给出一些综合实例。

8.1　NumPy 的基本使用方法

NumPy 是 Python 语言的一个扩展程序库，支持高级的数组与矩阵运算，此外也针对数组运算提供了大量的数学函数库，包括线性代数运算、傅里叶变换和随机数生成等。如果没有安装 NumPy，可以在终端中执行以下命令安装：

```
$ pip install numpy
```

本节介绍 NumPy 的基本使用方法，包括数组创建、数组索引和切片、数组运算。此外，本节还将介绍数组对象的常用函数。

8.1.1　数组创建

下面是数组创建的一些示例：

```
>>> import numpy as np
>>> a = [1,2,3,4,5]          #创建简单的列表
>>> b = np.array(a)          #将列表转换为数组
>>> b
array([1, 2, 3, 4, 5])
>>> b.size                   #数组的元素个数
5
>>> b.shape                  #数组的形状
(5,)
>>> b.ndim                   #数组的维度
1
```

```
>>> b.dtype                        #数据的元素类型
dtype('int64')
>>> print(b[0],b[1],b[2])          #访问数组元素
1 2 3
>>> b[4] = 6                       #修改数组元素
>>> b
array([1, 2, 3, 4, 6])
>>> c = np.array([[1,2,3],[4,5,6]])  #创建二维数组
>>> c.shape                        #数组的形状
(2, 3)
>>> print(c[0,0],c[0,1],c[0,2],c[1,0],c[1,1],c[1,2])
1 2 3 4 5 6
```

Python 做数据处理的时候经常要初始化高维矩阵，常用的函数包括 zeros( )、ones( )、empty( )、eye( )、full( )、random.random( )、random.randint( )、random.rand( )、random.randn( )等。

（1）zeros( )。创建一个矩阵，内部元素均为 0，其中第一个参数提供维度，第二个参数提供类型。示例如下：

```
>>> a = np.zeros([2,3],int)
>>> a
array([[0, 0, 0],
       [0, 0, 0]])
```

（2）ones( )。创建一个矩阵，内部元素均为 1，其中第一个参数提供维度，第二个参数提供类型。示例如下：

```
>>> a = np.ones([2,3],int)
>>> a
array([[1, 1, 1],
       [1, 1, 1]])
```

（3）empty( )。创建一个矩阵，内部是无意义的数值，其中第一个参数提供维度，第二个参数提供类型。示例如下：

```
>>> a = np.empty([2,3],int)
>>> a
array([[0, 0, 0],
       [0, 0, 0]])
```

（4）eye( )。创建一个对角矩阵，其中第一个参数提供矩阵规模。第二个参数如果为 0，则主对角线元素全为 "1"；如果大于 0，则主对角线右上方第 k 条对角线元素全为 "1"；如果小于 0，则主对角线左下方第 $-k$ 条对角线元素全为 "1"。第三个参数提供类型。示例如下：

```
>>> a = np.eye(3,k=1,dtype=int)
>>> a
array([[0, 1, 0],
       [0, 0, 1],
       [0, 0, 0]])
>>> a = np.eye(4,k=-2,dtype=int)
>>> a
array([[0, 0, 0, 0],
       [0, 0, 0, 0],
       [1, 0, 0, 0],
       [0, 1, 0, 0]])
```

（5）full( )。用 full((m, n), c)可生成一个 $m×n$ 的元素全为 c 的矩阵。示例如下：

```
>>> a = np.full((2,3),4)
>>> a
array([[4, 4, 4],
       [4, 4, 4]])
```

（6）random.random( )。用 random.random((*m*, *n*))可生成一个 *m*×*n* 的元素为 0～1 随机数的矩阵。示例如下：

```
>>> a = np.random.random((2,3))
>>> a
array([[0.46657535, 0.2398773 , 0.18675721],
       [0.30525201, 0.66826887, 0.5708038 ]])
```

（7）random.randint( )。numpy.random.randint(low, high=None, size=None, dtype='l')返回一组[low, high)范围内的随机整数。如果没有写参数 high 的值，则返回一组[0, low)范围内的随机整数。

```
>>> a = np.random.randint(2, size=10)
>>> a
array([0, 1, 0, 0, 1, 1, 0, 0, 1, 1])
>>> b = np.random.randint(5, size=(2, 4))
>>> b
array([[1, 2, 3, 3],
       [0, 0, 2, 4]])
```

（8）random.rand( )。使用 random.rand(d0, d1,…, d*n*)将根据给定维度生成一组[0, 1)范围内的随机数，其中 d*n* 表示每个维度的元素个数。示例如下：

```
>>> a = np.random.rand(4,2)
>>> a
array([[0.22225254, 0.25555882],
       [0.69250455, 0.62957494],
       [0.567664  , 0.30459249],
       [0.16394031, 0.00900947]])
```

（9）random.randn( )。使用 random.randn(d0, d1,…, d*n*)将返回一个或一组样本，返回的样本服从标准正态分布，其中 d*n* 表示每个维度的元素个数。示例如下：

```
>>> a = np.random.randn(2,4)
>>> a
array([[-0.28183753, -0.4931384 , -2.11355842,  0.17782074],
       [-1.14089585,  0.816798  ,  0.39287532, -0.19339946]])
```

8.1.2　数组索引和切片

与 Python 列表类似，NumPy 数组可以索引和切片。由于数组可能是多维的，因此必须为数组的每个维度指定一个索引或切片。示例如下：

```
>>> a = np.arange(10)
>>> a
array([0, 1, 2, 3, 4, 5, 6, 7, 8, 9])
>>> a[5]
5
>>> a[5:8]
array([5, 6, 7])
>>> a[5:8] = 12
>>> a
array([ 0,  1,  2,  3,  4, 12, 12, 12,  8,  9])
>>> a = np.arange(10)
>>> a_slice = a[5:8]
```

```
>>> a_slice[0] = -1
>>> a_slice
array([-1, 6, 7])
>>> a
array([ 0,  1,  2,  3,  4, -1,  6,  7,  8,  9])
>>> b = np.array([[1,2,3],[4,5,6],[7,8,9]])
>>> b[2]
array([7, 8, 9])
>>> b[0][2]
3
>>> b[0,2]
3
>>> b[:2]
array([[1, 2, 3],
       [4, 5, 6]])
>>> b[:2,1:]
array([[2, 3],
       [5, 6]])
>>> b[1,:2]
array([4, 5])
>>> b[:2,2]
array([3, 6])
>>> b[:,:1]
array([[1],
       [4],
       [7]])
```

8.1.3　数组运算

数组运算实质上是数组对应位置的元素的运算，常见的是加、减、乘、除、开方等运算。示例如下：

```
>>> a = np.array([[1,2,3],[4,5,6]])
>>> a*a
array([[ 1,  4,  9],
       [16, 25, 36]])
>>> a-a
array([[0, 0, 0],
       [0, 0, 0]])
>>> 1/a
array([[1.        , 0.5       , 0.33333333],
       [0.25      , 0.2       , 0.16666667]])
>>> a+a
array([[ 2,  4,  6],
       [ 8, 10, 12]])
>>> np.exp(a)  # e的幂
array([[  2.71828183,   7.3890561 ,  20.08553692],
       [ 54.59815003, 148.4131591 , 403.42879349]])
>>> np.sqrt(a)
array([[1.        , 1.41421356, 1.73205081],
       [2.        , 2.23606798, 2.44948974]])
>>> a**2
array([[ 1,  4,  9],
       [16, 25, 36]], dtype=int32)
```

8.1.4　数组对象的常用函数

NumPy 提供了函数或方法以对数组进行基本操作，读者掌握了这些基本操作，就可以在使用数组的时候更加灵活多变，也可以为后续的编程奠定基础。数组对象常用的函数包括 reshape( )、ravel( )、concatenate( )、delete( )、sort( )、where( )等。

1. reshape( )函数

reshape( )函数的功能是改变数组的形状，使用该函数可以把 x 维数组改成 y 维数组。这个函数的原型是 reshape(n)，其中 n 是要改变的形状，是一个数组，如(2,4)。注意：形状要和数组元素数量匹配。下面是具体示例：

```
>>> import numpy as np
>>> arr1 = np.arange(12)          #创建一个一维数组
>>> arr1
array([ 0,  1,  2,  3,  4,  5,  6,  7,  8,  9, 10, 11])
>>> arr2 = arr1.reshape(3,4)      #使用 reshape()函数将原来的一维数组改变成二维数组
>>> arr2
array([[ 0,  1,  2,  3],
       [ 4,  5,  6,  7],
       [ 8,  9, 10, 11]])
>>> arr3 = arr1.reshape(3,2,2)    #使用 reshape()函数将原来的一维数组改变成三维数组
>>> arr3
array([[[ 0,  1],
        [ 2,  3]],

       [[ 4,  5],
        [ 6,  7]],

       [[ 8,  9],
        [10, 11]]])
```

2. ravel( )函数

ravel( )函数的功能是将多维数组展开为一维数组。示例如下：

```
>>> import numpy as np
>>> arr1 = np.empty((2,2),dtype=int)            #创建 2*2 数组
>>> arr1
array([[-980286880,      32767],
       [-980279584,      32767]])
>>> arr2 = arr1.ravel()                         #对 arr1 进行展开操作
>>> arr2
array([-980286880,      32767, -980279584,      32767])
```

3. concatenate( )函数

concatenate( )函数的功能是将多个数组拼接起来，它的函数原型是 concatenate(arr,axis)，其中参数 arr 表示要拼接的数组，要求参与拼接的数组的维数要一致，参数 axis 的默认值是 0，表示在第 0 个维度上进行拼接，也可以给其赋值，将数组拼接在指定维度上。示例如下：

```
>>> import numpy as np
>>> arr1 = np.array([['a','b'],['c','d']])    #创建一个二维数组
>>> arr1
array([['a', 'b'],
       ['c', 'd']], dtype='<U1')
>>> arr2 = np.array([['e','f']])              #创建一个二维数组
>>> arr2
array([['e', 'f']], dtype='<U1')
>>> arr3 = np.concatenate((arr1,arr2))        #将两个数组拼接成一个数组，且拼接维度为 0
>>> arr3
```

```
array([['a', 'b'],
        ['c', 'd'],
        ['e', 'f']], dtype='<U1')
>>> arr4 = np.concatenate((arr1,arr2.T),axis=1)  #将两个数组拼接成一个数组，且拼接维度为 1
>>> arr4
array([['a', 'b', 'e'],
        ['c', 'd', 'f']], dtype='<U1')
```

4. delete( )函数

delete( )函数的功能是从数组中删除指定的值，它的函数原型是 delete(arr,obj,axis)，其中 arr 表示要处理的矩阵，obj 指明在什么位置处理，axis 是一个可选参数，可以取值 None、0 或 1。当 axis=None 时，arr 会先按行展开，然后删除位置为 obj 的元素（位置从 0 开始），返回一个行矩阵；当 axis = 0 时，arr 按行删除；当 axis = 1 时，arr 按列删除。示例如下：

```
>>> import numpy as np
>>> arr1 = np.array([[1,2,3],[4,5,6],[7,8,9]])     #创建一个三维数组
>>> arr1
array([[1, 2, 3],
        [4, 5, 6],
        [7, 8, 9]])
>>> arr2 = np.delete(arr1,2,axis=0)                #按行删除，删除第 3 行元素
>>> arr2
array([[1, 2, 3],
        [4, 5, 6]])
>>> arr3 = np.delete(arr1,[1,2],axis=0)            #按行删除，删除第 2 行和第 3 行元素
>>> arr3
array([[1, 2, 3]])
>>> arr4 = np.delete(arr1,1,axis=1)                #按列删除，删除第 2 列元素
>>> arr4
array([[1, 3],
        [4, 6],
        [7, 9]])
>>> arr5 = np.delete(arr1,[1,2],axis=1)            #按列删除，删除第 2 列和第 3 列元素
>>> arr5
array([[1],
        [4],
        [7]])
>>> arr6 = np.delete(arr1,2,axis=None)             #先按行展开，再删除位置 2 上的元素
>>> arr6
array([1, 2, 4, 5, 6, 7, 8, 9])
```

5. sort( )函数

sort( )函数返回输入数组的排序副本，它的函数原型是 sort(arr,axis,kind,order)。其中，arr 表示要排序的数组；axis 表示排序数组的（轴）方向，如果没有指定，则数组会被展开，沿着最后的轴排序，axis=0 时按列排序，axis=1 时按行排序；kind 表示排序方法，默认为快速排序；order 是排序的字段，可以不指定。示例如下：

```
>>> import numpy as np
>>> arr1 = np.array([[4,6],[3,8]])     #创建一个二维数组
>>> arr1
array([[4, 6],
        [3, 8]])
>>> arr2 = np.sort(arr1)               #对数组进行排序
>>> arr2
```

```
array([[4, 6],
       [3, 8]])
>>> arr3 = np.sort(arr1,axis=0)    #对数组按列进行排序
>>> arr3
array([[3, 6],
       [4, 8]])
```

6. where( )函数

where( )函数用于筛选出满足条件的元素的下标。该函数有两种用法，第一种用法是 where(condition,x,y)，若满足条件 condition，则输出 x，否则输出 y。示例如下：

```
>>> import numpy as np
>>> arr1 = np.array([0,1,2,3,4,5,6,7])
>>> arr1
array([0, 1, 2, 3, 4, 5, 6, 7])
>>> np.where(arr1,1,-1)        #使用 where()函数进行判断
array([-1,  1,  1,  1,  1,  1,  1,  1])
>>> np.where(arr1>3,2,-2)      #使用 where()函数进行判断
array([-2, -2, -2, -2,  2,  2,  2,  2])
```

第二种用法是 where(condition)，只有条件 condition，没有 x 和 y，其功能是输出满足条件的元素的索引。示例如下：

```
>>> import numpy as np
>>> arr1 = np.array([0,1,2,3,4,5,6,7])
>>> arr1
array([0, 1, 2, 3, 4, 5, 6, 7])
>>> np.where(arr1>3)    #返回索引
(array([4, 5, 6, 7], dtype=int64),)
```

8.2　Pandas 的数据结构

本节介绍 Pandas 的数据结构，包括 Series、DataFrame 和索引对象。在开展具体操作之前，要打开一个终端，执行以下命令安装 Pandas：

```
$ pip install pyarrow
$ pip install pandas
```

8.2.1　Series

Series 是一种类似于一维数组的对象，它由一维数组及一组与之相关的数据标签（即索引）组成，仅由一组数据即可产生最简单的 Series。Series 的字符串表现形式为索引在左边，值在右边。如果没有为数据指定索引，Pandas 就会自动创建一个 $0 \sim N-1$（N 为数据的长度）内的整数索引。我们可以通过 Series 的 values 属性和 index 属性获取其数组表现形式和索引对象。下面是示例：

```
>>> import numpy as np
>>> import pandas as pd
>>> from pandas import Series,DataFrame
>>> obj=Series([3,5,6,8,9,2])
>>> obj
```

```
0      3
1      5
2      6
3      8
4      9
5      2
dtype: int64
>>> obj.index
RangeIndex(start=0, stop=6, step=1)
```

上面的代码中，我们没有为数据指定索引，因此，Pandas 会自动创建一个整数索引。现在，我们创建对数据点进行标记的索引。作为示例，我们继续执行以下代码：

```
>>> obj2=Series([3,5,6,8,9,2],index=['a','b','c','d','e','f'])
>>> obj2
a      3
b      5
c      6
d      8
e      9
f      2
dtype: int64
>>> obj2.index
Index(['a', 'b', 'c', 'd', 'e', 'f'], dtype='object')
```

创建好 Series 以后，可以利用索引的方式选取 Series 的单个或一组值。作为示例，我们继续执行以下代码：

```
>>> obj2['a']
3
>>> obj2[['b','d','f']]
b      5
d      8
f      2
dtype: int64
```

我们可以对 Series 进行 NumPy 数组运算。作为示例，我们继续执行以下代码：

```
>>> obj2[obj2>5]
c      6
d      8
e      9
dtype: int64
>>> obj2*2              #乘以 2
a       6
b      10
c      12
d      16
e      18
f       4
dtype: int64
>>> np.exp(obj2)        #求 e 的幂
a        20.085537
b       148.413159
c       403.428793
d      2980.957987
e      8103.083928
f         7.389056
dtype:  float64
```

我们可以将 Series 看成一个定长的有序字典，因为它是索引值到数据值的一个映射。因此，一些字典函数也可以在这里使用。作为示例，我们继续执行以下代码：

```
>>> 'b' in obj2
True
>>> 'm' in obj2
False
```

此外，我们也可以用字典创建 Series。作为示例，我们继续执行以下代码：

```
>>> dic={'m':4,'n':5,'p':6}
>>> obj3=Series(dic)
>>> obj3
m    4
n    5
p    6
dtype: int64
```

使用字典生成 Series 时，可以指定额外的索引。如果额外的索引与字典中的键不匹配，则不匹配的索引对应的数据为 NaN。作为示例，我们继续执行以下代码：

```
>>> ind=['m','n','p','a']
>>> obj4=Series(dic,index=ind)
>>> obj4
m    4.0
n    5.0
p    6.0
a    NaN
dtype: float64
```

Pandas 提供了 isnull( ) 函数和 notnull( ) 函数，用于检测缺失数据。作为示例，我们继续执行以下代码：

```
>>> pd.isnull(obj4)
m    False
n    False
p    False
a    True
dtype: bool
>>> pd.notnull(obj4)
m    True
n    True
p    True
a    False
dtype: bool
```

我们可以对不同的 Series 进行算术运算，在运算过程中，Pandas 会自动对齐不同索引的数据。作为示例，我们继续执行以下代码：

```
>>> obj3+obj4
a     NaN
m     8.0
n    10.0
p    12.0
dtype: float64
```

Series 本身及其索引都有一个 name 属性。作为示例，我们继续执行以下代码：

```
>>> obj4.name='series_a'
>>> obj4.index.name='letter'
```

```
>>> obj4
letter
m    4.0
n    5.0
p    6.0
a    NaN
Name: series_a, dtype: float64
```

Series 的索引可以通过赋值的方式进行改变。作为示例，我们继续执行以下代码：

```
>>> obj4.index=['u','v','w','a']
>>> obj4
u    4.0
v    5.0
w    6.0
a    NaN
Name: series_a, dtype: float64
```

8.2.2　DataFrame

DataFrame 是一个表格型的数据结构，它含有一组有序的列，各列可以是不同的数据类型（数字、字符串等）。DataFrame 既有行索引，也有列索引，它可以被看作由 Series 组成的字典（共用一个索引）。跟其他类似的数据结构相比，DataFrame 中面向行和面向列的操作基本是平衡的。其实，DataFrame 中的数据是以一个或多个二维块存储的（而不是列表、字典或别的一维数据结构）。

Pandas 提供了 DataFrame( )函数用来构建 DataFrame（称为 DataFrame 构造器）。可以输入给 DataFrame 构造器的数据类型及其相关说明如表 8-1 所示。

表 8-1　　　　　　　可以输入给 DataFrame 构造器的数据类型及其相关说明

数据类型	说明
二维 ndarray	数据矩阵，还可以传入行标和列标
由数组、列表或元组组成的字典	每个序列会变成 DataFrame 的一个列，所有序列的长度必须相同
NumPy 的结构化记录/数组	类似于"由数组组成的字典"
由 Series 组成的字典	每个 Series 会成为一列。如果没有显式指定索引，则各个 Series 的索引会被合并成结果的行索引
由字典组成的字典	各个内层字典会成为一列。键会被合并成结果的行索引，跟"由 Series 组成的字典"的情况一样
字典或 Series 的列表	各项会成为 DataFrame 的一行。字典键或 Series 索引的并集会成为 DataFrame 的列标
由列表或元组组成的列表	类似于"二维 ndarray"
另一个 DataFrame	该 DataFrame 的索引会被沿用，除非显式指定了其他索引
NumPy 的 MaskedArray	类似于"二维 ndarray"的情况，只是掩码值在结果 DataFrame 中会变成缺失值

下面是具体实例：

```
>>> import numpy as np
>>> import pandas as pd
>>> from pandas import Series,DataFrame
>>> data = {'sno':['95001', '95002', '95003', '95004'],
```

```
                'name':['Xiaoming','Zhangsan','Lisi','Wangwu'],
                'sex':['M','F','F','M'],
                'age':[22,25,24,23]}
>>> frame=DataFrame(data)
>>> frame
        sno        name      sex    age
0      95001    Xiaoming      M      22
1      95002    Zhangsan      F      25
2      95003        Lisi      F      24
3      95004     Wangwu       M      23
```

从执行结果可以看出，虽然没有指定行索引，但是 Pandas 会自动添加索引。

如果指定列索引，则数据会按照指定顺序排列。作为示例，我们继续执行以下代码：

```
>>> frame=DataFrame(data,columns=['name','sno','sex','age'])
>>> frame
         name      sno    sex     age
0      Xiaoming   95001    M       22
1      Zhangsan   95002    F       25
2          Lisi   95003    F       24
3       Wangwu    95004    M       23
```

在指定列索引时，如果存在不匹配的列，则不匹配的列的值为 NaN，示例如下：

```
>>> frame=DataFrame(data,columns=['sno','name','sex','age','grade'])
>>> frame
        sno        name      sex    age    grade
0      95001    Xiaoming      M      22      NaN
1      95002    Zhangsan      F      25      NaN
2      95003        Lisi      F      24       aN
3      95004     Wangwu       M      23      NaN
```

我们也可以同时指定行索引和列索引，示例如下：

```
>>> frame=DataFrame(data,columns=['sno','name','sex', 'age','grade'],index= ['a',
'b', 'c','d'])
>>> frame
        sno        name      sex  age  grade
a      95001    Xiaoming      M    22    NaN
b      95002    Zhangsan      F    25    NaN
c      95003        Lisi      F    24    NaN
d      95004     Wangwu       M    23    NaN
```

通过类似字典标记或属性的方式，可以获取 Series（列数据），示例如下：

```
>>> frame['sno']
a     95001
b     95002
c     95003
d     95004
Name: sno, dtype: object
>>> frame.name
a     Xiaoming
b     Zhangsan
c         Lisi
d       Wangwu
Name: name, dtype: object
```

行数据可以通过位置或名称获取，示例如下：

```
>>> frame.loc['b']
sno            95002
```

```
name         Zhangsan
sex                 F
age                25
grade             NaN
Name: b, dtype: object
>>> frame.iloc[1]
sno            95002
name         Zhangsan
sex                 F
age                25
grade             NaN
Name: b, dtype: object
```

我们也可以采用"切片"的方式一次获取多行数据，示例如下：

```
>>> frame.loc['b':'c']
    sno          name sex  age  grade
b  95002     Zhangsan  F   25    NaN
c  95003         Lisi  F   24    NaN
>>> frame.iloc[2:4]
    sno          name  sex age  grade
c  95003         Lisi   F   24    NaN
d  95004       Wangwu   M   23    NaN
```

我们可以采用"切片"的方式，使用列名称获取一列数据，示例如下：

```
>>> frame.loc[:,['sex']]
    sex
a    M
b    F
c    F
d    M
```

我们也可以采用"切片"的方式，使用列名称一次获取多列数据，示例如下：

```
>>> frame.loc[:,'sex':]
    sex age  grade
a    M   22    NaN
b    F   25    NaN
c    F   24    NaN
d    M   23    NaN
```

上面的代码在截取列时，从 sex 列开始，把 sex 列及其之后的所有列都截取出来。

我们还可以采用"切片"的方式，使用列索引一次获取多列数据，示例如下：

```
>>> frame.iloc[:,1:4]
        name  sex  age
a  Xiaoming    M   22
b  Zhangsan    F   25
c      Lisi    F   24
d    Wangwu    M   23
```

上面的代码在截取列时，从索引号为 1 的列开始，也就是从 name 列开始，一直截取到索引号为 4 的列之前（不含索引号为 4 的列）。

我们可以给列赋值，赋的值是列表时，列表中元素的个数必须和数据的总行数匹配，示例如下：

```
>>> frame['grade']=[93,89,72,84]
>>> frame
    sno          name  sex   age  grade
a  95001     Xiaoming    M    22     93
b  95002     Zhangsan    F    25     89
```

```
c    95003      Lisi      F    24      72
d    95004      Wangwu    M    23      84
```

我们可以用 Series 来修改 DataFrame 的值，精确匹配 DataFrame 的索引，空位补上缺失值，
示例如下：

```
>>> frame['grade']=Series([67,89],index=['a','c'])
>>> frame
       sno        name   sex   age   grade
a    95001    Xiaoming     M    22    67.0
b    95002    Zhangsan     F    25     NaN
c    95003        Lisi     F    24    89.0
d    95004      Wangwu     M    23     NaN
```

我们可以增加一个新的列，示例如下：

```
>>> frame['Location']=['ZheJiang','FuJian','BeiJing','ShangHai']
>>> frame
       sno        name   sex   age   grade     Location
a    95001    Xiaoming     M    22    67.0     ZheJiang
b    95002    Zhangsan     F    25     NaN       FuJian
c    95003        Lisi     F    24    89.0      BeiJing
d    95004      Wangwu     M    23     NaN     ShangHai
```

当不再需要某个列时，可以删除该列，示例如下：

```
>>> del frame['Location']
>>> frame
       sno        name   sex   age   grade
a    95001    Xiaoming     M    22    67.0
b    95002    Zhangsan     F    25     NaN
c    95003        Lisi     F    24    89.0
d    95004      Wangwu     M    23     NaN
```

我们可以把嵌套字典（字典的字典）作为参数，传入 DataFrame，其中外层键作为列索引，
内层键作为行索引。示例如下：

```
>>> dic={'computer':{2020:78,2021:82},'math':{2019:76,2020:78,2021:81}}
>>> frame1=DataFrame(dic)
>>> frame1
      computer       math
2020      78.0        78
2021      82.0        81
2019       NaN        76
```

我们可以对结果进行转置，示例如下：

```
>>> frame1.T
             2020       2021       2019
computer 78.0       82.0        NaN
math     78.0       81.0       76.0
```

我们还可以指定行索引，对于不匹配的行，系统会返回 NaN。示例如下：

```
>>> frame2=DataFrame(dic,index=[2020,2021,2022])
>>> frame2
      computer       math
2020      78.0       78.0
2021      82.0       81.0
2022       NaN        NaN
```

下面用 NumPy 的相关模块来生成 DataFrame：

```
>>> import numpy as np
>>> import pandas as pd
>>> #用顺序数: np.arange(12).reshape(3,4)
>>> df1=pd.DataFrame(np.arange(12).reshape(3,4),columns=['a','b','c','d'])
>>> df1
   a  b  c   d
0  0  1  2   3
1  4  5  6   7
2  8  9  10  11
>>> #用随机数: np.random.randint(20,size=(2,3))
>>> df2=pd.DataFrame(np.random.randint(20,size=(2,3)),columns=['b','d','a'])
>>> df2
    b   d  a
0   0  19  4
1  10   2  5
>>> #用随机数: np.random.randn(5,3)
>>> df3=pd.DataFrame(np.random.randn(5,3),index=list('abcde'),columns=['one','two'
,'three'])
>>> df3
        one       two      three
a  -0.204225  -0.402101  -0.528857
b   0.070463  -1.203973  -1.271088
c  -1.210856   0.438507   1.442583
d  -0.101521   1.283724  -0.101034
e  -1.256007  -0.112633  -1.590732
```

DataFrame 提供了 values、index 和 columns 共 3 个属性，其中 values 属性会返回指定 DataFrame 的 NumPy 表示，index 属性返回行索引，columns 属性返回列索引。示例如下：

```
>>> import pandas as pd
>>> population_dict = {'beijing': 3000, 'shanghai': 12000, 'guangzhou': 1800}
>>> area_dict = {'beijing': 300, 'shanghai': 200, 'guangzhou': 180}
>>> population_series = pd.Series(population_dict)
>>> area_series = pd.Series(area_dict)
>>> citys = pd.DataFrame({'area': area_series, 'population_series': population_ser
ies})
>>> citys
           area  population_series
beijing     300              3000
shanghai    200             12000
guangzhou   180              1800
>>> citys.values
array([[  300,   3000],
       [  200,  12000],
       [  180,   1800]])
>>> citys.index
Index(['beijing', 'shanghai', 'guangzhou'], dtype = 'object')
>>> citys.columns
Index(['area', 'population_series'], dtype = 'object')
```

8.2.3　索引对象

Pandas 的索引（Index）对象负责管理轴标签和轴名称等。构建 Series 或 DataFrame 时，所用到的任何数组或其他序列的标签都会被转换成一个 Index 对象。Index 对象是不可修改的，Series 和 DataFrame 中的索引都是 Index 对象。示例如下：

```
>>> import numpy as np
>>> import pandas as pd
>>> from pandas import Series,DataFrame,Index
>>> #获取 Index 对象
>>> x = Series(range(3), index = ['a', 'b', 'c'])
>>> index = x.index
>>> index
Index(['a', 'b', 'c'], dtype='object')
>>> index[0:2]
Index(['a', 'b'], dtype='object')
>>> #构造/使用 Index 对象
>>> index = Index(np.arange(3))
>>> obj2 = Series([2.5, -3.5, 0], index = index)
>>> obj2
0    2.5
1   -3.5
2    0.0
dtype: float64
>>> obj2.index is index
True
>>> #判断列索引/行索引是否存在
>>> data = {'pop':[2.3,2.6],
      'year':[2020,2021]}
>>> frame = DataFrame(data)
>>> frame
   pop  year
0  2.3  2020
1  2.6  2021
>>> 'pop' in frame.columns
True
>>> 1 in frame.index
True
```

8.3　Pandas 导入导出数据

Pandas 是一个强大的数据分析和处理库，可以用来读取和处理多种格式的数据，包括 Excel、CSV、TXT 文件和 MySQL 数据库等。

8.3.1　导入与导出 Excel 文件

为了让 Pandas 支持 Excel 文件的导入和导出，需要在终端中执行以下命令安装 xlrd 库：

```
$ pip install xlrd
$ pip install openpyxl
```

1. 导入 Excel 文件

使用 Pandas 的 read_excel( )函数可以读取 Excel 文件，但需要传递文件路径作为参数。假设有一个 Excel 文件 "/home/hadoop/student.xlsx"，其内容如图 8-1 所示。

我们可以执行以下代码导入 student.xlsx 文件：

```
>>> import pandas as pd
>>> df = pd.read_excel('/home/hadoop/student.xlsx')
```

	A	B	C	D
1	sno	sname	ssex	sage
2	1	张三	男	21
3	2	李四	男	22
4	3	韩梅	女	23

图 8-1　student.xlsx 文件内容

```
>>> df
   sno sname ssex  sage
0    1   张三    男    21
1    2   李四    男    22
2    3   韩梅    女    23
```

2. 导出 Excel 文件

使用 Pandas 的 to_excel( )函数可以将数据导出为 Excel 文件，示例如下：

```
>>> import pandas as pd
>>> data = {
    'Name': ['Zhangsan', 'Lisi', 'Wangwu'],
    'Age': [23, 24, 22],
    'City': ['Beijing', 'Xiamen', 'Fuzhou']
}
>>> df = pd.DataFrame(data)
>>> df.to_excel('/home/hadoop/people.xlsx', index = False)
```

上面代码中，index = False 用于指定不保存 DataFrame 的索引列。

8.3.2 导入与导出 CSV 文件

1. 导入 CSV 文件

使用 Pandas 的 read_csv( )函数可以读取 CSV 文件，但需要传递文件路径作为参数。假设有一个文件“/home/hadoop/score.csv”，其内容如图 8-2 所示。

	A	B
1	Name	Score
2	Zhang San	99
3	Li Si	45.5
4	Wang Hong	82.5
5	Liu Qian	76
6	Ma Li	62.5
7	Shen Teng	78
8	Pu Wen	86.5

图 8-2　score.csv 文件内容

我们可以执行以下代码导入 score.csv 文件：

```
>>> import pandas as pd
>>> df = pd.read_csv('/home/hadoop/score.csv')
>>> df
        Name  Score
0  Zhang San   99.0
1      Li Si   45.5
2  Wang Hong   82.5
3   Liu Qian   76.0
4      Ma Li   62.5
5  Shen Teng   78.0
6     Pu Wen   86.5
```

2. 导出 CSV 文件

使用 Pandas 的 to_csv( )函数可以将 DataFrame 导出为 CSV 文件，但需要传递文件路径作为参数。示例如下：

```
>>> import pandas as pd
>>> data = {
    'Name': ['Zhangsan', 'Lisi', 'Wangwu'],
    'Age': [23, 24, 22],
    'City': ['Beijing', 'Xiamen', 'Fuzhou']
}
>>> df = pd.DataFrame(data)
>>> df.to_csv('/home/hadoop/people.csv', index = False)
```

上面代码中，index = False 用于指定不保存 DataFrame 的索引列。

8.3.3　导入与导出 TXT 文件

1. 导入 TXT 文件

使用 Pandas 的 read_csv( )函数可以读取 TXT 文件,但需要传递文件路径作为参数,并在需要时指定分隔符、列名等选项。假设有一个 TXT 文件 "/home/hadoop/student.txt",其内容如图 8-3 所示。

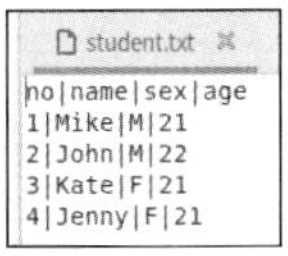

我们可以执行以下代码导入 student.txt 文件:

```
>>> import pandas as pd
>>> df = pd.read_csv('/home/hadoop/student.txt', sep = '|', header = 0, names =
['no', 'name', 'sex', 'age'])
>>> df
   no   name sex  age
0   1   Mike   M   21
1   2   John   M   22
2   3   Kate   F   21
3   4  Jenny   F   21
```

图 8-3　student.txt 文件内容

在上面代码中,sep = '|'表示使用竖线作为字段之间的分隔符,header = 0 表示把第 1 行当作表头,names = ['no', 'name', 'sex', 'age']指定列名称。

2. 导出 TXT 文件

使用 Pandas 的 to_csv( )函数可以将 DataFrame 导出为 TXT 文件,但需要传递文件路径作为参数。示例如下:

```
>>> import pandas as pd
>>> data = {
    'Name': ['Zhangsan', 'Lisi', 'Wangwu'],
    'Age': [23, 24, 22],
    'City': ['Beijing', 'Xiamen', 'Fuzhou']
}
>>> df = pd.DataFrame(data)
>>> df.to_csv('/home/hadoop/people.txt', sep = '\t',index = False)
```

上面代码中,index = False 用于指定不保存 DataFrame 的索引列。

8.3.4　将数据导入与导出 MySQL 数据库

1. 将数据导入 MySQL 数据库

首先,我们需要参考第 2 章的内容完成 MySQL 的安装。

使用 Pandas 与 MySQL 数据库进行交互时,需要执行以下命令安装 SQLAlchemy 库和 PyMySQL 库:

```
$ pip install sqlalchemy -i https://pypi.tuna.********.edu.cn/simple
$ pip install pymysql -i https://pypi.tuna.********.edu.cn/simple
```

然后,执行以下 SQL 语句,在 MySQL 中创建一个数据库 test:

```
mysql> CREATE DATABASE test;
mysql> USE test;
```

接着,在 "/home/hadoop" 目录下创建一个 Python 代码文件 pandas_to_mysql.py,具体内容如下:

```
import pandas as pd
from sqlalchemy import create_engine
DATABASE = {
    '111': {
        'host': 'localhost',
        'user': 'root',
        'password': '123456',
        'database': 'test',
        'port': 3306
    }
}
#指定要连接的服务器
TB_CONNECT = "111"
DATABASE = DATABASE[TB_CONNECT]
def save_data_to_mysql(df, table_name):
    """
    将一个 DataFrame 保存至数据库
    参数说明:
        df: 一个 DataFrame 对象
        table_name: 需要存入数据库的表名（字符串类型）
    """
    try:
        ms_engine = create_engine(
            'mysql+pymysql://{}:{}@{}:{}/{}?charset = utf8'.format(
                DATABASE['user'], DATABASE['password'], DATABASE['host'],
                DATABASE['port'], DATABASE['database']))
        df.to_sql(table_name, ms_engine, if_exists = 'replace', index = False)
    except Exception as e:
        raise Exception("保存数据时发生错误: " + str(e))
    finally:
        ms_engine.dispose()
df_res = pd.DataFrame([[1, 2, 3, 4],
                       [5, 6, 7, 8],
                       [9, 10, 11, 12]], columns = ['A', 'B', 'C', 'D'])
#将 df_res 数据存入 test 数据库的 df_result 表中
save_data_to_mysql(df_res, 'df_result')
```

在 Linux 终端中执行以下命令：

```
$ cd /home/hadoop
$ python pandas_to_mysql.py
```

然后，到 MySQL Shell 界面中执行以下 SQL 语句：

```
mysql> USE test;
mysql> SELECT * FROM df_result;
```

上面 SQL 语句的执行结果如图 8-4 所示。

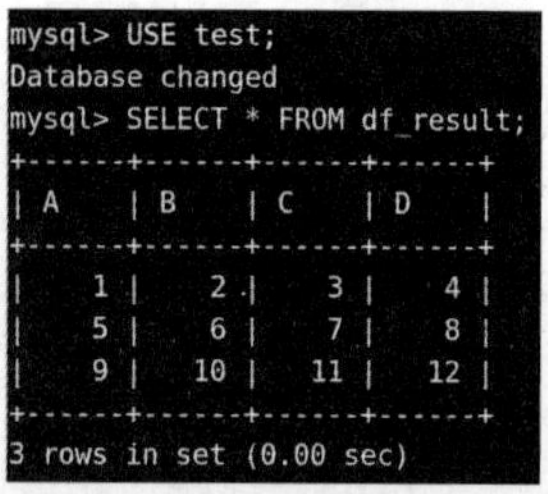
```
mysql> USE test;
Database changed
mysql> SELECT * FROM df_result;
+------+------+------+------+
| A    | B    | C    | D    |
+------+------+------+------+
|    1 |    2 |    3 |    4 |
|    5 |    6 |    7 |    8 |
|    9 |   10 |   11 |   12 |
+------+------+------+------+
3 rows in set (0.00 sec)
```

图 8-4 MySQL 数据库查询结果

2. 从 MySQL 数据库读取数据

在“/home/hadoop”目录下，创建一个 Python 代码文件 pandas_from_mysql.py，具体内容如下：

```
import pandas as pd
from sqlalchemy import create_engine
DATABASE = {
    '111': {
        'host': 'localhost',
        'user': 'root',
```

```
                'password': '123456',
                'database': 'test',
                'port': 3306
        }
}
#指定要连接的服务器
TB_CONNECT = "111"
DATABASE = DATABASE[TB_CONNECT]
def read_data_from_mysql(table_name = None):
        """
        从数据库读取一张完整的表并返回该表对应的 DataFrame
        参数说明:
                table_name: 数据库中存放的表名 (字符串类型)
        """
        try:
                ms_engine = create_engine(
                        'mysql+pymysql://{}:{}@{}:{}/{}?charset = utf8'.format(
                                DATABASE['user'], DATABASE['password'], DATABASE['host'],
                                DATABASE['port'], DATABASE['database']))
                sql = """select * from df_result"""
                df = pd.read_sql(sql, ms_engine)
                return df
        except Exception as e:
                raise Exception("读取数据时发生错误: " + str(e))
        finally:
                ms_engine.dispose()
#将 test 数据库的 df_result 表导入名为 df_new_result 的 DataFrame 中
df_new_result = read_data_from_mysql('df_result')
print(df_new_result)
```

在 Linux 终端中执行以下命令:

```
$ cd /home/hadoop
$ python pandas_from_mysql.py
```

然后，我们就可以在屏幕上看到输出结果了。

8.4　Pandas 的基本功能

本节将介绍 Pandas 的一些基本功能: 数据拆分与合并，重新索引，丢弃指定轴上的项，索引、选取和过滤，算术运算，DataFrame 和 Series 之间的运算，函数应用和映射，排序和排名，分组，以及其他常用函数。

8.4.1　数据拆分与合并

数据拆分是将一个大型的数据集拆分为多个较小的数据集，以便让数据更加清晰易懂，也方便对单个数据集进行分析和处理。并且，拆分后所形成的数据集可以分别应用不同的数据分析方法进行处理，这样更加高效和专业。

数据合并则是将多个数据集合并成一个大的数据集，以便提供更全面的信息，也可以进行综合性更强的数据分析。同时，数据合并也可以减少数据处理的复杂度和时效性，提升数据分析的准确性和结果的可靠性。

1. 数据拆分

下面是数据拆分的示例：

```
>>> import pandas as pd
>>> #定义数据集
>>> df = pd.DataFrame(
    {
        "name": ["林书凡", "王语嫣", "林语凡"],
        "age": [18, 16, 17],
        "gender": ["男", "女", "男"],
    }
)
>>> #拆分行
>>> first_row = df.loc[0:0, :]          #拆分得到单行数据
>>> first_row
    name   age   gender
0   林书凡   18      男
>>> left_rows = df.loc[1:, :]           #拆分得到多行数据
>>> left_rows
    name   age   gender
1   王语嫣   16      女
2   林语凡   17      男
>>> #拆分列
>>> first_col = df[["name"]]            #拆分得到单列数据
>>> first_col
    name
0   林书凡
1   王语嫣
2   林语凡
>>> left_cols = df[["age", "gender"]]   #拆分得到多列数据
>>> left_cols
    age gender
0   18      男
1   16      女
2   17      男
>>> #按条件拆分
>>> males = df[df["gender"] == "男"]
>>> males
    name   age gender
0   林书凡   18      男
2   林语凡   17      男
>>> greater17 = df[df["age"] > 17]
>>> greater17
    name   age gender
0   林书凡   18      男
```

2. 数据合并

（1）merge( )函数。merge( )函数能够进行高效的数据合并操作，其函数原型如下：

```
merge(left, right, how = 'inner', on = None, left_on = None, right_on = None,
            left_index = False, right_index = False, sort = False, suffixes = (
'_x', '_y'),
            copy = True, indicator = False, validate = None)
```

其中，left 和 right 是两个需要合并的 DataFrame 对象；how 表示要执行的合并类型，从 {'left','right','outer','inner'} 中取值，默认值为'inner'，当参数 how='left'时，仅使用左侧 DataFrame 的键；当参数 how='right'时，仅使用右侧 DataFrame 的键；当参数 how='outer'时，使用左右两侧 DataFrame 的键的并集；当参数 how='inner'时，使用左右两侧 DataFrame 的键的交集；on 用于指定用来连接的键（即列名），该键必须存在于左右两个 DataFrame 中，若没有指定，则以列名的交集作为连接键；left_on 和 right_on 是左右 DataFrame 对象中作为连接键的列名；left_index 和 right_index 用于指定是否将左右 DataFrame 对象的索引作为连接键，进行数据合并；sort 用于指定是否按字典顺序排序，默认值为 False；suffixes 的作用是，当左右 DataFrame 存在相同列名时，通过该参数为其添加后缀；copy 参数是一个布尔值（True 或 False），用于指定是否复制数据；indicator 参数是一个布尔值（True 或 False），用于指定是否添加一列到合并后的 DataFrame 中，以标识每一行数据的来源；通过 validate 参数可以指定在合并数据之前对数据进行验证，以确保合并操作是按照预期进行的。

示例如下：

```
>>> import pandas as pd
>>> #创建员工基本信息的 DataFrame
>>> df_employees = pd.DataFrame({
        'employee_id': [1, 2, 3, 4],
        'first_name': ['Alice', 'Bob', 'Charlie', 'David'],
        'last_name': ['Smith', 'Johnson', 'Williams', 'Brown']
   })
>>> #创建员工薪资信息的 DataFrame
>>> df_salaries = pd.DataFrame({
        'employee_id': [1, 2, 4, 5],
        'salary': [50000, 60000, 70000, 80000]
   })
>>> #使用 merge() 函数合并
>>> merged_df = pd.merge(df_employees, df_salaries, on = 'employee_id', how='left')
>>> merged_df
   employee_id first_name last_name    salary
0            1      Alice     Smith   50000.0
1            2        Bob   Johnson   60000.0
2            3    Charlie  Williams       NaN
3            4      David     Brown   70000.0
```

在上面代码中，我们使用 on='employee_id'来指定合并的键，使用 how='left'来指定合并类型（左连接），这意味着我们保留了 df_employees 中的所有行，即使它们在 df_salaries 中没有匹配项。如果某个员工在 df_salaries 中没有薪资记录，则合并结果中对应的 salary 列将包含 NaN 值（df_salaries 中没有 employee_id 为 3 的员工的薪资信息，所以合并结果中该员工的 salary 列值为 NaN）。如果想在合并结果中保留两个 DataFrame 中的所有行，则可以使用 how='outer'来进行全外连接。

（2）concat( )函数。concat( )函数的原型如下：

```
concat(objs, axis = 0, join = 'outer', join_axes = None, ignore_index = False,
    keys = None, levels = None, names = None, verify_integrity = False,copy = True)
```

其中，objs 是 Series、DataFrame 或 Panel 对象的序列或映射；axis 的默认值为 0，该参数用于指定连接的轴；join 的可选值为'inner'和'outer'，默认值为'outer'，该参数用于指定如何处理其他轴上的索引；join_axes 参数在特定情况下可以用于精确控制合并后对象在非连接轴上的索引，参数 join_axes 应该是一个列表，其长度等于被合并对象的维度数减去 1，列表中的每个元素都是 Pandas 的 Index 对象，分别对应于合并后对象在非连接轴上的索引；ignore_index 是布尔值，默认值为 False，如果为 True，则不使用传递进来的索引，而是生成一个新的整数索引；keys 是一个序列，为可选项，用于构造分层索引的键，例如，如果连接了两个数据集，keys 可以是['dataset1', 'dataset2']；levels 是序列列表，为可选项，用于构造多级索引的特定级别，如果没有提供，则系统尝试从键中推断；names 是列表，为可选项，表示结果的多级索引中的名称；verify_integrity 是布尔值，默认值为 False，该参数的作用是检查新连接的轴是否包含重复项；copy 是布尔值，默认值为 True，如果为 False，则不对数据进行复制。

示例如下：

```
>>> import pandas as pd
>>> #创建两个简单的DataFrame
>>> df1 = pd.DataFrame({'A': ['A0', 'A1', 'A2'],
    'B': ['B0', 'B1', 'B2']}, index = [0, 1, 2])
>>> df1
    A    B
0  A0   B0
1  A1   B1
2  A2   B2
>>> df2 = pd.DataFrame({'A': ['A3', 'A4', 'A5'],
 'B': ['B3', 'B4', 'B5']}, index = [3, 4, 5])
>>> df2
    A    B
3  A3   B3
4  A4   B4
5  A5   B5
>>> #使用concat()函数连接两个DataFrame
>>> result = pd.concat([df1, df2])
>>> result
    A    B
0  A0   B0
1  A1   B1
2  A2   B2
3  A3   B3
4  A4   B4
5  A5   B5
```

在这个例子中，我们创建了两个 DataFrame 并使用 concat( ) 函数将它们按行连接（默认行为）。我们没有指定 ignore_index = True，因此保留了原始的索引。如果指定 ignore_index = True，则结果 DataFrame 的索引将是从 0 到 5 的整数序列。

（3）join( )方法。join( )方法是 DataFrame 的一个方法，而不是像 concat( )或 merge( )那样的顶级函数。它通常用于在 DataFrame 对象之间基于索引或列进行合并，而不是像 merge( )函数那样基于任意键进行合并。join( )方法默认以索引作为对齐的列，当合并基于索引时，join( )方法通常更为方便。join( )方法的原型如下：

```
join(other, on = None, how = 'left', lsuffix = '', rsuffix = '', sort = False)
```

其中，other 表示要合并的另一个 DataFrame 对象；on 用来指定用于合并的列名，如果两个 DataFrame 对象的索引相同，此时可以传递 None；how 用于指定合并的方式，可以是{'left', 'right', 'outer', 'inner'}中的一个，默认值是'left'；lsuffix 用于指定为左侧 DataFrame 重复列名添加的后缀；rsuffix 用于指定为右侧 DataFrame 重复列名添加的后缀；sort 用于指定是否根据合并键对合并后的数据进行排序，默认值为 False。

下面是具体实例：

```
>>> import pandas as pd
>>> age_df = pd.DataFrame({'name': ['lili', 'lucy', 'tracy', 'mike'],
                           'age': [18, 28, 24, 36]})
>>> age_df
    name  age
0   lili   18
1   lucy   28
2   tracy  24
3   mike   36
>>> score_df = pd.DataFrame({'name': ['tony', 'mike', 'akuda', 'tracy'],
                             'score': ['A', 'B', 'C', 'B']})
>>> score_df
    name score
0   tony    A
1   mike    B
2   akuda   C
3   tracy   B
>>> age_df.set_index('name', inplace = True)
>>> score_df.set_index('name', inplace = True)
>>> result = age_df.join(score_df, lsuffix = '_left', rsuffix = '_right')
>>> result
name   age score
lili    18   NaN
lucy    28   NaN
tracy   24   B
mike    36   B
```

8.4.2　重新索引

Pandas 中的 reindex( )方法可以为 Series 和 DataFrame 添加或删除索引。如果新添加的索引没有对应的值，则默认值为 NaN。减少索引就相当于一个切片操作。

下面是对 Series 使用 reindex( )方法的示例：

```
>>> import numpy as np
>>> import pandas as pd
>>> from pandas import Series,DataFrame
>>> s1 = Series([1, 2, 3, 4], index = ['A', 'B', 'C', 'D'])
>>> s1
A    1
B    2
C    3
D    4
dtype: int64
>>> #重新指定索引，多出来的索引可以使用 fill_value 填充
>>> s1.reindex(index=['A', 'B', 'C', 'D', 'E'], fill_value = 10)
A    1
```

```
B    2
C    3
D    4
E    10
dtype: int64
>>> s2 = Series(['A', 'B', 'C'], index = [1, 5, 10])
>>> #修改索引，将 s2 的索引增加到 15 个，如果新增加的索引值不存在，则默认值为 NaN
>>> s2.reindex(index=range(15))
0    NaN
1     A
2    NaN
3    NaN
4    NaN
5     B
6    NaN
7    NaN
8    NaN
9    NaN
10    C
11   NaN
12   NaN
13   NaN
14   NaN
dtype: object
>>> #ffill: 表示 forward fill，向前填充
>>> #如果新增加的索引值不存在，那么将前一个非 NaN 的值填充进去
>>> s2.reindex(index=range(15), method='ffill')
0    NaN
1     A
2     A
3     A
4     A
5     B
6     B
7     B
8     B
9     B
10    C
11    C
12    C
13    C
14    C
dtype: object
>>> #减少索引
>>> s1.reindex(['A', 'B'])
A    1
B    2
dtype: int64
```

下面是对 DataFrame 使用 reindex()方法的示例：

```
>>> df1 = DataFrame(np.random.rand(25).reshape([5, 5]), index=['A', 'B', 'D', 'E',
'F'], columns=['c1', 'c2', 'c3', 'c4', 'c5'])
>>> df1
           c1        c2        c3        c4        c5
A    0.077539  0.574105  0.868985  0.305669  0.738754
B    0.939470  0.464108  0.951791  0.277599  0.091289
D    0.019077  0.850392  0.069981  0.397684  0.526270
E    0.564420  0.723089  0.971805  0.501211  0.641450
F    0.308109  0.831558  0.215271  0.729247  0.944689
```

```
>>> #为 DataFrame 添加一个新的索引
>>> #自动扩充为 NaN
>>> df1.reindex(index=['A', 'B', 'C', 'D', 'E', 'F'])
            c1        c2        c3        c4        c5
A     0.077539  0.574105  0.868985  0.305669  0.738754
B     0.939470  0.464108  0.951791  0.277599  0.091289
C          NaN       NaN       NaN       NaN       NaN
D     0.019077  0.850392  0.069981  0.397684  0.526270
E     0.564420  0.723089  0.971805  0.501211  0.641450
F     0.308109  0.831558  0.215271  0.729247  0.944689
>>> #扩充列
>>> df1.reindex(columns=['c1', 'c2', 'c3', 'c4', 'c5', 'c6'])
            c1        c2        c3        c4        c5 c6
A     0.077539  0.574105  0.868985  0.305669  0.738754 NaN
B     0.939470  0.464108  0.951791  0.277599  0.091289 NaN
D     0.019077  0.850392  0.069981  0.397684  0.526270 NaN
E     0.564420  0.723089  0.971805  0.501211  0.641450 NaN
F     0.308109  0.831558  0.215271  0.729247  0.944689 NaN
>>> #减少索引
>>> df1.reindex(index=['A', 'B'])
            c1        c2        c3        c4        c5
A     0.077539  0.574105  0.868985  0.305669  0.738754
B     0.939470  0.464108  0.951791  0.277599  0.091289
```

8.4.3　丢弃指定轴上的项

使用 drop( )方法可以丢弃指定轴上的项，drop( )方法返回的是一个在指定轴上删除了指定值的新对象。示例如下：

```
>>> import numpy as np
>>> import pandas as pd
>>> from pandas import Series,DataFrame
>>> #Series 根据行索引删除行
>>> s1 = Series(np.arange(4), index = ['a', 'b', 'c','d'])
>>> s1
a    0
b    1
c    2
d    3
dtype: int64
>>> s1.drop(['a', 'b'])
c    2
d    3
dtype: int64
>>> #DataFrame 根据行索引/列索引删除行/列
>>> df1 = DataFrame(np.arange(16).reshape((4, 4)),
            index = ['a', 'b', 'c', 'd'],
            columns = ['A', 'B', 'C', 'D'])
>>> df1
     A   B   C   D
a    0   1   2   3
b    4   5   6   7
c    8   9  10  11
d   12  13  14  15
>>> df1.drop(['A','B'],axis=1)        #在列的维度上删除 A、B 两列，axis=1 表示列的维度
     C   D
a    2   3
```

```
b      6    7
c     10   11
d     14   15
>>> df1.drop('a', axis = 0)      #在行的维度上删除 a 这一行，axis=0 表示行的维度
      A    B    C    D
b     4    5    6    7
c     8    9   10   11
d    12   13   14   15
>>> df1.drop(['a', 'b'], axis = 0)
      A    B    C    D
c     8    9   10   11
d    12   13   14   15
```

8.4.4　索引、选取和过滤

下面是关于 DataFrame 的索引、选取和过滤的一些示例：

```
>>> import numpy as np
>>> import pandas as pd
>>> from pandas import Series,DataFrame
>>> #DataFrame 的索引
>>> data = DataFrame(np.arange(16).reshape((4, 4)),
        index = ['a', 'b', 'c', 'd'],
        columns = ['A', 'B', 'C', 'D'])
>>> data
      A    B    C    D
a     0    1    2    3
b     4    5    6    7
c     8    9   10   11
d    12   13   14   15
>>> data['A']    #输出 A 列
a     0
b     4
c     8
d    12
Name: A, dtype: int64
>>> data[['A', 'B']]      #花式索引
      A    B
a     0    1
b     4    5
c     8    9
d    12   13
>>> data[:2]    #切片索引，选择行
      A    B    C    D
a     0    1    2    3
b     4    5    6    7
>>> #根据条件选择
>>> data
      A    B    C    D
a     0    1    2    3
b     4    5    6    7
c     8    9   10   11
d    12   13   14   15
>>> data[data.A > 5]    #根据条件选择行
      A    B    C    D
c     8    9   10   11
d    12   13   14   15
```

```
>>> data < 5        #输出 True 或 False
        A        B        C        D
a     True     True     True     True
b     True    False    False    False
c    False    False    False    False
d    False    False    False    False
>>> data[data < 5] = 0  #条件索引
>>> data
     A    B    C    D
a    0    0    0    0
b    0    5    6    7
c    8    9   10   11
d   12   13   14   15
```

8.4.5　算术运算

下面是关于 DataFrame 算术运算的示例：

```
>>> import numpy as np
>>> import pandas as pd
>>> from pandas import Series,DataFrame
>>> df1 = DataFrame(np.arange(12).reshape((3,4)),columns=list("abcd"))
>>> df2 = DataFrame(np.arange(20).reshape((4,5)),columns=list("abcde"))
>>> df1
    a    b    c    d
0   0    1    2    3
1   4    5    6    7
2   8    9   10   11
>>> df2
    a    b    c    d    e
0   0    1    2    3    4
1   5    6    7    8    9
2  10   11   12   13   14
3  15   16   17   18   19
>>> df1+df2
        a     b     c     d    e
0     0.0   2.0   4.0   6.0  NaN
1     9.0  11.0  13.0  15.0  NaN
2    18.0  20.0  22.0  24.0  NaN
3     NaN   NaN   NaN   NaN  NaN
>>> df1.add(df2,fill_value = 0)   #将 df1 和 df2 相加，并为 df1 添加第 3 行和 e 这一列
        a     b     c     d     e
0     0.0   2.0   4.0   6.0   4.0
1     9.0  11.0  13.0  15.0   9.0
2    18.0  20.0  22.0  24.0  14.0
3    15.0  16.0  17.0  18.0  19.0
>>> df1.add(df2).fillna(0)   #按照正常方式将 df1 和 df2 相加，然后将 NaN 值填充为 0
        a     b     c     d    e
0     0.0   2.0   4.0   6.0  0.0
1     9.0  11.0  13.0  15.0  0.0
2    18.0  20.0  22.0  24.0  0.0
3     0.0   0.0   0.0   0.0  0.0
```

8.4.6　DataFrame 和 Series 之间的运算

DataFrame 和 Series 之间的运算示例如下：

```
>>> import numpy as np
>>> import pandas as pd
```

```
>>> from pandas import Series,DataFrame
>>> frame = DataFrame(np.arange(12).reshape((4,3)),columns = list("bde"),
                index = ["Beijing","Shanghai","Shenzhen","Xiamen"])
>>> frame
          b    d    e
Beijing   0    1    2
Shanghai  3    4    5
Shenzhen  6    7    8
Xiamen    9    10   11
>>> frame.iloc[1]    #获取某一行数据
b    3
d    4
e    5
Name: Shanghai, dtype: int64
>>> frame.index    #获取索引
Index(['Beijing', 'Shanghai', 'Shenzhen', 'Xiamen'], dtype = 'object')
>>> frame.loc["Xiamen"]      #根据行索引提取数据
b     9
d     10
e     11
Name: Xiamen, dtype: int64
>>> series = frame.iloc[0]
>>> series
b    0
d    1
e    2
Name: Beijing, dtype: int64
>>> frame - series
          b    d    e
Beijing   0    0    0
Shanghai  3    3    3
Shenzhen  6    6    6
Xiamen    9    9    9
```

8.4.7 函数应用和映射

使用 apply( )可将一个规则应用到 DataFrame 的行或列，示例如下：

```
>>> import numpy as np
>>> import pandas as pd
>>> from pandas import Series,DataFrame
>>> frame = DataFrame(np.arange(12).reshape((4,3)),columns = list("bde"),
                index = ["Beijing","Shanghai","Shenzhen","Xiamen"])
>>> frame
          b    d    e
Beijing   0    1    2
Shanghai  3    4    5
Shenzhen  6    7    8
Xiamen    9    10   11
>>> f = lambda x : x.max() - x.min()    #匿名函数
>>> frame.apply(f)    #apply()默认第二个参数 axis=0，作用于列方向上，axis=1 时作用于行方向上
b    9
d    9
e    9
dtype: int64
>>> frame.apply(f,axis = 1)
Beijing    2
Shanghai   2
```

```
Shenzhen 2
Xiamen    2
dtype: int64
```

使用 applymap( )可以将一个规则应用到 DataFrame 中的每一个元素，示例如下：

```
>>> import numpy as np
>>> import pandas as pd
>>> from pandas import Series,DataFrame
>>> frame = DataFrame(np.arange(12).reshape((4,3)),columns = list("bde"),
            index = ["Beijing","Shanghai","Shenzhen","Xiamen"])
>>> frame
          b    d    e
Beijing   0    1    2
Shanghai  3    4    5
Shenzhen  6    7    8
Xiamen    9    10   11
>>> f = lambda num : "%.2f"%num    #匿名函数
>>> #将匿名函数 f 应用到 frame 中的每一元素
>>> strFrame = frame.applymap(f)
>>> strFrame
             b      d      e
Beijing   0.00   1.00   2.00
Shanghai  3.00   4.00   5.00
Shenzhen  6.00   7.00   8.00
Xiamen    9.00   10.00  11.00
>>> frame.dtypes            #获取 DataFrame 中每一列的数据类型
b    int64
d    int64
e    int64
dtype: object
>>> strFrame.dtypes
b    object
d    object
e    object
dtype: object
>>> #将一个规则应用到某一列
>>> frame["d"].map(lambda x : x + 10)
Beijing   11
Shanghai  14
Shenzhen  17
Xiamen    20
Name: d, dtype: int64
```

8.4.8 排序和排名

1. 排序

下面是对 Series 和 DataFrame 进行排序的示例：

```
>>> import numpy as np
>>> import pandas as pd
>>> from pandas import Series,DataFrame
>>> series = Series(range(4),index = list("dabc"))
>>> series
d    0
a    1
b    2
c    3
```

```
dtype: int64
>>> series.sort_index()        #索引按字母顺序排序
a     1
b     2
c     3
d     0
dtype: int64
>>> frame = DataFrame(np.arange(8).reshape((2,4)),
        index = ["three","one"],
        columns = list("dabc"))
>>> frame
       d  a  b  c
three  0  1  2  3
one    4  5  6  7
>>> frame.sort_index()
       d  a  b  c
one    4  5  6  7
three  0  1  2  3
>>> frame.sort_index(axis = 1,ascending = False)
       d  c  b  a
three  0  3  2  1
one    4  7  6  5
>>> #按照 DataFrame 中某一列的值排序
>>> df = DataFrame({"a":[4,7,-3,2],"b":[0,1,0,1]})
>>> df
    a  b
0   4  0
1   7  1
2  -3  0
3   2  1
>>> #按照 b 这一列的值排序
>>> df.sort_values(by = "b")
    a  b
0   4  0
2  -3  0
1   7  1
3   2  1
```

2．排名

排名是指根据值的大小/出现次数得到一组排名值。排名跟排序关系密切，增设的排名值从 1 开始，一直到数组中有效数据的数量。默认情况下，rank( )函数通过将平均排名值分配给每个值来打破平级关系。也就是说，如果有两个值一样，那么它们的排名值将会被加在一起再除以 2。表 8-2 列出了 rank( )函数中用于处理平级关系的 method 参数。

表 8-2　　　　　　　rank( )函数中用于处理平级关系的 method 参数及其说明

method 参数	说明
'average'	默认值，在相等的值中，为各个值分配平均排名值
'min'	使用相等值的最小排名值
'max'	使用相等值的最大排名值
'first'	按值在原始数据中的出现顺序分配排名值

下面是具体示例：

```
>>> import pandas as pd
>>> from pandas import Series,DataFrame
>>> obj = Series([7,-4,7,3,2,0,5])
>>> obj.rank()
0    6.5
1    1.0
2    6.5
3    4.0
4    3.0
5    2.0
6    5.0
dtype: float64
```

在上面的代码中，rank( )没有任何参数，所以 method 参数采用默认值'average'。这时，对于 obj 中的 7，-4，7，3，2，0，5，我们可以手动进行排名，-4 排第 1 名，0 排第 2 名，2 排第 3 名，3 排第 4 名，5 排第 5 名，第 1 个 7 排第 6 名，第 2 个 7 排第 7 名，出现了两个 7，也就是出现了平级关系，因此，取二者排名的平均值 6.5 来破坏平级关系。所以，在 obj.rank( )的返回结果中，第 0 行是 6.5（说明这一行的 7 排名值是 6.5），第 1 行是 1.0（说明这一行的-4 排名值是 1.0），第 2 行是 6.5（说明这一行的 7 排名值是 6.5），第 3 行是 4.0（说明这一行的 3 排名值是 4.0），依次类推。

然后，继续执行以下代码：

```
>>> obj.rank(method = 'first')
0    6.0
1    1.0
2    7.0
3    4.0
4    3.0
5    2.0
6    5.0
dtype: float64
```

在上面的代码中，method 参数的取值为'first'，这时，如果出现平级关系，就按值在原始数据中的出现顺序分配排名。可以看到，obj 中出现了两个 7，也就是出现了平级关系，这时，谁先出现，谁就排在前面，因此，第 1 个 7 排第 6 名，第 2 个 7 排第 7 名。

然后，继续执行以下代码：

```
>>> obj.rank(method = 'min')
0    6.0
1    1.0
2    6.0
3    4.0
4    3.0
5    2.0
6    5.0
dtype: float64
```

在上面的代码中，method 参数的取值为'min'，这时如果出现平级关系，就使用相等值的最小排名值。可以看到，obj 中出现了两个 7，也就是出现了平级关系，这时，第 1 个 7 排第 6 名，第 2 个 7 排第 7 名，我们取二者中较小的排名值作为二者的排名值，因此，第 0 行的排名值是 6.0，第 2 行的排名值也是 6.0。

然后，继续执行以下代码：

```
>>> obj.rank(method = 'max')
0    7.0
```

```
1       1.0
2       7.0
3       4.0
4       3.0
5       2.0
6       5.0
dtype: float64
```

在上面的代码中，method 参数的取值为'max'，这时如果出现平级关系，就使用相等值的最大排名值。可以看到，obj 中出现了两个 7，也就是出现了平级关系，这时，第 1 个 7 排第 6 名，第 2 个 7 排第 7 名，我们取二者中较大的排名值作为二者的排名值，因此，第 0 行的排名值是 7.0，第 2 行的排名值也是 7.0。

我们也可以对 DataFrame 使用 rank( )，示例如下：

```
>>> import pandas as pd
>>> from pandas import Series,DataFrame
>>> frame = DataFrame({'b':[3,1,5,2],'a':[8,4,3,7],'c':[2,7,9,4]})
>>> frame
   b  a  c
0  3  8  2
1  1  4  7
2  5  3  9
3  2  7  4
>>> frame.rank(axis = 1)    #axis = 0时作用于列方向上，axis = 1时作用于行方向上
     b    a    c
0  2.0  3.0  1.0
1  1.0  2.0  3.0
2  2.0  1.0  3.0
3  1.0  3.0  2.0
```

8.4.9　分组

Pandas 可以对数据集进行分组，然后对每组进行统计分析。

1．分组操作

下面是分组操作的具体实例：

```
>>> import pandas as pd
>>> import numpy as np
>>> from pandas import Series,DataFrame
>>> dict_obj = {'key1' : ['a', 'b', 'a', 'b', 'a', 'b', 'a', 'a'],
                'key2' : ['one', 'one', 'two', 'three', 'two', 'two', 'one', 'three'],
                'data1': np.random.randn(8),
                'data2': np.random.randn(8)}
>>> df_obj = DataFrame(dict_obj)
>>> df_obj
  key1   key2      data1      data2
0    a    one  -0.026042   0.051420
1    b    one  -0.214902  -1.245808
2    a    two  -0.626813   0.313240
3    b  three  -1.074137   0.245969
4    a    two   0.106360  -0.344038
5    b    two  -0.719663  -0.877795
6    a    one  -0.248008  -0.650183
7    a  three   0.861269   1.388312
>>> df_obj.groupby('key1')
```

```
<pandas.core.groupby.generic.DataFrameGroupBy object at 0x00000000037E93D0>
>>> type(df_obj.groupby('key1'))
<class 'pandas.core.groupby.generic.DataFrameGroupBy'>
>>> df_obj['data1'].groupby(df_obj['key1'])
<pandas.core.groupby.generic.SeriesGroupBy object at 0x000000000B4E7D00>
>>> type(df_obj['data1'].groupby(df_obj['key1']))
<class 'pandas.core.groupby.generic.SeriesGroupBy'>
```

2. 分组运算

下面是分组运算的具体示例：

```
>>> import pandas as pd
>>> import numpy as np
>>> from pandas import Series,DataFrame
>>> dict_obj = {'key1' : ['a', 'b', 'a', 'b', 'a', 'b', 'a', 'a'],
                'key2' : ['one', 'one', 'two', 'three', 'two', 'two', 'one', 'three'],
                'data1': np.random.randn(8),
                'data2': np.random.randn(8)}
>>> df_obj = DataFrame(dict_obj)
>>> df_obj
  key1   key2       data1       data2
0    a    one   -0.026042    0.051420
1    b    one   -0.214902   -1.245808
2    a    two   -0.626813    0.313240
3    b  three   -1.074137    0.245969
4    a    two    0.106360   -0.344038
5    b    two   -0.719663   -0.877795
6    a    one   -0.248008   -0.650183
7    a  three    0.861269    1.388312
>>> grouped1 = df_obj.groupby('key1')
>>> grouped1[['data1','data2']].mean()
          data1       data2
key1
   a    0.013353    0.151750
   b   -0.669567   -0.625878
>>> grouped2 = df_obj['data1'].groupby(df_obj['key1'])
>>> grouped2.mean()
key1
   a    0.013353
   b   -0.669567
Name: data1, dtype: float64
>>> grouped1.size()              #返回每个分组的元素个数
key1
   a    5
   b    3
dtype: int64
>>> grouped2.size()              #返回每个分组的元素个数
key1
   a    5
   b    3
Name: data1, dtype: int64
>>> df_obj.groupby([df_obj['key1'], df_obj['key2']]).size()
key1  key2
   a   one      2
       three    1
       two      2
   b   one      1
       three    1
       two      1
dtype: int64
```

```
>>> grouped3 = df_obj.groupby(['key1', 'key2'])
>>> grouped3.size()
key1  key2
   a  one      2
      three    1
      two      2
   b  one      1
      three    1
      two      1
dtype: int64
>>> grouped3.mean()
                data1       data2
key1 key2
   a  one    -0.137025   -0.299382
      three   0.861269    1.388312
      two    -0.260226   -0.015399
   b  one    -0.214902   -1.245808
      three  -1.074137    0.245969
      two    -0.719663   -0.877795
```

上面的代码演示了分组运算中 mean( )函数的具体用法，实际上，还可以使用 sum( )、count( )、max( )、min( )、median( )等函数。

3. 按照自定义的 key 分组

Pandas 支持按照自定义的 key 分组，示例如下：

```
>>> import pandas as pd
>>> import numpy as np
>>> from pandas import Series,DataFrame
>>> dict_obj = {'key1' : ['a', 'b', 'a', 'b', 'a', 'b', 'a', 'a'],
                'key2' : ['one', 'one', 'two', 'three','two', 'two', 'one', 'three'],
                'data1': np.random.randn(8),
                'data2': np.random.randn(8)}
>>> df_obj = DataFrame(dict_obj)
>>> df_obj
  key1    key2     data1       data2
0   a     one   -0.026042    0.051420
1   b     one   -0.214902   -1.245808
2   a     two   -0.626813    0.313240
3   b     three -1.074137    0.245969
4   a     two    0.106360   -0.344038
5   b     two   -0.719663   -0.877795
6   a     one   -0.248008   -0.650183
7   a     three  0.861269    1.388312
>>> self_def_key = [0, 1, 2, 3, 3, 4, 5, 7]
>>> df_obj.groupby(self_def_key).size()
0    1
1    1
2    1
3    2
4    1
5    1
7    1
```

8.4.10 其他常用函数

1. shape( )函数

DataFrame 的 shape( )函数用于返回 DataFrame 的形状，具体用法如下。

（1）shape：返回 DataFrame 包含几行几列。

（2）shape[0]：返回 DataFrame 包含几行。

（3）shape[1]：返回 DataFrame 包含几列。

示例如下：

```
>>> import pandas as pd
>>> from pandas import DataFrame
>>> frame = DataFrame({'b':[3,1,5,2],'a':[8,4,3,7],'c':[2,7,9,4]})
>>> frame
   b  a  c
0  3  8  2
1  1  4  7
2  5  3  9
3  2  7  4
>>> frame.shape
(4, 3)
>>> frame.shape[0]
4
>>> frame.shape[1]
3
```

2. info( )函数

info( )函数用于返回 DataFrame 的基本信息（维度、列名称、数据格式、所占空间等）。示例如下：

```
>>> import pandas as pd
>>> import numpy as np
>>> from pandas import DataFrame
>>> df = DataFrame({'id':[1, np.nan, 3, 4], 'name':['asx', np.nan, 'wes', 'asd'],
'score': [78, 90, np.nan, 88]}, index = list('abcd'))
>>> df.info()
<class 'pandas.core.frame.DataFrame'>
Index: 4 entries, a to d
Data columns (total 3 columns):
 #   Column  Non-Null Count  Dtype
---  ------  --------------  -----
 0   id      3 non-null      float64
 1   name    3 non-null      object
 2   score   3 non-null      float64
dtypes: float64(2), object(1)
memory usage: 128.0 + bytes
```

3. cut( )函数

cut( )函数用于将数据离散化，对连续变量进行分段汇总。该函数仅适用于一维数组对象。如果我们有大量标量数据并需要对其进行一些统计分析，就可以使用 cut( )函数。其语法格式如下：

```
cut(x, bins, right = True, labels = None, retbins = False, precision = 3, include_
lowest = False)
```

其中，各参数的含义如下。

（1）x：一维数组。

（2）bins：一个整数或序列，用于定义箱子的边缘。如果是整数，则表示将 x 划分为相应的多个等距的区间；如果是序列，则表示将 x 划分在指定序列中，不在该序列中的则是 NaN。

（3）right：用于指明是否包含右端点。

（4）labels：用于指明是否用标记来代替返回的箱子。

（5）precision：精度。

（6）include_lowest：用于指明是否包含左端点。

（7）retbins：一个布尔值（True 或 False），用于控制函数返回值的类型。

示例如下：

```
>>> import pandas as pd
>>> import numpy as np
>>> from pandas import DataFrame
>>> info_nums = DataFrame({'num': np.random.randint(1, 50, 11)})
>>> info_nums
     num
0     43
1      7
2     13
3     47
4     23
5     10
6     44
7      2
8     31
9     21
10    47
>>> info_nums['num_bins'] = pd.cut(x=info_nums['num'], bins=[1, 25, 50])
>>> info_nums
     num   num_bins
0     43   (25, 50]
1      7   (1, 25]
2     13   (1, 25]
3     47   (25, 50]
4     23   (1, 25]
5     10   (1, 25]
6     44   (25, 50]
7      2   (1, 25]
8     31   (25, 50]
9     21   (1, 25]
10    47   (25, 50]
>>> info_nums['num_bins'].unique()
[(25, 50], (1, 25]]
Categories (2, interval[int64]): [(1, 25] < (25, 50]]
```

下面演示如何向箱子添加标签：

```
>>> import pandas as pd
>>> import numpy as np
>>> from pandas import DataFrame
>>> info_nums = DataFrame({'num': np.random.randint(1, 10, 7)})
>>> info_nums
   num
0    4
1    5
2    6
3    8
4    6
5    2
6    3
>>> info_nums['nums_labels'] = pd.cut(x = info_nums['num'], bins = [1, 7, 10], lab
```

```
els = ['Lows', 'Highs'], right = False)
    >>> info_nums
        num nums_labels
    0    4          Lows
    1    5          Lows
    2    6          Lows
    3    8         Highs
    4    6          Lows
    5    2          Lows
    6    3          Lows
    >>> info_nums['nums_labels'].unique()
    ['Lows', 'Highs']
    Categories (2, object): ['Lows' < 'Highs']
```

8.5　汇总和描述统计

Pandas 对象拥有一组常用的数学和统计方法。它们大部分都用于约简和汇总统计，用于从 Series 中提取单个值（如 sum 或 mean），或者从 DataFrame 的行或列中提取一个 Series。

8.5.1　与描述统计相关的函数

表 8-3 列出了 Pandas 中与描述统计相关的函数。表 8-4 列出了函数中常见的参数。

表 8-3　　　　　　　　　　　　　　　与描述统计相关的函数

函数	说明
count( )	非 NaN 值的个数
describe( )	针对 Series 或 DataFrame 列进行汇总统计
min( )、max( )	计算最小值和最大值
argmin( )、argmax( )	计算能够获取到最小值和最大值的索引位置（整数）
idxmin( )、idxmax( )	计算能够获取到最小值和最大值的索引值
quantile( )	计算样本的分位数（0～1）
sum( )	值的总和
mean( )	值的平均数
median( )	值的算术中位数（50%分位数）
mad( )	根据平均值计算平均绝对离差
var( )	样本值的方差
std( )	样本值的标准差
skew( )	样本值的偏度（3 阶矩）
kurt( )	样本值的峰度（4 阶矩）
cumsum( )	样本值的累计和
cummin( )、cummax( )	样本值的累计最小值和累计最大值
cumprod( )	样本值的累计积
diff( )	计算一阶差分（对于时间序列很有用）
pct_change( )	计算百分数的变化

表 8-4   函数中常见的参数

参数	说明
axis	约简的轴，DataFrame 的行用 1，列用 0
skipna	排除缺失值，默认值为 True
level	如果轴是层次化索引的（即 MultiIndex），则根据 level 分组约简

下面是一些示例：

```
>>> import numpy as np
>>> import pandas as pd
>>> from pandas import Series,DataFrame
>>> df = DataFrame([[1.3,np.nan],[6.2,-3.4],[np.nan,np.nan],[0.65,-1.4]],columns =
[' one','two'])
>>> df.sum()                              #计算每列的和，默认排除 NaN
one     8.15
two    -4.80
dtype: float64
>>> df.sum(axis = 1)                      #计算每行的和，默认排除 NaN
0      1.30
1      2.80
2      0.00
3     -0.75
dtype: float64
>>> #计算每行的和，设置 skipna = False，NaN 参与计算，结果仍为 NaN
>>> df.sum(axis = 1,skipna = False)
0       NaN
1      2.80
2       NaN
3     -0.75
dtype: float64
>>> df.mean(axis = 1)
0      1.300
1      1.400
2        NaN
3     -0.375
dtype: float64
>>> df.mean(axis = 1,skipna = False)     #计算每行的平均值，NaN 参与计算
0       NaN
1      1.400
2       NaN
3     -0.375
dtype: float64
>>> df.cumsum()                          #求样本值的累计和
    one   two
0  1.30   NaN
1  7.50  -3.4
2   NaN   NaN
3  8.15  -4.8
>>> df.describe()                        #针对列进行汇总统计
           one       two
count  3.000000  2.000000
mean   2.716667 -2.400000
std    3.034112  1.414214
min    0.650000 -3.400000
25%    0.975000 -2.900000
```

```
50%     1.300000  -2.400000
75%     3.750000  -1.900000
max     6.200000  -1.400000
```

8.5.2　唯一值、值计数及成员资格

表 8-5 给出了唯一值、值计数及成员资格方法。

表 8-5　　　　　　　　　　　唯一值、值计数及成员资格方法

方法	说明
isin( )	计算出一个表示 "Series 各值是否包含于传入的值序列中" 的布尔类型数组
unique( )	计算 Series 中的唯一值数组，按发现的顺序返回
value_counts( )	返回一个 Series，其索引为唯一值，其值为频率，按计数值降序排列

1.　唯一值和值计数

下面是关于唯一值和值计数的示例：

```
>>> import pandas as pd
>>> from pandas import Series
>>> s = Series([3,3,1,2,4,3,4,6,5,6])
>>> #判断 Series 中的值是否重复，False 表示重复
>>> print(s.is_unique)
False
>>> #输出 Series 中不重复的值，返回值没有排序，返回值的类型为数组
>>> s.unique()
array([3, 1, 2, 4, 6, 5], dtype = int64)
>>> #统计 Series 中重复值出现的次数，默认按出现次数降序排序
>>> s.value_counts()
3       3
4       2
6       2
1       1
2       1
5       1
dtype: int64
>>> #按照重复值由小到大的顺序输出频率
>>> s.value_counts(sort = False)
1       1
2       1
3       3
4       2
5       1
6       2
dtype: int64
```

2.　成员资格判断

下面是关于成员资格判断的示例：

```
>>> import pandas as pd
>>> from pandas import Series,DataFrame
>>> s = Series([6,6,7,2,2])
>>> s
0       6
1       6
```

```
2        7
3        2
4        2
dtype: int64
>>> #判断矢量化集合的成员资格，返回一个布尔类型的 Series
>>> s.isin([6])
0        True
1        True
2        False
3        False
4        False
dtype: bool
>>> type(s.isin([6]))
<class 'pandas.core.series.Series'>
>>> #通过成员资格方法选取 Series 中的数据子集
>>> s[s.isin([6])]
0        6
1        6
dtype: int64
>>> data = [[4,3,7],[3,2,5],[7,3,6]]
>>> df = DataFrame(data,index = ["a","b","c"],columns = ["one","two","three"])
>>> df
    one   two   three
a    4     3      7
b    3     2      5
c    7     3      6
>>> #返回一个布尔类型的 DataFrame
>>> df.isin([2])
      one     two   three
a    False   False   False
b    False   True    False
c    False   False   False
>>> #选取 DataFrame 中值为 2 的数据，其他为 NaN
>>> df[df.isin([2])]
    one    two    three
a   NaN    NaN     NaN
b   NaN    2.0     NaN
c   NaN    NaN     NaN
>>> #选取 DataFrame 中值为 2 的数据，将 NaN 用 0 进行填充
>>> df[df.isin([2])].fillna(0)
    one     two    three
a   0.0     0.0     0.0
b   0.0     2.0     0.0
c   0.0     0.0     0.0
```

8.6   处理缺失数据

缺失数据是在大部分数据分析应用中很常见的问题。Pandas 的设计目标之一就是让缺失数据的处理任务尽量轻松。Pandas 使用浮点数（NaN）表示浮点和非浮点数据中的缺失数据，它只是一个便于被检测出来的标记而已。Python 中的内置 none 也会被当作缺失数据处理。表 8-6 列出了 Pandas 中与处理缺失数据相关的方法。

方法	说明
dropna( )	根据各标签值中是否存在缺失数据对轴标签进行过滤，可通过阈值调节对缺失数据的容忍度
fillna( )	用指定值或插值方法（如 ffill 或 bfill）填充缺失数据
isnull( )	返回一个含有布尔值的对象，这些布尔值表示了哪些值是缺失值/ NaN，该对象的类型与源类型相同
notnull( )	isnull 的否定式

表 8-6　与处理缺失数据相关的方法

8.6.1　检查缺失值

为了更容易检测缺失值，Pandas 提供了 isnull( )方法和 notnull( )方法，它们也是 Series 和 DataFrame 对象的方法。示例如下：

```
>>> import pandas as pd
>>> import numpy as np
>>> from pandas import Series,DataFrame
>>> df = DataFrame(np.random.randn(5, 3), index = ['a', 'c', 'e', 'f','h'], columns = ['one', 'two', 'three'])
>>> df = df.reindex(['a', 'b', 'c', 'd', 'e', 'f', 'g', 'h'])
>>> df['one'].isnull()
a     False
b      True
c     False
d      True
e     False
f     False
g      True
h     False
Name: one, dtype: bool
>>> df['one'].notnull()
a      True
b     False
c      True
d     False
e      True
f      True
g     False
h      True
Name: one, dtype: bool
```

8.6.2　清理/填充缺失值

Pandas 提供了各种方法来处理缺失值。fillna( )方法可以用非空数据"填充"缺失值。示例如下：

```
>>> import pandas as pd
>>> import numpy as np
>>> from pandas import Series,DataFrame
>>> df = pd.DataFrame(np.random.randn(3, 3), index = ['a', 'c', 'e'], columns = ['one', 'two', 'three'])
>>> df = df.reindex(['a', 'b', 'c'])
>>> df
        one        two        three
a -0.963024   -0.284216    -1.762598
```

```
b      NaN         NaN              NaN
c  0.677290    0.320812        -0.145247
>>> df.fillna(0)                      #用 0 填充缺失值
        one          two            three
a -0.963024    -0.284216        -1.762598
b  0.000000     0.000000         0.000000
c  0.677290     0.320812        -0.145247
>>> df.fillna(method = 'pad')         #填充时和前一行的数据相同
        one          two            three
a -0.963024    -0.284216        -1.762598
b -0.963024    -0.284216        -1.762598
c  0.677290     0.320812        -0.145247
>>> df.fillna(method = 'backfill')    #填充时和后一行的数据相同
        one          two            three
a -0.963024    -0.284216        -1.762598
b  0.677290     0.320812        -0.145247
c  0.677290     0.320812        -0.145247
```

我们也可以使用统计值对缺失值进行填充，如均值 mean( )、中位数 median( )、众数 most_frequent( )等，默认统计值是 mean( )，axis=0。示例如下：

```
>>> import pandas as pd
>>> frame = pd.DataFrame([[1,2,None],[3,None,None],[None,None,None],[4,5,None]])
>>> print(frame.fillna(frame.mean()))
          0     1     2
0  1.000000   2.0   NaN
1  3.000000   3.5   NaN
2  2.666667   3.5   NaN
3  4.000000   5.0   NaN
```

8.6.3 排除缺少的值

如果只想排除缺少的值，则使用 dropna( )方法和 axis 参数。默认情况下，axis = 0，即在行上应用，这意味着如果行内的任何值都缺失，那么整行将被排除。示例如下：

```
>>> import pandas as pd
>>> import numpy as np
>>> from pandas import Series,DataFrame
>>> df = DataFrame(np.random.randn(5, 3), index = ['a', 'c', 'e', 'f', 'h'], columns = ['one', 'two', 'three'])
>>> df = df.reindex(['a', 'b', 'c', 'd', 'e', 'f', 'g', 'h'])
>>> df
        one          two            three
a -0.249220    -0.003033        -0.615404
b      NaN          NaN              NaN
c  0.034787    -0.056103        -0.389375
d      NaN          NaN              NaN
e -0.453844     1.131537         0.273852
f -0.895511    -0.306457        -0.135208
g      NaN          NaN              NaN
h  0.701194     0.556521        -0.341591
>>> df.dropna()                       #默认情况下，axis = 0，即在行上应用
        one          two            three
a -0.249220    -0.003033        -0.615404
c  0.034787    -0.056103        -0.389375
e -0.453844     1.131537         0.273852
f -0.895511    -0.306457        -0.135208
```

```
h  0.701194          0.556521          -0.341591
>>> df.dropna(axis = 1)          #axis = 1时在列上应用
Empty DataFrame
Columns: []
Index: [a, b, c, d, e, f, g, h]
>>> #可以用一些具体的值取代一个通用的值
>>> df = DataFrame({'one':[1, 2, 3, 4, 5, 300], 'two':[200, 0, 3, 4, 5, 6]})
>>> df
   one  two
0    1  200
1    2    0
2    3    3
3    4    4
4    5    5
5  300    6
>>> df.replace({200:10,300:60})
   one  two
0    1   10
1    2    0
2    3    3
3    4    4
4    5    5
5   60    6
```

8.7　清洗格式内容

我们可以使用 Pandas 对数据格式内容进行清洗，比如，删除字符串中的空格、清洗大小写混用等。

8.7.1　删除字符串中的空格

数据的字符串前后或中间可能存在空格，如"北京"可能保存为"北 京"" 北京"或"北京 "等。数据空格主要指字符串的头部、尾部和中间的空格。Python 提供了 3 个去除字符串空格的内置函数，分别是①lstrip( )函数，功能是去掉字符串左边的空格或指定字符；②rstrip( )函数，功能是去掉字符串末尾的空格；③strip( )函数，功能是在字符串上执行 lstrip( )函数和 rstrip( )函数。

函数 map(function)将应用于 Series 对象中的每个元素，参数 function 是 Python 的函数名。删除字符串空格的示例如下：

```
>>> import pandas as pd
>>> frame = pd.DataFrame({"城市":pd.Series([" 北 京 ","上海 "," 深圳"]),\
                "面积":pd.Series([16410.54,6340.5,11946.88])})
>>> print(frame)
      城市       面积
0     北京    16410.54
1     上海     6340.50
2     深圳    11946.88
>>> print(frame["城市"].map(str.lstrip))    #去掉"城市"列的左边空格
0     北京
1     上海
2     深圳
```

```
Name: 城市, dtype: object
>>> print(frame["城市"].map(str.rstrip))
0        北京
1        上海
2        深圳
Name: 城市, dtype: object
>>> print(frame["城市"].map(str.strip))
0        北京
1        上海
2        深圳
Name: 城市, dtype: object
```

8.7.2　清洗大小写混用

英文字母的大小写混用会在数据分类汇总分析时导致错误。清洗大小写混用是数据清洗的必要步骤之一。Python 包含 4 个英文字符大小写转换的内置函数：①upper( )函数，功能是将小写字母转换为大写；②lower( )函数，功能是将大写字母转换为小写字母；③swapcase( )函数，功能是将大写字母转换为小写字母，小写字母转换为大写字母；④title( )函数，功能是返回"标题化"的字符串，就是所有单词都以大写字母开始，其余字母均为小写。示例如下：

```
>>> import pandas as pd
>>> frame = pd.DataFrame({"City":pd.Series(["Beijing","Shanghai","Shenzhen"]),\
            "Area":pd.Series([16410.54,6340.5,11946.88])})
>>> print(frame)
      City       Area
0  Beijing   16410.54
1  Shanghai   6340.50
2  Shenzhen  11946.88
>>> frame['City'] = frame['City'].map(str.upper)
>>> print(frame)
      City       Area
0  BEIJING   16410.54
1  SHANGHAI   6340.50
2  SHENZHEN  11946.88
```

8.8　综合实例

本节给出一些使用 Pandas 进行数据清洗的综合实例。在数据分析过程中，我们可结合 Matplotlib 库将数据以图表的形式可视化，以反映数据的各项特征。因此，在介绍具体实例之前，我们先了解 Matplotlib 的基本用法。

8.8.1　Matplotlib 的使用方法

Matplotlib 是 Python 中的一个绘图库，它提供了一整套和 MATLAB 相似的 API，十分适合交互式制图。用户也可以很方便地将它作为绘图控件嵌入图形用户界面（Graphics User Interface，GUI）应用程序。使用 Matplotlib 能够创建多种类型的图表，如折线图、条形图、直方图、饼图、散点图、堆叠图、3D 图等。

Python 安装好以后，默认是没有安装 Matplotlib 库的，需要单独安装。在终端中执行以下命令安装 Matplotlib 库：

```
$ pip install matplotlib
```

下面介绍如何使用 Matplotlib 绘制一些简单的图表。

首先使用以下命令导入 pyplot 模块：

```
>>> import matplotlib.pyplot as plt
```

接下来，我们调用 plot( )方法绘制一些坐标，命令如下：

```
>>> plt.plot([1,2,3],[4,8,5])
```

plot( )方法需要很多参数，但最主要的是前两个参数，分别表示 *x* 坐标和 *y* 坐标。例如，上面的命令中有两个列表[1,2,3]和[4,8,5]，表示生成了 3 个点(1,4)、(2,8)和(3,5)。

接着，我们使用以下命令把图表显示到屏幕上，如图 8-5 所示。

```
>>> plt.show()
```

下面画出两条折线，给每条折线起一个名字，并显示到屏幕上，具体命令如下，执行结果如图 8-6 所示。

```
>>> x = [1,2,3]                              #第 1 条折线的横坐标
>>> y = [4,8,5]                              #第 1 条折线的纵坐标
>>> x2 = [1,2,3]                             #第 2 条折线的横坐标
>>> y2 = [11,15,13]                          #第 2 条折线的纵坐标
>>> plt.plot(x, y, label = 'First Line')     #绘制第 1 条折线，其名称为"First Line"
>>> plt.plot(x2, y2, label = 'Second Line')  #绘制第 2 条折线，其名称为"Second Line"
>>> plt.xlabel('Plot Number')                #给横坐标轴添加名称
>>> plt.ylabel('Important var')              #给纵坐标轴添加名称
>>> plt.title('Graph Example\n Two lines')   #添加标题
>>> plt.legend()                             #添加图例
>>> plt.show()                               #显示到屏幕上
```

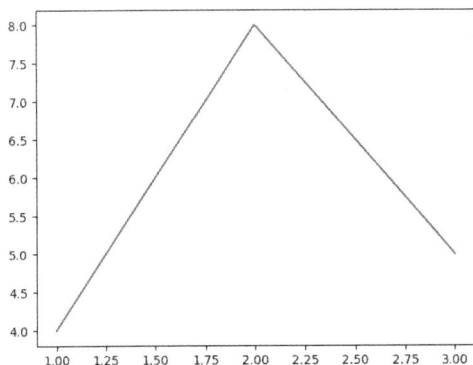

图 8-5　由 3 个点生成的折线图

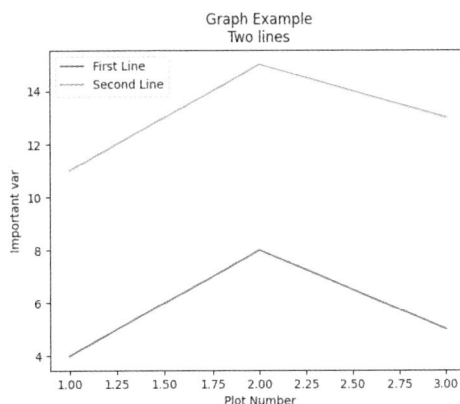

图 8-6　绘制两条折线

下面介绍条形图的绘制方法，示例如下，执行结果如图 8-7 所示。

```
>>> plt.bar([1,3,5,7,9],[6,3,8,9,2],label = "First Bar")          #第 1 个数据系列
>>> #下面的color='g'表示设置颜色为绿色
```

```
>>> plt.bar([2,4,6,8,10],[9,7,3,6,7],label="Second Bar",color='g')   #第 2 个数据系列
>>> plt.legend()                          #添加图例
>>> plt.xlabel('bar number')              #给横坐标轴添加名称
>>> plt.ylabel('bar height')              #给纵坐标轴添加名称
>>> plt.title('Bar Example\n Two bars!')  #添加标题
>>> plt.show()                            #显示到屏幕上
```

下面介绍直方图的绘制方法，示例如下，执行结果如图 8-8 所示。

```
>>> population_ages = [21,57,61,47,25,21,33,41,41,5,96,103,108,
    121,122,123,131,112,114,113,82,77,67,56,46,44,45,47]
>>> bins = [0,10,20,30,40,50,60,70,80,90,100,110,120,130]
>>> plt.hist(population_ages,bins,histtype = 'bar',rwidth = 0.8)
>>> plt.xlabel('x')
>>> plt.ylabel('y')
>>> plt.title('Graph Example\n Histogram')
>>> plt.show()    #显示到屏幕上
```

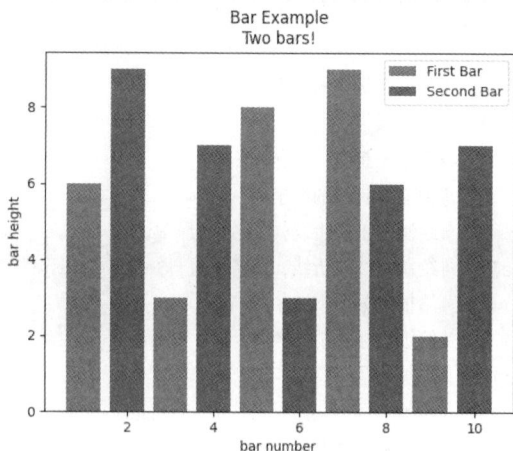

图 8-7　条形图

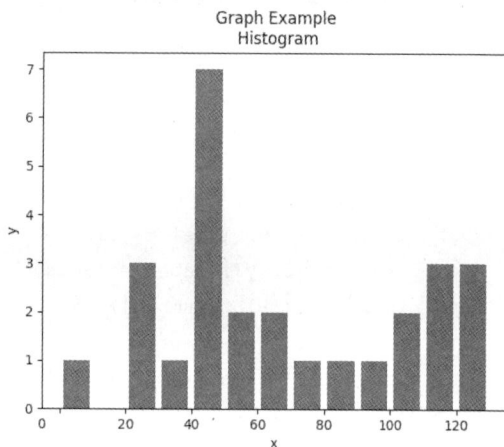

图 8-8　直方图

下面介绍饼图的绘制方法，具体示例如下，执行结果如图 8-9 所示。

```
>>> slices = [7,2,2,13]   #即 activities 分别占比 7/24,
2/24,2/24,13/24
>>> activities = ['sleeping','eating','working','
playing']
>>> cols = ['c','m','r','b']
>>> plt.pie(slices,
    labels = activities,
    colors = cols,
    startangle = 90,
    shadow = True,
    explode = (0,0.1,0,0),
    autopct = '%1.1f%%')
>>> plt.title('Graph Example\n Pie chart')
>>> plt.show()        #显示到屏幕上
```

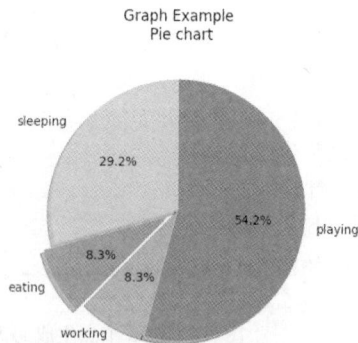

图 8-9　饼图

其他图表（如散点图、堆叠图等）的绘制方法由于后面的实例中不会用到，因此这里不做介绍，感兴趣的读者可以参考相关书籍或网络资料。

8.8.2　实例 1：对食品数据集进行基本操作

假设有一个关于食品信息的数据集 food_info.csv，下面利用这个数据集进行一些基本的数据分析操作，代码如下：

```
>>> import pandas
>>> food_info = pandas.read_csv("/home/hadoop/food_info.csv")
>>> #使用 head()方法读取前几行数据，参数为空时默认展示 5 行数据，可传入其他数字，如 4、9 等
>>> food_info.head()
>>> #使用 tail()方法从后向前读取后几行数据，参数为空时默认展示 5 行数据，可传入其他数字，如 4、9 等
>>> food_info.tail()
>>> #使用 columns 方法输出列名，以便了解每一列数据的含义
>>> food_info.columns
>>> #使用 shape 方法输出数据的维度，即一共有几行几列
>>> food_info.shape
>>> #也可以使用切片操作，例如，取第 3~5 行的数据
>>> food_info.loc[3:5]
>>> #也可以传入一个列表，例如，输出第 4、第 6、第 9 行的数据
>>> food_info.loc[[4,6,9]]
>>> #通过列名取一列数据
>>> food_info['Water_(g)']
>>> #通过几个列名取几列数据，参数是一个含有多个列名的列表
>>> food_info[['Water_(g)','Ash_(g)']]
>>> #找出以"(g)"结尾的列，取前 3 行数据并将其输出
>>> col_names = food_info.columns.tolist()
>>> gram_columns = []
>>> for i in col_names:
    if i.endswith("(g)"):
        gram_columns.append(i)
>>> gram_df = food_info[gram_columns]
>>> print(gram_df.head(3))
```

我们可以给 DataFrame 添加一列新的特征，在对某一列的数值进行一些简单的数学运算时，有可能得到一列新的特征。例如，某一列数据是以 mg 为单位的，现在我们想让该列数据以 g 为单位加入特征列。为此，我们继续执行以下代码：

```
>>> iron_gram = food_info["Iron_(mg)"]/1000
>>> food_info["Iron_(g)"] = iron_gram
>>> food_info.shape
>>> #对某一列进行归一化操作，例如，列中的每个元素都除以该列的最大值
>>> normalized_fat = food_info["Lipid_Tot_(g)"]/ food_info["Lipid_Tot_(g)"].max()
>>> print(normalized_fat)
```

我们还可以对某一列的值进行排序操作。调用 sort_values( )方法时，传入的参数是列名。inplace 属性决定是再产生一个新列，还是在原列基础上排序；ascending 属性决定是正序，还是倒序排列，默认为 True，正序排列。我们继续执行以下代码：

```
>>> food_info.sort_values("Sodium_(mg)",inplace = True, ascending = False)
>>> print(food_info['Sodium_(mg)'])
```

8.8.3 实例 2：对电影数据集进行清洗

假设有一个关于电影信息的数据集 netflix_titles.csv，下面利用这个数据集进行一些基本的数据清洗操作，代码如下：

```
>>> import numpy as np
>>> import pandas as pd
>>> #读取 CSV 文件
>>> netflix = pd.read_csv('/home/hadoop/netflix_titles.csv').iloc[:,:12]
>>> #显示前几行数据
>>> netflix.head()
  show_id ...                          description
0      s1 ... As her father nears the end of his life, filmm...
1      s2 ... After crossing paths at a party, a Cape Town t...
2      s3 ... To protect his family from a powerful drug lor...
3      s4 ... Feuds, flirtations and toilet talk go down amo...
4      s5 ... In a city of coaching centers known to train I...
[5 rows x 12 columns]
>>> #显示数据集大小
>>> netflix.shape
(7489, 12)
>>> #显示数据集的摘要信息
>>> netflix.info()
<class 'pandas.core.frame.DataFrame'>
RangeIndex: 7489 entries, 0 to 7488
Data columns (total 12 columns):
 #   Column        Non-Null Count   Dtype
---  ------        --------------   -----
 0   show_id       7489 non-null    object
 1   type          7489 non-null    object
 2   title         7489 non-null    object
 3   director      5119 non-null    object
 4   cast          6805 non-null    object
 5   country       6715 non-null    object
 6   date_added    7481 non-null    object
 7   release_year  7489 non-null    object
 8   rating        7486 non-null    object
 9   duration      7486 non-null    object
 10  listed_in     7489 non-null    object
 11  description   7485 non-null    object
dtypes: object(12)
memory usage: 702.2+ KB
>>> #检查数据集中每列的缺失值情况
>>> for i in netflix.columns:
        null_rate = netflix[i].isna().sum() / len(netflix) * 100
        if null_rate > 0 :
          print("{} null rate: {}%".format(i,round(null_rate,2)))

director null rate: 31.65%
cast null rate: 9.13%
country null rate: 10.34%
date_added null rate: 0.11%
rating null rate: 0.04%
```

```
duration null rate: 0.04%
description null rate: 0.05%
>>> #将 country 列中的空值用该列中出现最频繁的值进行替换
>>> netflix['country'] = netflix['country'].fillna(netflix['country'].mode()[0])
>>> #将空值用字符串'No Data'进行替换
>>> netflix['cast'].replace(np.nan, 'No Data', inplace = True)
>>> netflix['director'].replace(np.nan, 'No Data', inplace = True)
>>> #丢弃数据集中含有空值的行
>>> netflix.dropna(inplace = True)
>>> #丢弃数据集中的重复行
>>> netflix.drop_duplicates(inplace = True)
>>> #统计数据集中每列的缺失值数量
>>> netflix.isnull().sum()
show_id         0
type            0
title           0
director        0
cast            0
country         0
date_added      0
release_year    0
rating          0
duration        0
listed_in       0
description     0
dtype: int64
>>> #增加特征值
>>> #转换为日期时间格式
>>> netflix["date_added"] = pd.to_datetime(netflix['date_added'])
>>> #提取年份信息，并将结果存储在新列中
>>> netflix['year_added'] = netflix['date_added'].dt.year
>>> #查看添加新列后的数据
>>> netflix.head()
  show_id      type  ...                                description year_added
0      s1     Movie  ... As her father nears the end of his life, filmm...       2021
1      s2   TV Show  ... After crossing paths at a party, a Cape Town t...       2021
2      s3   TV Show  ... To protect his family from a powerful drug lor...       2021
3      s4   TV Show  ... Feuds, flirtations and toilet talk go down amo...       2021
4      s5   TV Show  ... In a city of coaching centers known to train I...       2021
[5 rows x 13 columns]
>>> #保存处理后的文件
>>> netflix.to_csv('/home/hadoop/netflix_data.csv', index = False)
```

8.8.4　实例 3：百度搜索指数分析

给定一个百度搜索指数表 baidu_index.xls，其包含 id、keyword、index、date 共 4 个字段，如图 8-10 所示，每行数据记录了某个关键词在某天被搜索的次数。例如，第 1 行数据的含义是，"缤智"这个关键词在 2018 年 12 月 1 日总共被搜索了 2699 次。要求计算出每个车型每个月的搜索指数（即一个月总共被搜索的次数）。

	A	B	C	D
1	id	keyword	index	date
2	1	缤智	2699	2018-12-1
3	2	缤智	2767	2018-12-2
4	3	缤智	2866	2018-12-3
5	4	缤智	2872	2018-12-4
6	5	缤智	2739	2018-12-5

图 8-10　百度搜索指数表

为了让 Pandas 能够顺利读取 Excel 表格文件，需要安装第三方库 xlrd 和 openpyxl。在终端中执行以下命令安装第三方库（如果此前已经安装，则不用重复安装）：

```
$ pip install xlrd
$ pip install openpyxl
```

打开百度搜索指数表 baidu_index.xls，我们会发现有以下问题需要处理。

（1）个别车型近期才有数据，之前没有数据，需要对缺失值进行处理。

（2）需要的结果是月份数据，但原始数据是按天给出的，需要对日期进行处理。

（3）对于原始数据中的 keyword 字段，为防止合并时因大小写问题而出现错误，需要进行统一处理。

我们在终端中执行以下代码：

```
>>> import numpy as np
>>> import pandas as pd
>>> index = pd.read_excel('/home/hadoop/baidu_index.xls')
>>> #处理缺失值
>>> index = index.fillna(0)
```

下面查看 date 字段的数据类型，代码如下：

```
>>> index['date'].head()
0    2018-12-01
1    2018-12-02
2    2018-12-03
3    2018-12-04
4    2018-12-05
Name: date, dtype: datetime64[ns]
```

从返回结果"dtype: datetime64[ns]"可以看出，date 字段的数据属于日期型。注意，如果这里不是日期型，而是字符串（这时返回的信息会是"dtype:object"），则必须使用 to_datetime( )函数进行转换。

下面对日期进行转换，只保留月份，代码如下：

```
>>> index['date']
0    2018-12-01
1    2018-12-02
2    2018-12-03
3    2018-12-04
4    2018-12-05
        ...
Name: date, Length: 6344, dtype: datetime64[ns]
>>> index['date'] = index['date'].dt.strftime('%B')
>>> index['date']
0    December
1    December
2    December
3    December
4    December
        ...
Name: date, Length: 6344, dtype: object
```

上面代码中使用了 DataFrame 列数据的 dt 接口，这个接口可以帮我们快速实现特定的功能。这里调用了 dt 接口下的 strftime( )函数，用于对日期进行格式化处理。格式化字符串'%B'表示返回月份的英文单词，例如，"一月"则返回"January"。

下面对 keyword 字段进行数据处理，删除字段中所有空格，并且把英文小写字母全部转化为大写字母，具体代码如下：

```
>>> index['keyword']
            ...
6339   T-cross
6340   T-cross
6341   T-cross
6342   T-cross
6343   T-cross
Name: keyword, Length: 6344, dtype: object
>>> index['keyword'] = index['keyword'].apply(lambda x: x.strip(' \r\n\t').upper())
>>> index['keyword']
            ...
6339   T-CROSS
6340   T-CROSS
6341   T-CROSS
6342   T-CROSS
6343   T-CROSS
Name: keyword, Length: 6344, dtype: object
```

下面根据 keyword 字段和 date 字段对搜索指数进行分类汇总，具体代码如下：

```
>>> new_index_mean = index.groupby(['keyword', 'date'])['index'].sum()
>>> new_index_mean
keyword        date
IX25           April       29144.0
               December    32422.0
               February    28511.0
               January     32204.0
               June          882.0
                             ...
雪铁龙 C3-XR    June          184.0
               March        9967.0
               May          6419.0
               November     6346.0
               October      7757.0
Name: index, Length: 234, dtype: float64
```

8.8.5　示例 4：B 站数据分析

1. 数据集获取

B 站提供了 API 以便相关应用的开发者获得每一期《每周必看》的视频数据。我们可以编写网络爬虫代码文件 bilibili_weekly.py 以获取数据，具体代码如下：

```
#bilibili_weekly.py
import requests
import time
import os
import json
from retry import retry
from fake_useragent import UserAgent

@retry()
def getWeek_json(url,json_path):
```

```
#随机 User-Agent
random_UA = UserAgent().random
#headers 信息，添加 User-Agent 和 cookies
headers = {
    "User-Agent": random_UA,
    "referer": "https://www.********.com/",
    "origin": "https://www.********.com/"
}
#获取响应，转为 JSON 格式并保存
response = requests.get(url = url,headers = headers,timeout = 10)
response_data = response.json()
with open(json_path,'w',encoding = 'utf-8') as f:
    json.dump(response_data,f,ensure_ascii = False)
#休眠，确保不会被反爬
time.sleep(1)


if __name__ == '__main__':
    #官方 api
    url = 'https://api.********.com/x/web-interface/popular/series/one?number={}'
    #爬虫数据存储路径
    data_folder = '/home/hadoop/bilibili-data'
    os.makedirs(data_folder,exist_ok = True)
    #开始爬虫
    for i in range(1,4):    #如果想爬取更多的数据，可以把 4 修改为更大的数值，最大值是 218
        URL = url.format(str(i))
        #每周数据存储路径
        json_fpath = os.path.join(data_folder,'week_{}.json'.format(str(i)))
        getWeek_json(URL,json_fpath)
```

上面代码使用了 requests 库发送请求，在发送请求时还添加了 headers 将其伪装为浏览器访问。但是，重复使用相同的 User-Agent 很容易被网站识别为爬虫程序，为此，我们借助 Python 的第三方模块 fake_useragent，在每一次发送请求时随机使用一个 UA（User-Agent），并且设置 retry 使每一次的代码等到成功运行当前数据的爬虫后才能进行下一步操作。爬取后的数据直接转换为 JSON 格式并被保存到"/home/hadoop/bilibili-data"目录下。

在执行上面代码之前，我们需要先在终端中执行以下命令安装依赖库：

```
$ pip install retry
$ pip install fake_useragent
```

然后，执行以下命令运行爬虫程序：

```
$ cd /home/hadoop #假设 bilibili_weekly.py 在该目录下
$ python3 bilibili_weekly.py
```

代码执行结束后，我们就可以看到"/home/hadoop/bilibili-data"目录下生成了 3 个文件，即 week_1.json、week_2.json 和 week_3.json。这 3 个文件就是我们要获取的数据集。

2. 数据清洗

数据清洗阶段包括有效数据的选择、异常数据与空白数据的处理、文本数据的处理等操作。

在进行数据清洗之前，我们需要先了解数据的结构。对于 JSON 格式的文件，我们可以通过在线工具查看其数据结构。打开 JSON 在线工具网页，如图 8-11 所示，把 week_1.json 的内容复制、粘贴到网页左侧区域内，然后单击"格式化"按钮，在网页右侧区域就会生成 JSON 视图，

单击 "+" 按钮可以展开查看数据细节。查看 week_1.json 的数据结构后可以发现，data 包括 3 个部分的信息，其中 config 包含这一期视频栏目的整体信息，如期数、时间等；config.name 记录每一个视频的所属期数；list 则包含这一期栏目每一个收录视频的具体情况，如视频的标题、描述及推荐理由。发布者的信息则包含在元素的 owner 部分，视频的观看次数、弹幕数、转发数等则包含在 stat 中。除了这些信息，其余数据在本实例中无意义，因此，对于单个 JSON 文件，选取上述几个字段，将有用的信息保存在 DataFrame 中。

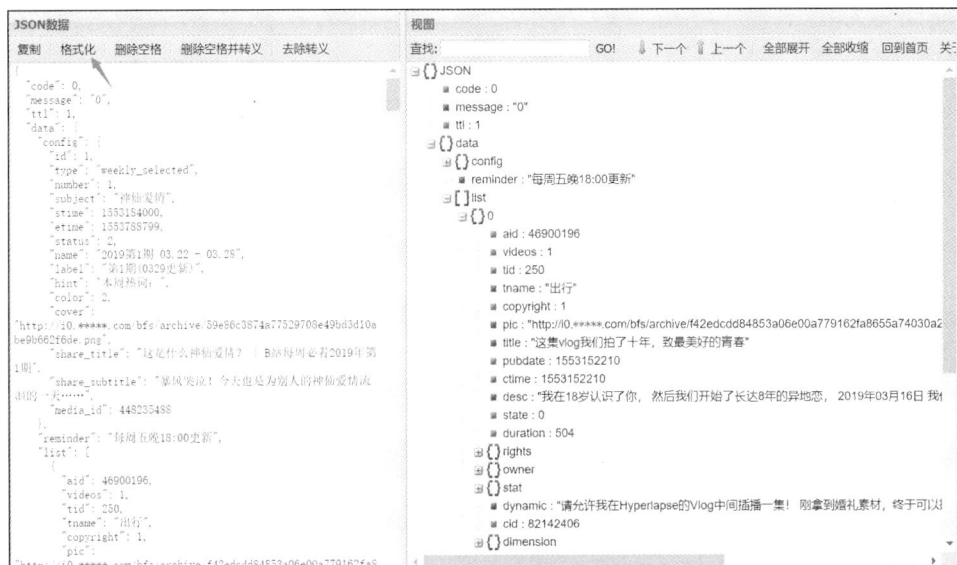

图 8-11　查看 JSON 数据结构

然后，我们可以进行异常数据的处理。首先删除包含空值的数据和重复的数据，其中，当 up 主名字和视频标题相同时，则视为重复；对于观看人数 view、弹幕数 danmaku、评论数 reply、收藏数 favorite、投币数 coin、分享次数 share、点赞人数 like、历史排名 his_rank 这些数据，如果小于等于 0，则被认为是异常数据；对于不喜欢的人数 dislike，如果超过 0，也被认为是异常数据，一并删除。删除上述数据之后，dislike 字段已无意义，故同样被删除。

此外，需要对文本数据进行处理。当入选栏目的某些视频描述 desc 和推荐理由 rcmd_reason 为空时，需要使用视频的标题对其进行填充，并且为了最后数据保存的规范性，对于一些特殊符号，如换行符、Tab 等，需要进行特殊处理。

对每一个文件（week_1.json、week_2.json 和 week_3.json）重复进行上述操作，并不断合并得到的 DataFrame，最后将数据去除表头，保存为文本文件，命名为 bilibili_week.txt。

实现上述数据清洗过程的代码文件 data_preprocess.py 的具体内容如下：

```
#data_preprocess.py
import os
from glob import glob
import json
import pandas as pd
from pandas import json_normalize
pd.set_option('display.max_rows', None)        #显示所有行
pd.set_option('display.max_columns', None)     #显示所有列
```

```python
        pd.set_option('display.width', None)            #不折叠单元格
        pd.set_option('display.max_colwidth', None)     #显示完整的单元格内容


    #对每一个 JSON 文件提取有用的数据
    def select_data(json_fpath):
        #选择有价值的数据
        #up: 视频发布者的名字
        #time: 所属的期数
        #title: 视频标题
        #desc: 视频简介
        #view: 观看人数
        #danmaku: 弹幕数
        #reply: 评论数
        #favorite: 收藏数
        #coin: 投币数
        #share: 分享次数
        #like: 点赞人数
        #dislike: 不喜欢的人数
        #rcmd_reason: 推荐理由
        #tname: 视频分区
        #his_rank: 历史排名
        key = ['up', 'time', 'title', 'desc', 'view', 'danmaku', 'reply', 'favorite', \
                'coin', 'share', 'like', 'dislike','rcmd_reason', 'tname', 'his_rank']
        _df = pd.DataFrame(columns = key)
        _week = pd.read_json(json_fpath)

        #获取每个必看视频的基本信息
        _base_info = pd.DataFrame(_week['data']['list'])
        _df[['tname', 'title', 'desc', 'rcmd_reason']] = _base_info[['tname', 'title',
'desc', 'rcmd_reason']]
        #获取 up 主的信息
        _owner = _base_info['owner'].values.tolist()
        _owner = pd.DataFrame(_owner)
        _df['up'] = _owner['name']
        #获取视频的播放信息
        _stat = _base_info['stat'].values.tolist()
        _stat = pd.DataFrame(_stat)
        _df[['view', 'danmaku', 'reply', 'favorite', 'coin', 'share', 'his_rank',
'like', 'dislike']] = \
                _stat[['view', 'danmaku', 'reply', 'favorite', 'coin', 'share', 'his_rank',
'like', 'dislike']]
        _df['time'] = _week['data']['config']['name']
        return _df


    def clean_data(dataframe):
        #删除包含空值的数据行
        dataframe.dropna(how = 'any', axis = 0, inplace = True)
        #删除重复的数据，其中，当视频标题与作者名称相同时，将被认为是数据重复
        dataframe = dataframe.drop_duplicates(subset = ['title', 'up'])
```

#删除异常数据，观看人数、弹幕数、评论数、点赞人数、投币数、分享次数、收藏数小于等于 0，不喜欢的
人数超过 0，则认为是数据异常

```python
incorrect_df = dataframe.loc[(dataframe['view'] <= 0) \
                            | (dataframe['danmaku'] <= 0) \
                            | (dataframe['reply'] <= 0) \
                            | (dataframe['favorite'] <= 0) \
                            | (dataframe['coin'] <= 0) \
                            | (dataframe['share'] <= 0) \
                            | (dataframe['like'] <= 0) \
                            | (dataframe['dislike'] > 0) \
                            | (dataframe['his_rank'] <= 0)]
```

#丢弃异常数据

```python
dataframe = dataframe.drop(incorrect_df.index)
```

#dislike 数据无意义，丢弃

```python
dataframe = dataframe.drop(columns = ['dislike'])
```

#处理简介为空的数据，使用该视频的标题进行填充

```python
desc_none = dataframe.loc[(dataframe['desc'] == '') | (dataframe['desc'] == '-')]
for i in range(desc_none.shape[0]):
    dataframe.loc[desc_none.index[i], 'desc'] = dataframe.loc[desc_none.index[i], 'title']
```

#处理推荐理由为空的数据，使用该视频的标题进行填充

```python
rcmd_reason_none = dataframe.loc[(dataframe['rcmd_reason'] == '') | (dataframe['rcmd_reason'] == '-')]
for i in range(rcmd_reason_none.shape[0]):
    dataframe.loc[rcmd_reason_none.index[i], 'rcmd_reason'] = dataframe.loc[rcmd_reason_none.index[i], 'title']
```

#对长文本进行处理

```python
dataframe['title'] = dataframe['title'].map(lambda x: x.replace(",", " "))
dataframe['desc'] = dataframe['desc'].map(lambda x: x.replace(",", " "))
dataframe['rcmd_reason'] = dataframe['rcmd_reason'].map(lambda x: x.replace(",", " "))
dataframe['title'] = dataframe['title'].map(lambda x: x.replace(";", " "))
dataframe['desc'] = dataframe['desc'].map(lambda x: x.replace(";", " "))
dataframe['rcmd_reason'] = dataframe['rcmd_reason'].map(lambda x: x.replace(";", " "))
dataframe['title'] = dataframe['title'].map(lambda x: x.replace("\n"," "))
dataframe['desc'] = dataframe['desc'].map(lambda x: x.replace("\n"," "))
dataframe['rcmd_reason'] = dataframe['rcmd_reason'].map(lambda x: x.replace("\n"," "))
dataframe['title'] = dataframe['title'].map(lambda x: x.replace("\r"," "))
dataframe['desc'] = dataframe['desc'].map(lambda x: x.replace("\r"," "))
dataframe['rcmd_reason'] = dataframe['rcmd_reason'].map(lambda x: x.replace("\r"," "))
dataframe['title'] = dataframe['title'].map(lambda x: x.replace("\t"," "))
dataframe['desc'] = dataframe['desc'].map(lambda x: x.replace("\t"," "))
dataframe['rcmd_reason'] = dataframe['rcmd_reason'].map(lambda x: x.replace("\t"," "))
return dataframe
```

#处理并合并所有的 JSON 文件

```python
def merge_data(json_data, save_path):
    key = ['up', 'time', 'title', 'desc', 'view', 'danmaku', 'reply', 'favorite', \
            'coin', 'share', 'like', 'dislike', 'rcmd_reason', 'tname', 'his_rank']
    df = pd.DataFrame(columns = key)
```

```
#依次处理每周的数据并进行合并
for each_json in json_data:
    _df = select_data(each_json)
    df = pd.concat([df, _df], ignore_index=True)
#进行数据处理
df = clean_data(df)
#保存为 txt 文件
df.to_csv(save_path, header = None, index = None, sep = '\t', mode = 'w')
if __name__ == '__main__':
    #读取所有的 JSON 数据
    json_data = glob(os.path.join('/home/hadoop/bilibili-data', '*.json'))
    #最后的数据保存路径
    save_dir = '/home/hadoop/bilibili_week.txt'
    #进行数据合并并存储为 TXT 文件
    merge_data(json_data, save_dir)
```

8.8.6 实例 5：电影评分数据分析

有一个电影评分数据集 IMDB-Movie-Data.csv，其包含电影标题、类型、导演、演员、上映年份、电影时长、评分、收入等信息，下面使用 Pandas、NumPy 和 Matplotlib 对该数据集进行分析，代码如下：

```
>>> import matplotlib.pyplot as plt
>>> import numpy as np
>>> import pandas as pd
>>> #读取数据
>>> movie = pd.read_csv("/home/hadoop/IMDB-Movie-Data.csv")
>>> #查看前 5 行数据
>>> movie.head()
>>> #求出电影评分的平均分
>>> movie['Rating'].mean()
```

下面要求出导演人数，由于导演可能重复，因此需要使用 np.unique( )方法进行数据去重，求出唯一值，然后使用 shape 方法获取导演人数。

```
>>> np.unique(movie['Director']).shape[0]
```

下面以直方图形式呈现电影评分的分布情况，具体代码如下，执行结果如图 8-12 所示。

```
>>> #创建画布
>>> plt.figure(figsize = (20, 8), dpi = 100)
>>> #绘制图像
>>> plt.hist(movie["Rating"].values, bins = 20)
>>> #添加刻度
>>> max_ = movie["Rating"].max()
>>> min_ = movie["Rating"].min()
>>> t1 = np.linspace(min_, max_, num = 21)
>>> plt.xticks(t1)
>>> #添加网格
>>> plt.grid()
>>> #显示
>>> plt.show()    #显示到屏幕上
```

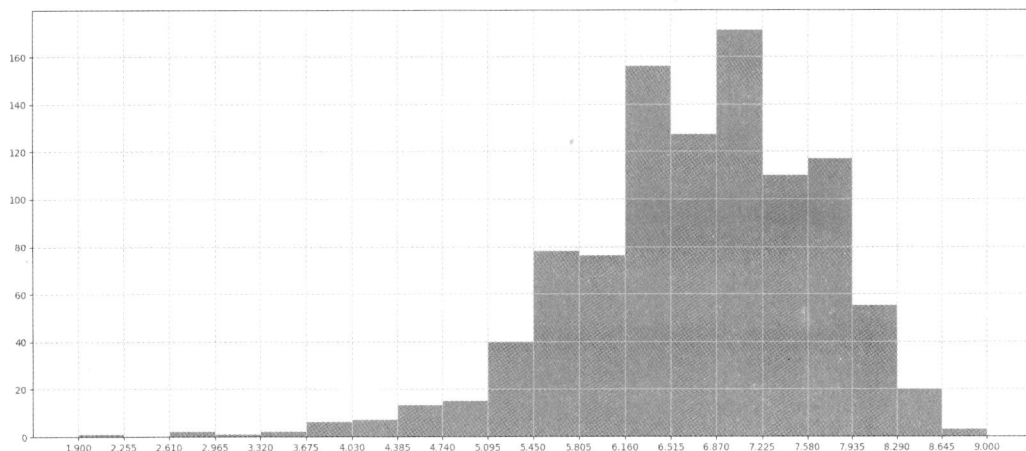

图 8-12　电影评分分布情况

下面以直方图形式呈现电影时长的分布情况，具体代码如下，执行结果如图 8-13 所示。

```
>>> #查看电影时长
>>> runtime_data = movie["Runtime (Minutes)"]
>>> #创建画布
>>> plt.figure(figsize = (20,8),dpi = 80)
>>> #求出最大值和最小值
>>> max_ = runtime_data.max()
>>> min_ = runtime_data.min()
>>> num_bin = (max_-min_)//5
>>> #绘制图像
>>> plt.hist(runtime_data,num_bin)
>>> #添加刻度
>>> plt.xticks(range(min_,max_+5,5))
>>> #添加网格
>>> plt.grid()
>>> plt.show()          #显示到屏幕上
```

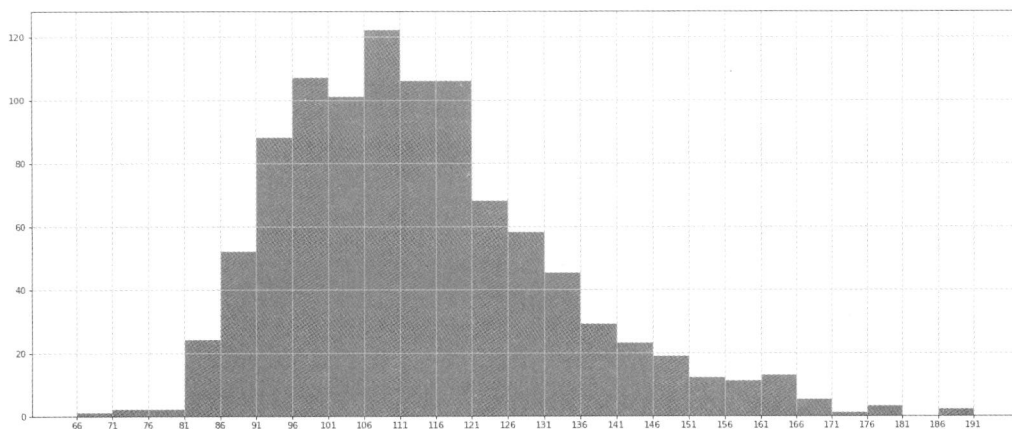

图 8-13　电影时长分布情况

下面继续求评分平均数、导演人数、演员人数，代码如下：

```
>>> #查看评分平均数
>>> movie["Rating"].mean()
>>> #查看导演人数
>>> np.unique(movie["Director"]).shape[0]
>>> len(set(movie["Director"].tolist()))
>>> #查看演员人数
>>> num = movie["Actors"].str.split(',').tolist()
>>> actor_nums = [j for i in num for j in i]
>>> len(set(actor_nums))
```

下面统计电影分类情况，代码如下：

```
>>> movie["Genre"].head()
0        Action,Adventure,Sci-Fi
1       Adventure,Mystery,Sci-Fi
2                 Horror,Thriller
3        Animation,Comedy,Family
4       Action,Adventure,Fantasy
Name: Genre, dtype: object
```

由于一部电影可能属于多个分类，因此统计每个分类中电影数量的基本思路：创建一个 DataFrame，取每一个分类名为列名，行填充为 0，当某部电影属于某个分类时，对应的 0 替换成 1，最后对每个列的 1 进行求和，就可以计算出每个分类的电影数量，如图 8-14 所示。

Genre		a	b	c	d	e	f	g
1	"b,c,d"	0	1	1	1	0	0	0
2	"c,e,f"	0	0	1	0	1	1	0
3	"a,b,g"	1	1	0	0	0	0	1
4	"d,e,f"	0	0	0	1	1	1	0
5	"a,c,f"	1	0	1	0	0	1	0

图 8-14 统计每个分类中电影数量的思路

具体代码如下：

```
>>> #将'Genre'转化为列表
>>> temp_list = [i for i in movie['Genre']]
>>> #去除分隔符，变成二维数组
>>> temp_list = [i.split(sep = ',') for i in movie['Genre']]
>>> #提取二维数组中的元素
>>> [i for j in temp_list for i in j]
>>> #去重，得到所有电影类别
>>> array_list = np.unique([i for j in temp_list for i in j])
>>> #创建一个全为 0 的 DataFrame，列索引置为电影的分类
>>> array_list.shape
>>> movie.shape
>>> np.zeros((movie.shape[0], array_list.shape[0]))
>>> genre_zero = pd.DataFrame(np.zeros((movie.shape[0], array_list.shape[0])),
        columns = array_list,
        index = movie["Title"])
>>> #遍历每一部电影，在 DataFrame 中把分类出现的列的值置为 1
>>> for i  in range(movie.shape[0]):
genre_zero.iloc[i, genre_zero.columns.get_indexer(temp_list[i])] = 1
>>> genre_zero
>>> #对每个分类求和
>>> genre_zero.sum(axis = 0)
>>> #排序、画图
```

```
>>> new_zeros = genre_zero.sum(axis = 0)
>>> new_zeros
>>> genre_count = new_zeros.sort_values(ascending = False)
>>> x_ = genre_count.index
>>> y_ = genre_count.values
>>> plt.figure(figsize = (20,8),dpi = 80)
>>> plt.bar(range(len(x_)),y_,width = 0.4,color = "orange")
>>> plt.xticks(range(len(x_)),x_)
>>> plt.show()        #显示到屏幕上
```

代码执行结果如图 8-15 所示。

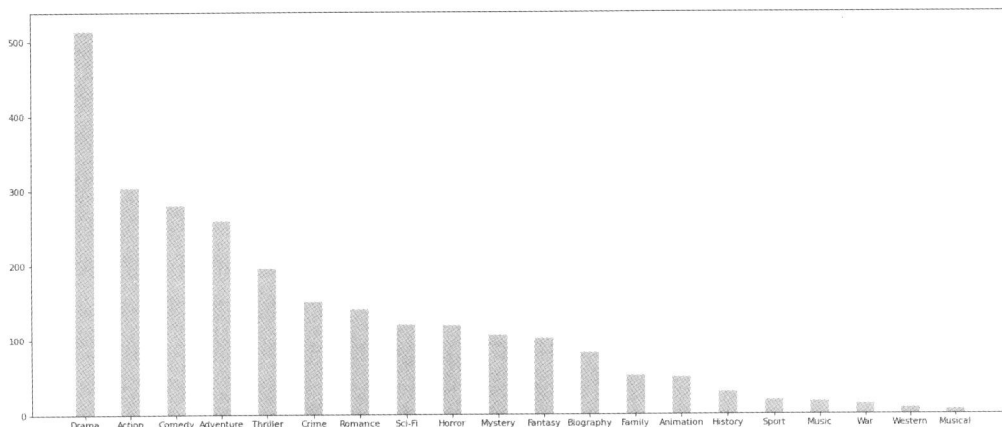

图 8-15　每个分类电影数量分布情况代码执行结果

8.8.7　实例 6：App 行为数据预处理

信用评分实际上是对借贷申请人做一个风险评估。在当今大数据时代，信用评分被广泛应用于金融风控领域，金融机构通过对客户进行风险评估来做出相应的决策。同时，以金融服务为主的应用程序（Application，App）的受众面不断扩大，App 服务不仅涵盖资金交易、理财、信贷等各种金融场景，还延伸到门票、电影票、出行、资讯等非金融场景。本实例将展示如何使用 Pandas 对 App 行为数据集进行清洗，以便将其用于后续的数据分析环节。

1．数据集

该 App 行为数据集包含 3 个表，分别是用户标签表（tag.csv）、交易行为表（tradition.csv）和 App 行为表（behavior.csv）。这 3 个表可以从本书官网"下载专区"的"数据集"目录中下载。表 8-7、表 8-8 和表 8-9 分别给出了这 3 个表的字段信息。

表 8-7　　　　　　　　　　　　用户标签表的字段信息

字段名称	说明
Id	用户标识
flag	目标变量
cur_debit_cnt	持有招行借记卡张数
cur_credit_cnt	持有招行信用卡张数
cur_debit_min_opn_dt_cnt	持有招行借记卡天数
cur_credit_min_opn_dt_cnt	持有招行信用卡天数

字段名称	说明
cur_debit_crd_lvl	招行借记卡持卡最高等级代码
hld_crd_card_grd_cd	招行信用卡持卡最高等级代码
crd_card_act_ind	信用卡活跃标识
l1y_crd_card_csm_amt_dlm_cd	最近一年信用卡消费金额分层
atdd_type	信用卡还款方式
perm_crd_lmt-_cd	信用卡永久信用额度分层
age	年龄
gdr_cd	性别
mrg_situ_cd	婚姻状况
edu_deg_cd	教育程度
acdm_deg_cd	学历
deg_cd	学位
job_year	工作年限
ic_ind	工商标识
fr_or_sh_ind	法人或股东标识
dnl_mbl_bnk_ind	下载并登录招行 App 标识
dnl_bind_cmb_lif_ind	下载并绑定掌上生活标识
hav_car_grp_ind	有车一族标识
hav_hou_grp_ind	有房一族标识
l6mon_agn_ind	近 6 个月代发工资标识
frs_agn_dt_cnt	首次代发工资距今天数
vld_rsk_ases_ind	有效投资风险评估标识
fin_rsk_ases_grd_cd	用户理财风险承受能力等级代码
confirm_rsk_ases_lvl_typ_cd	投资强风评等级类型代码
cust_inv_rsk_endu_lvl_cd	用户投资风险承受级别
l6mon_daim_aum_cd	近 6 个月月日均资产管理规模分层
tot_ast_lvl_cd	总资产级别代码
pot_ast_lvl_cd	潜力资产等级代码
bk1_cur_year_mon_avg_agn_amt_cd	本年月均代发金额分层
l12mon_buy_fin_mng_whl_tms	近 12 个月理财产品购买次数
l12_mon_fnd_buy_whl_tms	近 12 个月基金购买次数
l12_mon_insu_buy_whl_tms	近 12 个月保险购买次数
l12_mon_gld_buy_whl_tms	近 12 个月黄金购买次数
loan_act_ind	贷款用户标识
pl_crd_lmt_cd	个贷授信总额度分层
ovd_30d_loan_tot_cnt	30 天以上逾期贷款的总笔数
his_lng_ovd_day	历史贷款最长逾期天数

表 8-8　　　　　　　　　　　　　交易行为表的字段信息

字段名称	说明
Id	用户标识
flag	目标变量
Dat_Flg1_Cd	交易方向
Dat_Flg3_Cd	支付方式
Trx_Cod1_Cd	收支一级分类代码
Trx_Cod2_Cd	收支二级分类代码
trx_tm	交易时间
cny_trx_amt	交易金额

表 8-9　　　　　　　　　　　　　App 行为表的字段信息

字段名称	说明
Id	用户标识
flag	目标变量
page_no	页面编码
page_tm	访问时间

在本实例中，需要预测的量就是字段 flag，flag 为 1 即评估通过，为 0 即评估不通过，所以这是一个二分类问题。

2．探索性数据分析

在数据挖掘之前进行数据初探是很有必要的。通过探索性分析建立对数据的初步直观感受，有助于制订更加清晰的分析步骤和选用更好的分析方案。

本实例所利用的工具主要是 Python，运用到的第三方依赖库主要是 NumPy、Pandas、Matplotlib 等。如果此前没有安装这些第三方库，则需要在终端中执行以下命令安装这些第三方依赖库（假设已经安装了 Python 3.x）：

```
$ pip install numpy
$ pip install pandas
$ pip install matplotlib
```

使用下面的命令可以查看已经安装的第三方依赖库的信息：

```
$ pip list
```

首先导入所需的包，代码如下：

```
>>> import numpy as np
>>> import pandas as pd
>>> import matplotlib.pyplot as plt
>>> from datetime import datetime
>>> import time
```

读取文件，将表中数据读入 Pandas 的 DataFrame 以便分析，代码如下：

```
>>> tag = pd.read_csv("/home/hadoop/tag.csv")
>>> trd = pd.read_csv("/home/hadoop/tradition.csv")
>>> beh = pd.read_csv("/home/hadoop/behavior.csv")
```

下面利用 Pandas 中的 info( )函数来查看数据的大概情况，代码如下：

```
>>> #tag 数据
>>> tag.info()
<class 'pandas.core.frame.DataFrame'>
RangeIndex: 39923 entries, 0 to 39922
Data columns (total 43 columns):
 #Column                     Non-Null Count    Dtype
---  ------                   --------------    -----
 0   id                       39923 non-null    object
 1   flag                     39923 non-null    int64
 2   gdr_cd                   39923 non-null    object
 3   age                      39923 non-null    int64
 4   mrg_situ_cd              39923 non-null    object
 5   edu_deg_cd               27487 non-null    object
 6   acdm_deg_cd              39922 non-null    object
 7   deg_cd                   18960 non-null    object
 8   job_year                 39923 non-null    object
 9   ic_ind                   39923 non-null    object
...
 35  l1y_crd_card_csm_amt_dlm_cd  39923 non-null  object
 36  atdd_type                16266 non-null    object
 37  perm_crd_lmt_cd          39923 non-null    int64
...
dtypes: int64(11), object(32)
memory usage: 13.1+ MB
>>> #trd 数据
>>> trd.info()
<class 'pandas.core.frame.DataFrame'>
RangeIndex: 1367211 entries, 0 to 1367210
Data columns (total 8 columns):
 #   Column       Non-Null Count      Dtype
---  ------       --------------      -----
 0   id           1367211 non-null    object
 1   flag         1367211 non-null    int64
 2   Dat_Flg1_Cd  1367211 non-null    object
 3   Dat_Flg3_Cd  1367211 non-null    object
 4   Trx_Cod1_Cd  1367211 non-null    int64
 5   Trx_Cod2_Cd  1367211 non-null    int64
 6   trx_tm       1367211 non-null    object
 7   cny_trx_amt  1367211 non-null    float64
dtypes: float64(1), int64(3), object(4)
memory usage: 83.4+ MB
>>> #beh 数据
>>> beh.info()
<class 'pandas.core.frame.DataFrame'>
RangeIndex: 934282 entries, 0 to 934281
Data columns (total 4 columns):
 #   Column   Non-Null Count     Dtype
---  ------   --------------     -----
 0   id       934282 non-null    object
 1   flag     934282 non-null    int64
 2   page_no  934282 non-null    object
 3   page_tm  934282 non-null    object
dtypes: int64(1), object(3)
memory usage: 28.5+ MB
```

从上面的结果可以看出，tag 表中有 edu_deg_cd、acdm_deg_cd、deg_cd 和 atdd_type 共 4 个字段存在缺失值。在后面的数据预处理中，我们需要对其进行填补操作。

下面查看用户在各表中的信息，代码如下：

```
>>> total = tag.shape[0]    #shape[0]用于获取数据的行数
>>> total
39923
>>> tradition_total = trd.groupby('id').count().shape[0]
>>> tradition_total
31993
>>> behavior_total = beh.groupby('id').count().shape[0]
>>> behavior_total
11913
>>> print(tradition_total/total)    #大约 80%的用户有交易记录
0.80   13676326929339
>>> print(behavior_total/total)     #大约 30%的用户有 App 行为记录
0.29   83994188813466
```

上面的代码中，shape[0]是 Pandas 的常用函数，用来获取 DataFrame 的行数。

接下来，我们将交易数据进行可视化，代码如下：

```
>>> x = ['total','tradition_total','behavior_total']
>>> y = [total,tradition_total,behavior_total]
>>> plt.figure(figsize = (8,8))
<Figure size 800x800 with 0 Axes>
>>> plt.bar(x,y,width = 0.3)
<BarContainer object of 3 artists>
>>> plt.show()    #在屏幕上显示
```

执行结果如图 8-16 所示。

通过上面的分析可以发现，有部分用户是没有交易记录和 App 行为记录的。大约 80%的用户有交易记录，大约 30%的用户有 App 行为记录。由于 App 行为表中的缺失值太多，因此在后面的数据挖掘中不将该表加入特征。

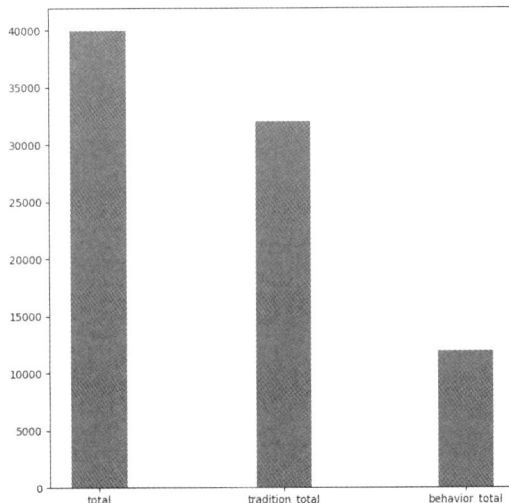

图 8-16　交易数据可视化代码执行结果

3. 数据预处理

数据预处理主要是对数据进行清洗，如处理缺失值、重复值、异常值、类型转换以及分桶处理等。

（1）tag 表数据预处理

① 对 age 特征进行分桶处理

这里先编写一个可以反映各特征情况的柱状图的函数，来帮助我们更加直观地观察分析数据。

```
>>> #用柱状图统计各特征情况
>>> def feature_bar(feature,data,figsize=(8,8)):
      feat_data=data[feature].value_counts()
      plt.figure(figsize=figsize)
      plt.bar(feat_data.index.values,feat_data.values,color='red',alpha=0.5)
      plt.title('value_counts of '+feature)
      plt.ylabel('counts')
      plt.xlabel('value')
      plt.show()
```

调用时需要使用 feature_bar('特征名',数据表)。例如，要查看 tag 表中 age 特征的情况，可以使用以下语句：

```
>>> feature_bar('age',tag)
```

执行这条语句会生成如图 8-17 所示的效果图。

从图 8-17 可以看出，用户年龄主要分布在 30～40 岁。

在 tag 表中，age 特征是连续值。为了方便后面的分析，这里对其进行分桶处理。虽然这里没有缺失值，但是与连续值相比，离散值能降低数据的复杂度，在训练过程中能提升模型的运算速度，且在加减特征中操作较容易，模型也不会因为特征的小幅度变动而有较大的波动，总体来说输出会更加稳定。

下面对 age 特征进行分桶处理，代码如下：

```
>>>  #对年龄段做分桶处理
>>> bins=[i*10 for i in range(1,10)]
>>> group_names=['[10,20)','[20,30)','[3
0,40)','[40,50)','[50,60)', '[60,70)',' [70,
80)','[80,90]']
>>> catagories=pd.cut(tag['age'],bins,labels=group_names)
>>> tag['age']=catagories
```

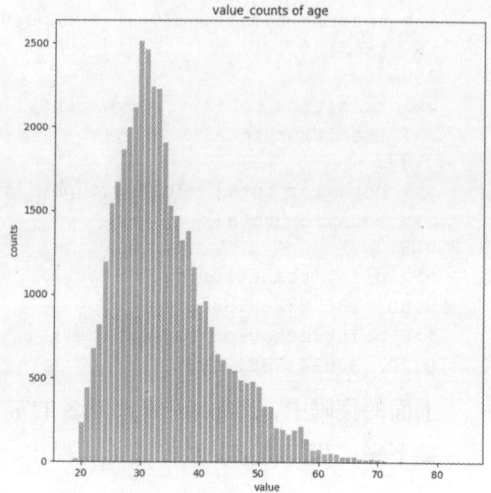

图 8-17　age 值的分布代码执行效果图

这里将 age 特征按照 10～90 岁平均每 10 岁分一次，原因是 age 的最大值、最小值分别为 84 和 19，所以总共分成 8 个桶。

② 填补缺失值

在前面的探索性数据分析中我们已经知道，tag 表有 4 个字段是存在缺失值的，分别是 edu_deg_cd、acdm_deg_cd、deg_cd 和 atdd_type。下面通过观察这 4 个字段具体的取值情况来决定如何填补缺失值。

```
>>>   #查看有缺失值的字段的情况
>>> print(tag['edu_deg_cd'].value_counts())
F     6917
C     6695
B     6672
K     2312
Z     2097
G      953
A      889
\N     736
~      108
M       54
L       33
D       20
J        1
Name: edu_deg_cd, dtype: int64
>>> tag['acdm_deg_cd'].value_counts()
G     13267
31    10419
30     8229
Z      4469
F      1635
C      1064
\N      736
D      103
Name: acdm_deg_cd, dtype: int64
>>> print(tag['deg_cd'].value_counts())
~     17050
\N      736
A      543
```

```
B       332
Z       171
C       118
D        10
Name: deg_cd, dtype: int64
>>> feature_bar('edu_deg_cd',tag)
>>> feature_bar('acdm_deg_cd',tag)
>>> feature_bar('deg_cd',tag)
>>> feature_bar('atdd_type',tag)
```

上 述 代 码 中 ， feature_bar('edu_deg_cd',tag) 、 feature_bar('acdm_deg_cd',tag) 、 feature_bar ('deg_cd',tag)和 feature_bar('atdd_type',tag)这 4 条语句生成的图形分别如图 8-18～图 8-21 所示。

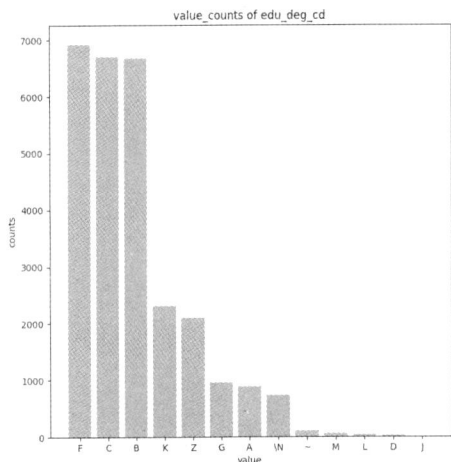

图 8-18　feature_bar('edu_deg_cd',tag)语句生成的图形

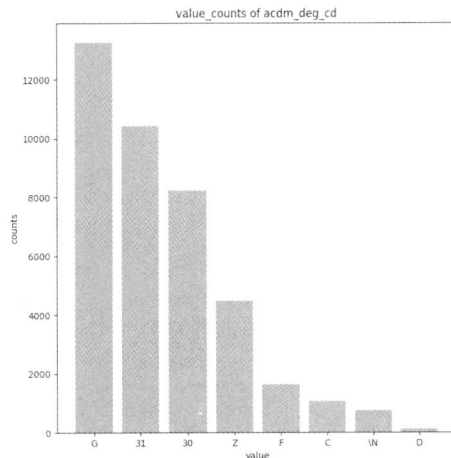

图 8-19　feature_bar('acdm_deg_cd',tag)语句生成的图形

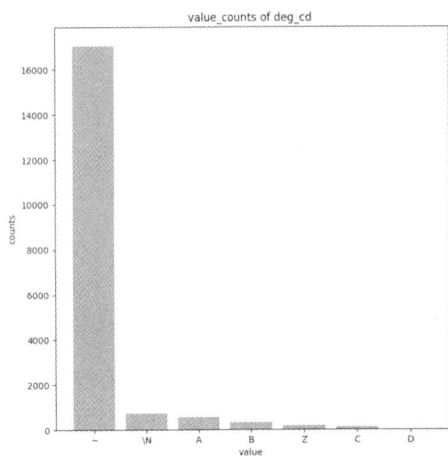

图 8-20　feature_bar('deg_cd',tag)语句生成的图形

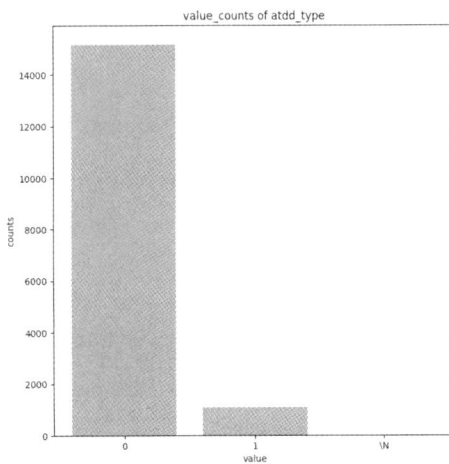

图 8-21　feature_bar('atdd_type',tag)语句生成的图形

了解缺失值的基本情况后，下面我们选用常规的方法来填补缺失值。具体代码如下：

```
>>> tag['edu_deg_cd'].fillna('~',inplace=True)
>>> tag['acdm_deg_cd'].fillna(r'\N',inplace=True)
>>> tag['deg_cd'].fillna('~',inplace=True)
>>> tag['atdd_type'].fillna(r'\N',inplace=True)
```

③ 对特征根据具体情况进行类型转换及值转换

    类型转换大致分为两种：转 int 类型与转 str 类型。对于数据集中的等级代码或连续型字段，如持卡天数、持卡张数、风险级别等字段，这里将其转为 int 类型；而一些类别型字段，如学历、学位、性别等，则转为 str 类型。转 int 类型时要根据每个字段值的分布情况决定\N 是替换为 0，还是-1。例如，字段'frs_agn_dt_cnt'若要将空值区分出来，则\N 最好替换为 0，因为原本的数据分布有-1，而 0 相对较少，所以这里选择增加一个新的特征值 0 来区分空值。根据这个思路，对转 int 类型的数值进行重新处理，而对 str 类型的处理，则是直接转换即可。

```
>>> #对int类型特征的\N进行处理，原则是不影响原来的比例，将\N当作一个新的类型
>>> #columns1将\N转成0是因为字段本身有特殊的值-1，需要将\N与-1区分开来
>>> columns1=['frs_agn_dt_cnt','fin_rsk_ases_grd_cd','confirm_rsk_ases_lvl_typ_cd',
        'cust_inv_rsk_endu_lvl_cd','tot_ast_lvl_cd','pot_ast_lvl_cd','hld_crd_card_grd_cd']
>>> for i in columns1:
    tag[i].replace({r'\N':0},inplace=True)
    #转int类型
    tag[i]=tag[i].astype(int)
>>> #columns2将\N转成-1，思路其实一样，是为了将\N与数据区分开来，因为字段里有表示数字的0，故将
\N转为-1
>>> columns2=['job_year','l12mon_buy_fin_mng_whl_tms',
'l12_mon_fnd_buy_whl_tms','l12_mon_insu_buy_whl_tms',
'l12_mon_gld_buy_whl_tms','ovd_30d_loan_tot_cnt',
'his_lng_ovd_day','l1y_crd_card_csm_amt_dlm_cd']
>>> for i in columns2:
    tag[i].replace({r'\N':-1},inplace=True)
    #转int类型
    tag[i]=tag[i].astype(int)
>>> #转str类型
>>> columns3=['gdr_cd','mrg_situ_cd','edu_deg_cd','acdm_deg_cd','deg_cd',
        'ic_ind','fr_or_sh_ind','dnl_mbl_bnk_ind','dnl_bind_cmb_lif_ind',
        'hav_car_grp_ind','hav_hou_grp_ind','l6mon_agn_ind','vld_rsk_ases_ind',
        'loan_act_ind','crd_card_act_ind','atdd_type','age']
>>> for i in columns3:
    #转str类型
    tag[i]=tag[i].astype(str)
```

最后，保存经过预处理的 tag 表数据，代码如下：

```
>>> #保存补充缺失值后的数据
>>> completed_tag=tag
>>> completed_tag.to_csv("/home/hadoop/completed_tag.csv")
```

（2）trd 表数据预处理

trd 表主要记录的是用户近 60 天的交易记录，这里将交易时间具体展开，便于后面的特征提取，代码如下：

```
>>> #对交易时间trx_tm特征进行提取，提取出年、月、日等信息
>>> trd['date']=trd['trx_tm'].apply(lambda x: x[0:10])
>>> trd['month']=trd['trx_tm'].apply(lambda x: int(x[5:7]))
>>> trd['day_1']=trd['trx_tm'].apply(lambda x: int(x[8:10]))
>>> trd['hour']=trd['trx_tm'].apply(lambda x: int(x[11:13]))
>>> trd['trx_tm']=trd['trx_tm'].apply(lambda x: datetime.strptime(x, '%Y-%m-%d %H:
%M: %S'))
>>> trd['day']=trd['trx_tm'].apply(lambda x: x.dayofyear)
>>> trd['weekday']=trd['trx_tm'].apply(lambda x: x.weekday())
```

```
>>> trd['isWeekend']=trd['weekday'].apply(lambda x: 1 if x in [5, 6] else 0)
>>> trd['trx_tm']=trd['trx_tm'].apply(lambda x: int(time.mktime(x.timetuple())))
```

这里主要运用了 datetime 类的一些功能将交易时间具体展开，生成了很多具体的特征。其中，day_1 字段只截取了该日期中"日"的数字，而 day 字段则生成该时间是当年的第几天，所以我们需要将二者区分开来。

最后，保存经过预处理的 trd 表数据，代码如下：

```
>>> #保存补充后的数据，用于数据分析
>>> completed_trd=trd
>>> completed_trd.to_csv("/home/hadoop/completed_trd.csv")
```

8.9　本章小结

Pandas 是基于 NumPy 的一种工具，该工具是为数据分析任务而创建的。它是使 Python 成为强大而高效的数据分析环境的重要因素之一。本章首先介绍了 Series 和 DataFrame 这两种数据结构；然后介绍了 Pandas 的一些基本功能，包括数据拆分与合并、重新索引，丢弃指定轴上的项，索引、选取和过滤，算术运算，函数应用和映射，排序和排名等；接下来介绍了与描述统计相关的函数，以及唯一值、值计数、成员资格等，并且介绍了缺失数据的处理；最后通过 6 个综合实例展示了 Pandas 的应用方法。

8.10　习题

1. 请阐述 Pandas 的具体功能。
2. Pandas 提供了 DataFrame( )函数来构建 DataFrame，可以输入给 DataFrame 构造器的数据类型有哪些？
3. 增加 Series 的索引个数时，如果新增加的索引值不存在，则默认值是多少？
4. DataFrame 的 apply( )函数，第二个参数 axis=0 和 axis=1 分别表示什么？
5. DataFrame 的 shape( )函数有什么功能？
6. DataFrame 的 cut( )函数有什么功能？
7. Pandas 中与处理缺失值相关的方法有哪些？

实验 6　Pandas 数据清洗初级实践

一、实验目的

（1）掌握 Series 和 DataFrame 的创建方法。

（2）熟悉 Pandas 数据清洗和数据分析的常用操作方法。

（3）掌握使用 Matplotlib 库画图的基本方法。

二、实验平台

（1）操作系统：Ubuntu 22.04。

（2）Python 版本：3.10.12。

（3）Python 第三方依赖库：Pandas 和 Matplotlib。

三、实验内容

1. 基础练习

（1）根据列表["Python","C","Scala","Java","GO","Scala","SQL","PHP","Python"]创建一个变量名为 language 的 Series。

（2）创建一个由随机整数组成的 Series，要求长度与 language 相同，变量名为 score。

（3）根据 language 和 score 创建一个 DataFrame。

（4）输出该 DataFrame 的前 4 行数据。

（5）输出该 DataFrame 中 language 字段值为 Python 的行。

（6）将 DataFrame 按照 score 字段的值进行升序排序。

（7）统计 language 字段中每种编程语言出现的次数。

2. 酒类消费数据

有一个某段时间内各国的酒类消费数据表（drinks.csv），其包含 6 个字段。表 8-10 列出了该表中的字段信息。

表 8-10　　　　　　　　　　　　酒类消费数据表的字段信息

字段名称	说明
country	国家
beer_servings	啤酒消费量
spirit_servings	烈酒消费量
wine_servings	红酒消费量
total_litres_of_pure_alcohol	纯酒精消费总量
continent	所在的洲

请完成以下任务。

（1）用 Pandas 将酒类消费数据表中的数据读取为 DataFrame，输出包含缺失值的行。

（2）在使用 read_csv( )函数读取酒类消费数据表时（除文件地址外，不添加额外的参数），Pandas 将 continent 字段中的 "NA"（代表北美洲，North American）自动识别为 "NaN"。因此，请将 continent 字段中的 "NaN" 全部替换为 "NA"。

（3）分别输出各洲的啤酒、烈酒和红酒的平均消费量。

（4）分别输出啤酒、烈酒和红酒消费量最高的国家。

3. 游戏币的历史价格

给定某游戏币 2014 年 9 月 17 日至 2021 年 3 月 1 日的历史价格表(DOGE-USD.csv)，该表包含 6 个字段，表 8-11 列出了该表中的字段信息。

表 8-11　　　　　　　　　　某游戏币历史价格表的字段信息

字段名称	说明
Date	日期
Open	当天的开售价格
High	当天的最高价格
Low	当天的最低价格
Close	当天的最后价格
Volume	当天的成交量

请完成以下任务。

（1）用 Pandas 将历史价格表中的数据读取为 DataFrame，并查看各列的数据类型。在读取数据时，Pandas 是否将表中的日期字段自动读取为日期型？若否，则将其转换为日期型。

（2）该 DataFrame 中是否存在缺失值？若是，则输出数据缺失的日期，并用前一交易日的数据填充缺失值。

（3）分别输出该游戏币价格的最高值与最低值，以及达到最高值与最低值的日期。

（4）画出该游戏币每天最高价格的折线图（横轴为日期）。

（5）画出该游戏币成交量的折线图（横轴为日期）。由于成交量字段中的数据数量级变化较大，直接画图难以体现其变化趋势，因此请尝试画出更直观的成交量折线图（提示：取对数）。

四、实验报告

"数据采集与预处理"课程实验报告

题目：	姓名：	日期：

实验环境：

实验内容与完成情况：

出现的问题：

解决方案（列出已解决的问题和解决办法，并列出没有解决的问题）：

[1] 明日科技. Python：从入门到精通[M]. 北京：清华大学出版社，2018.

[2] 董付国. Python 程序设计基础[M]. 2 版. 北京：清华大学出版社，2018.

[3] 王珊，萨师煊. 数据库系统概论[M]. 5 版. 北京：高等教育出版社，2014.

[4] 埃里克·马瑟斯. Python 编程：从入门到实践[M]. 袁国忠，译. 2 版. 北京：人民邮电出版社，2020.

[5] 明日科技，李磊，陈风. Python 网络爬虫：从入门到实践[M]. 长春：吉林大学出版社，2020.

[6] CHEN D Y. Python 数据分析：活用 Pandas 库[M]. 武传海，译. 北京：人民邮电出版社，2020.

[7] 牟大恩. Kafka 入门与实践[M]. 北京：人民邮电出版社，2017.

[8] 埃斯特达拉. Apache Kafka 2.0 入门与实践[M]. 张华臻，译. 北京：清华大学出版社，2019.

[9] 郑奇煌. Kafka 技术内幕：图文详解 kafka 源码设计与实现[M]. 北京：人民邮电出版社，2017.

[10] SHREEDHARAN H. Flume：构建高可用、可扩展的海量日志采集系统[M]. 马延辉，史东杰，译. 北京：电子工业出版社，2015.

[11] 王雪松，张良均，陈青，等. ETL 数据整合与处理：Kettle[M]. 北京：人民邮电出版社，2021.

[12] 黄源，蒋文豪，徐受蓉. 大数据分析：Python 爬虫、数据清洗和数据可视化[M]. 北京：清华大学出版社，2020.

[13] SQUIRE M. 干净的数据：数据清洗入门与实践[M]. 任政委，译. 北京：人民邮电出版社，2016.

[14] 零一，韩要宾，黄园园. Python 3：爬虫、数据清洗与可视化实战[M]. 2 版. 北京：电子工业出版社，2020.

[15] 沃克尔. Python 数据清洗[M]. 刘亮，译. 北京：清华大学出版社，2022.

[16] 冯广. 数据清洗与 ETL 技术[M]. 北京：清华大学出版社，2022.

[17] 廖大强. 数据采集技术[M]. 北京：清华大学出版社，2022.

[18] 安俊秀，唐聃，柳源. 数据采集与预处理技术应用[M]. 北京：机械工业出版社，2023.

[19] 李庆辉. 深入浅出 Pandas：利用 Python 进行数据处理与分析[M]. 北京：机械工业出版社，2021.

[20] 王璐烽，刘均，雷正桥. 大数据实时流处理技术实战：基于 Flink+Kafka 技术[M]. 北京：人民邮电出版社，2023.

[21] 池瑞楠，张良均，高凤毅. Python 网络爬虫技术[M]. 2 版，微课版. 北京：人民邮电出版社，2023.